T0091455

EMIL FISCHER
GESAMMELTE WERKE

HERAUSGEGEBEN VON M. BERGMANN

UNTERSUCHUNGEN ÜBER AMINOSÄUREN, POLYPEPTIDE UND PROTEINE II

(1907—1919)

Springer-Verlag Berlin Heidelberg GmbH

1923

UNTERSUCHUNGEN ÜBER AMINOSÄUREN, POLYPEPTIDE UND PROTEINE II

(1907—1919)

VON

EMIL FISCHER

HERAUSGEGEBEN VON **M. BERGMANN**

Springer-Verlag Berlin Heidelberg GmbH

1923

ISBN 978-3-642-51785-3 ISBN 978-3-642-51825-6 (eBook)
DOI 10.1007/978-3-642-51825-6

Ursprünglich erschienen bei Julius Springer in Berlin 1923.
Softcover reprint of the hardcover 1st edition 1923

Vorwort.

Dem kürzlich erschienenen zweiten Band der Arbeiten über Kohlenhydrate folgt jetzt die Zusammenstellung der Untersuchungen Fischers über Aminosäuren, Polypeptide und Proteine seit 1906. Sie steht an Umfang nicht zurück hinter dem ersten Band gleichen Themas. Die Gliederung ist die gleiche geblieben: Der Synthese der einzelnen Aminosäuren folgt ihre Vereinigung zu langgliederigen Polypeptidketten, und diesem synthetischen Teil stehen Spaltungsversuche an Polypeptiden und verschiedenen Proteinen gegenüber. Neu hinzugekommen ist in diesem Band das Thema der Waldenschen Umkehrung. Die hierhergehörigen Arbeiten empfahlen sich für die Angliederung, weil sie ausnahmslos Aminosäuren zum Gegenstand der Untersuchung haben, also im engen Zusammenhang stehen mit den anderen Abhandlungen des Bandes.

Die vorliegenden Abhandlungen reichen mit ihren spätesten Ausläufern nur bis zum Jahre 1916. Nachdem Fischer in seinen letzten Lebensjahren das Thema der Proteinchemie nicht mehr berührt hat, möchte es scheinen, als ob er seine Tätigkeit hier als abgeschlossen betrachtet habe. Eine solche Meinung wäre irrtümlich. Wiederholt sprach Fischer die Absicht aus, die Proteinarbeiten auf veränderter Grundlage wieder aufzunehmen. Der Krieg und seine Folgen ließen diesen Plan nicht zur Tat reifen.

In der Folge werden zur Vervollständigung dieser Sammelausgabe noch ein oder zwei Bände zu erscheinen haben, welche Fischers Abhandlungen aus verschiedenen Arbeitsgebieten enthalten sollen, soweit sie in den bisherigen Bänden noch nicht enthalten sind.

Meinem Assistenten Herrn Dr. Herbert Schotte habe ich wiederum für das Mitlesen der Korrekturen und für die Anfertigung des Sachregisters herzlich zu danken.

Berlin-Charlottenburg, im September 1922.

M. Bergmann.

Inhaltsverzeichnis.

A. = Liebigs Annalen der Chemie; B. = Berichte der Deutschen Chemischen Gesellschaft; H. = Zeitschrift für Physiologische Chemie.
Die Zahlen der Literaturangaben bedeuten Bandnummer und Seitenzahl.

I. Allgemeines.

II. Monoaminosäuren.

III. Synthesen von Polypeptiden.

[1]) Vgl. die Anm. S. 664.

IV. Hydrolytische Versuche.

V. Arbeiten über Waldensche Umkehrung.

65. Emil Fischer und Emil Abderhalden: Über das Verhalten einiger Polypeptide gegen Pankreassaft.

Zeitschrift für physiologische Chemie **51**, 264 [1907].

(Der Redaktion zugegangen am 13. März 1907.)

Seit unserer ersten ausführlichen Mitteilung[1]) über den gleichen Gegenstand haben wir Gelegenheit gehabt, noch neun optisch aktive, mithin einheitliche Dipeptide, die seitdem entdeckt worden sind, auf ihr Verhalten gegen Pankreassaft zu prüfen. Die allgemeinen Ergebnisse sind völlig bestätigt worden. Bezüglich der Untersuchungsmethoden verweisen wir auf das früher Gesagte, nur in betreff des Fermentes wollen wir bemerken, daß ausschließlich frischer Pankreassaft von einem Pankreasfistelhund benutzt wurde, von dessen Wirksamkeit wir uns stets durch einen Kontrollversuch überzeugten. Das Resultat unserer Beobachtung fassen wir wiederum in einer Tabelle zusammen.

Hydrolysierbar:	Nicht hydrolysierbar:
d-Alanyl-d-Alanin	d-Alanyl-l-Alanin
d-Alanyl-l-Leucin	l-Alanyl-d-Alanin
l-Leucyl-l-Leucin	l-Leucyl-glycin
	l-Leucyl-d-Leucin
l-Leucyl-d-Glutaminsäure	d-Leucyl-l-Leucin

Wie man aus dieser Zusammenstellung ersieht, bestehen die hydrolysierbaren Dipeptide ausschließlich aus den in der Natur vorkommenden Aminosäuren. Sobald diese Bedingung nicht mehr erfüllt wird, rückt das Dipeptid in die rechte Spalte der nicht hydrolysierbaren For-

[1]) Zeitschr. f. physiol. Chem. **46**, 52 [1905]. (*Proteine, S. 595.*)

men. Man kann daraus einen einfachen Rückschluß auf die Natur mancher racemischer Dipeptide ziehen. Werden sie partiell hydrolysiert, so müssen sie zur Hälfte aus einem Dipeptid mit natürlichen Aminosäuren bestehen. Wir haben das bestätigt gefunden bei dem Leucylleucin, das früher nur in einer racemischen Form bekannt war. Dieses Präparat wurde, wie wir früher angegeben haben, von Pankreassaft nicht angegriffen. Nachdem wir neuerdings gefunden haben, daß l-Leucyl-l-Leucin durch diesen hydrolysiert wird, mußten wir jenen Racemkörper als die Kombination von l-Leucyl-d-Leucin und d-Leucyl-l-Leucin betrachten, und dieser Schluß ist in der Tat durch chemische Beobachtungen, die an anderer Stelle publiziert werden, bestätigt worden.

Ein zweites Beispiel bieten die beiden Racemformen des Alanylleucins, von denen nur die Verbindung A partiell hydrolysiert wird[1]). Unsere frühere Vermutung, daß sie die leicht spaltbare Form d-Alanyl-l-Leucin enthält, wird durch die neuen Beobachtungen gleichfalls gestützt.

Die Konfiguration des Moleküls ist aber nicht der einzige Faktor, der für die Wirkung des Pankreassaftes in Betracht kommt, vielmehr üben auch die Struktur der Aminosäuren und endlich die Reihenfolge, in der sie verkettet sind, einen merkbaren Einfluß aus, wie schon in der ersten Abhandlung betont wurde. Desgleichen wird die frühere Erfahrung, daß das racemische Leucyl-glycin nicht angreifbar ist, durch das Verhalten des aktiven l-Leucyl-glycins bestätigt.

1. Hydrolysierbare Polypeptide.

d-Alanyl-d-Alanin[2]).

1 g in 10 ccm Wasser gelöst, mit Toluol und 3 ccm Pankreassaft bei 37° aufbewahrt. Der Verlauf der Hydrolyse läßt sich bequem an der Änderung der Drehung beobachten, da das d-Alanin in wässeriger Lösung fast gar nicht dreht und der Pankreassaft auch nur eine schwache optische Wirkung hat. Für die Bestimmung des Drehungsvermögens solcher Lösungen haben wir stets eine Probe mit der Pipette herausgenommen, dann zur Zerstörung des Fermentes und Entfernung einer kleinen Menge Protein aufgekocht, filtriert und bei gewöhnlicher Temperatur im 1 dm-Rohr geprüft. Beim Beginn des Versuches drehte die Lösung im 1 dm-Rohr 1,62° nach links.

---

[1]) l. c., S. 54. (*Proteine I, S. 596.*)

[2]) Emil Fischer, Berichte d. D. Chem. Gesellsch. **39**, 465 [1906]. (*Proteine I, S. 562.*)

Drehung	am	2.	Tage	— 1,59°
,,	,,	3.	,,	— 1,32°
,,	,,	5.	,,	— 1,02°
,,	,,	8.	,,	— 0,72°
,,	,,	12.	,,	— 0,45°
,,	,,	15.	,,	— 0,43°
,,	,,	17.	,,	— 0,41°

Die Lösung wurde nun zur Trockene verdampft, der Rückstand verestert und die in Freiheit gesetzten Ester destilliert. Das Destillat hinterließ beim Eindampfen einen Rückstand von 0,5412 g salzsaurem Alanin.

0,2444 g salzsaures Alanin drehten, in 5 ccm Wasser gelöst, im 1 dm-Rohr Natriumlicht 0,42° nach rechts.

$$[\alpha]_{20°}^{D} = + 9,0° .$$

Nach der Änderung des Drehungswinkels war am 8. Tage etwas mehr als die Hälfte und später ungefähr $^3/_4$ des Dipeptids gespalten.

d-Alanyl-l-leucin[1]).

1 g Substanz, 10 ccm Wasser, 3 ccm Pankreassaft, Toluol. Die Lösung drehte 1,45° nach links im 1 dm-Rohr. Nach 24stündigem Stehen im Brutraum war die Drehung auf — 1,0°, nach 2 Tagen auf — 0,85° und nach 3 Tagen auf — 0,70° gesunken. Schon am zweiten Tage konnte man am Boden des Gefäßes die Ausscheidung von Leucinkrystallen beobachten. Ihre Menge betrug am 4. Tage 0,2115 g. Beim Einengen der Lösung wurden noch 0,1527 g gewonnen. Gesamtausbeute also 0,364 g oder ungefähr 55% der Theorie.

0,1807 g Substanz gaben 0,3610 g CO_2 und 0,1590 g H_2O.
Ber. für $C_6H_{13}NO_2$. 54,96 % C und 9,92 % H. Gef. 54,48 % C und 9,78 % H.

l-Leucyl-l-leucin[2]).

1 g gelöst in 60 ccm Wasser, dazu 3 ccm Pankreassaft und Toluol. Drehung der ursprünglichen Lösung im 1 dm-Rohr 0,13° nach rechts. Nach 5tägigem Stehen bei 37° war die Drehung auf 0° gesunken und nach 9 Tagen in 0,08° nach links verwandelt.

Durch Veresterung des Verdampfungsrückstandes der gesamten Lösung und Destillation der freien Ester wurden 0,3110 g Leucin erhalten.

---

[1]) E. Fischer, Berichte d. D. Chem. Gesellsch. **40**, 1766 [1907]. (*S. 389.*)
[2]) E. Fischer, Berichte d. D. Chem. Gesellsch. **39**, 2918 [1906]. (*S. 349.*)

0,2110 g Substanz gaben 0,4230 g CO_2 und 0,1881 g H_2O.
Ber. für $C_6H_{13}NO_2$. 54,96 % C und 9,92 % H. Gef. 54,68 % C und 9,90 % H.

l-Leucyl-d-Glutaminsäure[1]).

1,5 g Substanz, 80 ccm Wasser, 5 ccm Pankreassaft und Toluol. Die ursprüngliche Lösung drehte im 1 dm-Rohr 1,4° nach rechts. Nach dreitägigem Stehen bei 37° war sie auf + 0,50°, nach 10 Tagen auf + 0,31° und nach 14 Tagen auf + 0,21° herabgegangen. Das letztere entspricht einer fast vollständigen Hydrolyse, denn die beiden Komponenten des Dipeptids drehen in wässeriger Lösung entgegengesetzt und ungefähr gleich stark.

Zur Trennung der Aminosäuren diente wiederum die Estermethode. Aus den Hydrochloraten wurden die Ester mit Natriumäthylat in Freiheit gesetzt. Die alkoholische Lösung wurde unter vermindertem Druck eingedampft und der Rückstand bei 0,35 mm Druck in einem Bade von 100° destilliert. Das Destillat enthielt den Leucinester, aus dem in bekannter Weise die freie Aminosäure bereitet wurde. Ihre Menge betrug allerdings nur 0,2111 g. Der Grund der verhältnismäßig kleinen Ausbeute ist uns nicht bekannt.

0,1620 g Substanz gaben 0,3241 g CO_2 und 0,1442 g H_2O.
Ber. für $C_6H_{13}NO_2$. 54,96 % C und 9,92 % H. Gef. 54,56 % C und 9,89 % H.

2. Nicht hydrolysierbare Polypeptide.

d-Alanyl-l-alanin[2]).

1 g Substanz, 10 ccm Wasser, 3 ccm Pankreassaft und Toluol. Die Drehung der Lösung im 1 dm-Rohr betrug zu Beginn des Versuches + 6,2° und nach 14tägigem Stehen im Brutschrank + 5,7°. Alanin ließ sich nicht nachweisen.

l-Alanyl-d-alanin[3]).

1 g Substanz, 7 ccm Wasser, 3 ccm Pankreassaft und Toluol. Die Lösung drehte im 1 dm-Rohr 6,75° nach links und diese Drehung war nach 20 Tagen unverändert. Es ließ sich auch kein Alanin isolieren. Die Wiederholung des Versuches gab das gleiche Resultat.

---

[1]) Noch nicht veröffentlicht. (*S. 459.*)

[2]) E. Fischer u. Karl Raske, Berichte d. D. Chem. Gesellsch. **39**, 3989 [1906]. (*S. 292.*)

[3]) E. Fischer und Karl Raske, Berichte d. D. Chem. Gesellsch. **39**, 3939 [1906]. (*S. 288.*)

l-Leucyl-glycin[1]).

1 g Substanz, 15 ccm Wasser, 3 ccm Pankreassaft und Toluol. Die Lösung drehte im 1 dm-Rohr 5,12° nach rechts und nach 15 Tagen war die Drehung unverändert. Auch ließ sich weder Glykokoll noch Leucin mit der Estermethode nachweisen.

l-Leucyl-d-leucin[2]).

1 g Substanz, 80 ccm Wasser, 3 ccm Pankreassaft und Toluol. Die Lösung drehte im 1 dm-Rohr 0,84° nach rechts. Die Drehung zeigte nach 14tägigem Stehen bei 37° keine Abnahme. Auch war durch die Estermethode kein Leucin nachweisbar.

d-Leucyl-l-leucin[3]).

1 g Substanz, 80 ccm Wasser, 3 ccm Pankreassaft und Toluol. Drehung beim Beginn des Versuches 0,96° nach links im 1 dm-Rohr und nach 14 Tagen — 0,90°. Leucin ließ sich nicht nachweisen.

1) E. Fischer, Berichte d. D. Chem. Gesellsch. **39**, 2911 [1906]. (*S. 341.*)
2) Noch nicht publiziert. (*S. 437.*)
3) Noch nicht publiziert. (*S. 435.*)

66. Emil Fischer: Über Spinnenseide[1]).

Zeitschrift für physiologische Chemie 53, 126 [1907].

(Der Redaktion zugegangen am 30. Juli 1907.)

Der Hauptbestandteil der gewöhnlichen Seide, das sogenannte Seidenfibroin, zeichnet sich vor den anderen Proteinen dadurch aus, daß es zum größeren Teil aus den einfachsten Aminosäuren Glykokoll und Alanin zusammengesetzt ist und außer ihnen in erheblicher Quantität nur noch Tyrosin und Serin enthält. Wegen der äußeren Ähnlichkeit lag die Vermutung nahe, daß die Spinnfäden ein verwandtes Material seien; und es war deshalb längst mein Wunsch, sie einer genaueren chemischen Prüfung zu unterziehen. Aber ich bin bisher nicht in der Lage gewesen, eine ausreichende Menge in einem genügend hohen Grade von Reinheit zu sammeln, da die meisten Spinngewebe derart mit Insekten, Staub und anderen Fremdkörpern behaftet sind, daß eine Abtrennung unmöglich erscheint.

Auf der Pariser Weltausstellung 1900 hatte ich nun Kenntnis erhalten von einem seideartigen Produkt (soie d'araignée de Madagascar), das von einer großen Spinne in Madagaskar herrührt.

Ich habe mich längere Zeit vergeblich bemüht, eine größere Menge dieses Stoffes zu erhalten, bis es schließlich den eifrigen Bemühungen meines Freundes, des Herrn Ernest Fourneau in Paris, gelungen ist, mir ungefähr 200 g davon zu verschaffen. Sie stammen von der letzten französischen Kolonialausstellung in Marseille her und waren zum größten Teil aufgespult. Über den Ursprung des Materials verdanke ich Herrn Fourneau folgende Angaben:

Es wird bereitet von „Nephila madagascariensis", einer großen Spinne, die in den Wäldern von Madagaskar auf den Bäumen, besonders

[1]) Diese Abhandlung wurde der Berliner Akademie der Wissenschaften am 16. Mai 1907 vorgelegt (Sitzungsberichte 24, 440).

in der Nähe der Städte, z. B. in den alten königlichen Gärten zu Tananariva, lebt. Der französische Pater Camboué ist zuerst auf den Gedanken gekommen, ihr seideähnliches Gespinnst technisch zu verwerten[1]) und hat zu dem Zweck eine Versuchsanstalt in Tananariva begründet, wo die Spinnen gezüchtet und von ihnen der Faden künstlich entnommen wird. Eine Spinne liefert 150—600 m Seidenfaden, im Durchschnitt 200 m jedesmal und kann in einem Monat 5—6 mal entleert werden, worauf sie dann stirbt. Die Gewinnung des Materials scheint aber doch so kostspielig zu sein, daß es mit der gewöhnlichen Seide nicht in Wettbewerb treten kann.

Nach einer gütigen Mitteilung des Herrn Professor Dahl hier zeichnet sich die Gattung Nephila, die in den Tropen weit verbreitet ist, durch die Größe aus; das gilt aber nur für das Weibchen, während das Männchen durch außerordentliche Kleinheit gekennzeichnet und so vor der Feindschaft der Gattin geschützt ist. Die Gespinste von Nephila haben meist eine natürliche gelbe Farbe, die bei Nephila madagascariensis in Orange hinüberspielt und besonders schön ist.

Chemische Untersuchung.

Soviel mir bekannt geworden ist, hat das mir überlassene Material keine Behandlung durch heißes Wasser, Seife u. dergl. erfahren. Ich glaube es demnach als den ursprünglichen Faden, wie er von der Spinnwarze der Nephila abgesondert wird, betrachten zu können.

Ähnlich der gewöhnlichen Seide ist das Material hygroskopisch. Bei 110° verlor es zu verschiedenen Zeiten einmal 8,4 und ein anderes Mal 8,8% an Gewicht. Es unterscheidet sich aber wesentlich von der Rohseide durch das Fehlen des Seidenleims, wie folgender Versuch zeigt:

Verhalten gegen heißes Wasser.

3 g Seide (mit 8,4% Wassergehalt) wurden mit 75 ccm reinem Wasser im Porzellanbecher im Autoklaven 3 Stunden auf 115—120° erhitzt, wobei das Wasser sich schwach gelb färbte, während die Seide zu einem Klumpen zusammenballte und wohl den Glanz, aber nicht

[1]) Von Hrn. Prof. Dahl wurde ich darauf aufmerksam gemacht, daß mit europäischen Spinnen solche Versuche schon vor 200 Jahren angestellt worden sind. Eine Abhandlung von Réaumur mit dem Titel „Examen de la Soie des Araignées" erschien im Jahre 1710 (Mémoires de l'Académie Royale des Sciences); hier wird Hr. Bon als Entdecker eines Verfahrens zur Herstellung von Geweben aus Spinnenseide genannt. Versuche mit tropischen Spinnen sind noch im 18. Jahrhundert von Raymond de Termeyer veröffentlicht worden. Die Methode des Abhaspelns wurde 1865 von B. G. Wilder vervollkommnet, der auch schon mit einer Nephilaart experimentierte.

die Farbe verlor. Nachdem das Material durch Auseinanderreißen wieder gelockert war, wurde die Behandlung mit Wasser in der gleichen Weise wiederholt. Diesmal war die Lösung kaum gefärbt und die Seide nicht mehr zusammengeballt. Die vereinigten wässrigen Auszüge hinterließen beim Verdampfen nur 0,09 g trocknen Rückstand; das ist nur 3% der ursprünglichen Spinnenseide, während die gewöhnliche lombardische Rohseide bei dieser Operation ungefähr 30% löslichen Seidenleim liefert.

Bestimmung der Asche.

Beim Glühen hinterließ die Seide eine fast farblose Asche, und zwar 0,59% der trocknen Substanz. Die Asche ist in Wasser teilweise unlöslich und enthält Calcium, Phosphorsäure und etwas Schwefelsäure. Die letztere stammt vielleicht von dem Schwefelgehalt des Proteins her.

Verhalten gegen Alkalien und Ammoniak.

Übergießt man die Faser mit Normalkalilauge, so geht besonders bei ganz gelindem Erwärmen die orange Farbe in ein stark leuchtendes, gelbstichiges Rot über und die Lösung nimmt die gleiche Farbe an. Beim Kochen der Flüssigkeit wird die Farbe sowohl in der Lösung als auf der Faser schwächer, es entwickelt sich Ammoniak, die Färbung der Faser verschwindet dann ziemlich bald und diese löst sich allmählich auf. Bei einer kleinen Probe war nach 20 Minuten langem Kochen eine fast klare, gelbrote Flüssigkeit entstanden.

Mit verdünntem Ammoniak übergossen färbt sich die Spinnenseide zunächst stärker orange; der Farbstoff geht aber schon bei gewöhnlicher Temperatur allmählich in die Lösung, welche rötlichgelb wird, und die Faser ist schließlich fast farblos. Ähnlich, nur etwas langsamer, wirkt kalte, wässerige Seifenlösung.

Verhalten gegen starke, kalte Salzsäure.

Das gewöhnliche Seidenfibroin wird bekanntlich von rauchender Salzsäure rasch gelöst und beim Eingießen der Lösung in Alkohol fällt ein amorphes, in Wasser fast unlösliches Produkt aus, das leicht chlorfrei erhalten werden kann und das von Th. Weyl[1]) den Namen Sericoin erhielt. Ähnlich verhält sich die Spinnenseide. Da aber die Lösung schwerer erfolgt, so ist es ratsam, mehr Salzsäure anzuwenden.

2 g Spinnenseide wurden mit 15 ccm wässeriger Salzsäure, die bei 0° gesättigt war, übergossen und sorgfältig durchgerührt. Die Faser

[1]) Berichte d. D. Chem. Gesellsch. **21**, 1407, 1529 [1888].

zerfiel bald, ihre Farbe verschwand und es entstand zunächst eine dicke, gallertige Masse, die allmählich dünnflüssiger wurde. Trotz sorgfältiger Mischung waren noch nach 20 Minuten einzelne gallertige Klumpen übrig. Die honiggelbe Lösung wurde deshalb abgesaugt und in 300 ccm absoluten Alkohol eingegossen, der amorphe Niederschlag abgesaugt, mit Alkohol und Äther gewaschen und im Vakuum über Natronkalk getrocknet. Das fast weiße Produkt, das in recht guter Ausbeute erhalten wird, enthält etwas Chlor, das aber beim Behandeln mit Wasser fast völlig in Lösung geht. Beim Kochen mit Wasser quillt es auf und bleibt größtenteils ungelöst; die wässerige Lösung gibt dann mit Alkali und Kupfersalz eine schwache Biuretfärbung. Auch in kaltem, verdünntem Alkali ist das Produkt größtenteils unlöslich. Man könnte es Spinnen-sericoin nennen, da es höchstwahrscheinlich zur Spinnenseide in demselben Verhältnis steht, wie das Sericoin zur gewöhnlichen Seide. Analysiert wurde es bisher nicht.

Hydrolyse der Spinnenseide mit Schwefelsäure.

10 g Faser, die 8,8% Feuchtigkeit enthielt, wurden mit einem Gemisch von 20 ccm konzentrierter Schwefelsäure und 100 ccm Wasser am Rückflußkühler gekocht. Sie verlor sehr bald ihre Farbe, zerfiel dann und ging im Verlauf von einigen Stunden in Lösung. Nach 18stündigem Kochen wurde die gelbbraune Flüssigkeit von einem geringen schleimigen Rückstand durch Filtration getrennt und nach dem Verdünnen auf 500 ccm mit einem geringen Überschuß einer konzentrierten Lösung von Baryumhydroxyd versetzt. Dabei schlug die Farbe in Rosa um, und ebenso war das gefällte Baryumsulfat gefärbt. Der ursprüngliche Farbstoff der Spinnenseide wird also durch die Säure nicht ganz zerstört; außerdem verhält er sich wie die Indikatoren der Alkalimetrie. Die Flüssigkeit wurde filtriert und der abgesaugte Niederschlag nochmals mit Wasser ausgekocht, um alles Tyrosin in Lösung zu bringen, dann aus dem Filtrat der Baryt genau mit Schwefelsäure ausgefällt, in der Hitze mit Tierkohle entfärbt und die abermals filtrierte Flüssigkeit auf etwa 75 ccm eingedampft. Nach längerem Stehen in der Kälte betrug die Menge des auskrystallisierten Tyrosins 0,65 g; die Mutterlauge gab noch 0,1 g. Mithin Gesamtausbeute 0,75 g oder 8,2% der trockenen Spinnenseide.

Zur Analyse und optischen Untersuchung war das Präparat durch Umkrystallisieren aus heißem Wasser gereinigt.

0,1537 g Sbst.: 0,3354 g CO_2, 0,0831 g H_2O.

$C_9H_{11}O_3N$. Ber. C 59,64, H 6,12.

Gef. „ 59,51, „ 6,05.

Die spezifische Drehung in 21 %iger Salzsäure betrug $[\alpha]_D^{24} = -6,4°$. Mithin handelt es sich um l-Tyrosin, dem aber eine erhebliche Menge Racemkörper beigemengt war.

Die vom Tyrosin abfiltrierte Flüssigkeit diente zum Nachweis der Diaminosäuren. Sie wurde mit Wasser auf 500 ccm verdünnt und nach Zugabe von 10 ccm konzentrierter Schwefelsäure vorsichtig mit einer Lösung von Phosphorwolframsäure (1 : 1) bei gewöhnlicher Temperatur so lange versetzt, bis kein Niederschlag mehr entstand, wozu ungefähr 15 ccm nötig waren. Nach 5 Minuten wurde der flockige Niederschlag abgesaugt, mit Wasser gewaschen und im Vakuumexsikkator über Schwefelsäure getrocknet.

Erhalten 8,1 g, die nach einer Kjeldahl - Bestimmung 1,9% Stickstoff enthielten. Die Natur der Diaminosäuren wurde nicht festgestellt.

Da bei Anwesenheit von viel Glykokoll und Alanin die Gefahr besteht, daß der Niederschlag mit Phosphorwolframsäure auch von diesen Aminosäuren etwas enthält, so ist es zur Vermeidung grober Irrtümer ratsam, ihn mit Baryt zu zerlegen und die Fällung in verdünnter Lösung zu wiederholen. Zu dem Zweck wurden 7 g des obigen Niederschlages fein zerrieben und mit 14 g krystallisiertem Barythydrat und etwa 50 ccm Wasser bei gewöhnlicher Temperatur 8 Stunden auf der Maschine geschüttelt, dann abgesaugt, der Baryt mit Schwefelsäure gefällt, das Filtrat auf etwa 100 ccm verdünnt, so viel konzentrierte Schwefelsäure zugefügt, daß die Lösung etwa 5 %ig war, und dann wieder mit Phosphorwolframsäure gefällt. Dieser Niederschlag wog nach dem Trocknen im Vakuum 4 g. Da bei dieser wiederholten Fällung Verluste unvermeidlich sind, so kann man aus dem Resultat schließen, daß der ursprüngliche Phosphorwolframsäureniederschlag keine erhebliche Menge Monoaminosäuren enthielt.

Die Menge der Diaminosäuren ist demnach ziemlich beträchtlich. Macht man die willkürliche Annahme, daß nur Arginin vorhanden sei, so würde sich dessen Menge aus dem Stickstoffgehalt auf 5,24% der Spinnenseide berechnen.

Hydrolyse der Spinnenseide mit Salzsäure.

50 g (mit 8,8% Feuchtigkeit) wurden mit 200 ccm rauchender Salzsäure (spez. Gew. 1,19) übergossen und zuerst gelinde auf dem Wasserbade erwärmt. Die Farbe verschwand sofort, die Faser zerfiel, und es entstand eine dickliche, gelbe Lösung. Die bei der gewöhnlichen Seide unter den gleichen Bedingungen stets vorübergehend auftretende dunkelblauviolette Färbung wurde hier nicht beobachtet. Beim Kochen am Rückflußkühler ging die Farbe der Flüssigkeit von Gelb in Rothbraun

über. Nach sechsstündigem Kochen wurde die Flüssigkeit völlig abgekühlt und filtriert. Der geringe Rückstand löste sich größtenteils in warmem Äther, und beim Verdampfen des Äthers wurden 0,3 g einer fettigen, halbfesten Masse erhalten, die wohl größtenteils aus höheren Fettsäuren bestand. Ihre Menge betrug also 0,66% der trockenen Spinnenseide. Die salzsaure Lösung wurde unter vermindertem Druck möglichst stark verdampft und in der üblichen Weise mit 150 ccm Alkohol durch Einleiten von Salzsäuregas verestert. Die anfangs klare, dunkelbraune Flüssigkeit schied später schon in der Wärme einen Niederschlag von anorganischen Hydrochloraten aus, der nach raschem Abkühlen filtriert wurde, bevor die Krystallisation des Glykokollesterchlorhydrats begonnen hatte. Seine Menge betrug 2,1 g, und davon waren 1,66 g Chlorammonium, das entspricht 1,16% Ammoniak für die trockene Spinnenseide. Die später angeführte Bestimmung des Ammoniaks durch Destillation mit Magnesiumoxyd hat nahezu den gleichen Wert gegeben.

Das salzsaure alkoholische Filtrat schied nach dem Impfen bei 16stündigem Stehen bei 0° Glykokollesterchlorhydrat ab, dessen Menge nach dem Absaugen, Waschen mit kaltem Alkohol und Trocknen über Natronkalk 26,8 g betrug. Die alkoholische Mutterlauge wurde unter vermindertem Druck verdampft und nochmals mit 75 ccm Alkohol und Salzsäuregas verestert. Sie gab dann bei 25stündigem Stehen bei 0° noch 2,2 g Glykokollesterchlorhydrat; mithin zusammen 29 g oder 34,19% Glykokoll berechnet auf die trockene Spinnenseide. Dazu kommen noch 0,43 g oder 0,94% Glykokoll, die später beim Alanin gefunden wurden; mithin 35,13% Gesamtausbeute an Glykokoll.

Zur völligen Reinigung wurde eine Probe des Esterchlorhydrats aus der sechsfachen Menge heißen Alkohols unter Zusatz von Tierkohle umkrystallisiert. Die feinen farblosen Nadeln schmolzen bei 145° (korr.).

0,2934 g Subst. verbrauchten 20,83 ccm $^1/_{10}$-n-$AgNO_3$.
Ber. für $C_4H_9O_2N \cdot HCl$. Cl 25,40. Gef. Cl 25,17.

Die vom Glykokollesterchlorhydrat getrennte Mutterlauge wurde in der üblichen Weise unter geringem Druck möglichst vollständig verdampft und die Ester durch Alkali in Freiheit gesetzt. Die alkalische Salzmasse nahm hierbei eine starke himbeerrote Farbe an, die offenbar von dem ursprünglichen Farbstoff der Spinnenseide herrührte. Die ätherischen Auszüge waren wie gewöhnlich gelbbraun gefärbt. Sie wurden, wie üblich, zuerst flüchtig mit Kaliumcarbonat, dann mit Natriumsulfat getrocknet und nach Verdampfen des Äthers unter vermindertem Druck fraktioniert:

Fraktion

I. (bei 12 mm)	Temperatur des Bades bis 85°	erhalten	19,6 g
II. („ 0,4 „)	„ „ „ „ 100°	„	3,4 „
III. („ 0,3 „)	„ „ „ „ 100—130°	„	5,0 „
		Summa	28,0 g
	Rückstand (dunkelbraune zähe Masse)		6,0 „

Die I. Fraktion wurde durch mehrstündiges Erhitzen mit 100 ccm Wasser am Rückflußkühler verseift und die Lösung bis zur beginnenden Krystallisation eingedampft. Erhalten 5,6 g Alanin.

0,1778 g Sbst.: 0,2641 g CO_2, 0,1227 g H_2O.

Ber. für $C_3H_7O_2N$. C 40,40, H 7,92.
Gef. „ 40,51, „ 7,72.

Die spezifische Drehung des Hydrochlorates betrug

$$[\alpha]_D^{20} = +9,6°.$$

Mithin fast reines d-Alanin.

Die wässerige Mutterlauge wurde zur Trockene verdampft und mit Alkohol ausgekocht, der Rückstand betrug 5,49 g. Er wurde aus möglichst wenig heißem Wasser umkrystallisiert und die Mutterlauge (etwa 3 g) auf salzsauren Glykokollester verarbeitet. Erhalten 0,8 g = 0,43 g Glykokoll. Mithin berechnet sich die Gesamtmenge des Alanins auf 10,66 g, was 23,4% für die trockene Spinnenseide entspricht.

Die II. Fraktion der Ester enthielt Derivate des Prolins, Leucins und sehr geringe Mengen von Alanin. Um die An- oder Abwesenheit von Phenylalanin darin festzustellen, bin ich von dem üblichen Gange der Untersuchung etwas abgewichen. Denn es wurde diese Fraktion der Ester mit der fünffachen Menge Wasser versetzt und das Gemisch mit dem doppelten Volumen Petroläther ausgeschüttelt, dann der Petrolätherauszug nochmals mit Wasser gründlich gewaschen. Die wässerigen Lösungen wurden in der üblichen Weise am Rückflußkühler gekocht, bis die alkalische Reaktion verschwunden war, dann zur Trockene verdampft und die feste Masse mit absolutem Alkohol ausgekocht. Hierbei ging der größere Teil (Prolin) in Lösung. Der Rückstand betrug nur 0,4 g. Er enthielt sehr wenig Leucin und außerdem Alanin.

Der Petrolätherauszug enthielt den Leucinester. Er wurde vorsichtig verdampft, der Rückstand mit überschüssiger Salzsäure auf dem Wasserbade verseift und das l-Leucin in der üblichen Weise isoliert. Nach dem Umkrystallisieren aus Wasser gab es folgende Zahlen:

0,1762 g Subst.: 0,3532 g CO_2, 0,1553 g H_2O.

$C_6H_{13}O_2N$. Ber. C 54,96, H 10,00.
Gef. „ 54,67, „ 9,86.

0,1267 g Substanz gelöst in 20%iger Salzsäure. Gesamtgewicht der Lösung 4,0099 g. d = 1,1. Drehung im 1-dm-Rohr bei 18° und Natriumlicht 0,55° nach rechts. Mithin

$$[\alpha]_D^{18} = +15,8°.$$

Die Gesamtmenge des Leucins einschließlich des kleinen Restes, der aus der III. Fraktion der Ester zu gewinnen war, betrug 0,8 g oder 1,76% der trockenen Spinnenseide.

Für die Gewinnung des Prolins dienten die alkoholischen Auszüge, die, wie vorher beschrieben, aus den trockenen Aminosäuren bereitet wurden. Sie wurden verdampft, der Rückstand nochmals mit absolutem Alkohol aufgenommen und wieder verdampft. Die Menge des so resultierenden rohen Prolins betrug 1,68 g oder 3,68% der trockenen Spinnenseide. Es war ein Gemisch von viel aktivem und wenig racemischem Prolin; für die Identifizierung diente das Kupfersalz des letzteren, das nach dem Umkrystallisieren aus Wasser folgende Zahlen gab:

0,1436 g lufttrockene Subst. verloren bei 110° 0,0146 g H_2O.
$C_{10}H_{16}O_4N_2Cu + 2\,H_2O$. Ber. H_2O 10,99. Gef. H_2O 10,17.
0,1290 g trockene Subst.: 0,0352 g CuO.
$C_{10}H_{16}O_4N_2Cu$. Ber. Cu 21,8. Gef. Cu 21,8.

Die III. Fraktion wurde zunächst in der 5fachen Menge Wasser gelöst und mit Petroläther ausgeschüttelt. Die geringe Menge Ester, die in Lösung ging, war größtenteils Leucinderivat. Phenylalanin konnte nicht nachgewiesen werden. Die im Wasser löslichen Ester wurden in der üblichen Weise mit Baryumhydroxyd verseift und nach genauer Ausfällung des Baryts die Lösung eingedampft. Bei genügender Konzentration fielen Krystalle aus, die nach einmaligem Umkrystallisieren aus warmem Wasser reine Glutaminsäure waren:

0,1750 g Subst.: 0,2609 g CO_2, 0,0973 g H_2O.
$C_5H_9O_4N$. Ber. C 40,79, H 6,17.
Gef. „ 40,66, „ 6,22.

Aus der Mutterlauge wurde der Rest der Glutaminsäure durch Einleiten von Salzsäure gefällt (erhalten 1,1 g Hydrochlorat). Die jetzt bleibenden Mutterlaugen waren arm an Aminosäuren, denn sie hinterließen beim Verdampfen nur 0,6 g Rückstand. Ob Asparaginsäure darin war, kann ich nicht sicher sagen. Auch die Anwesenheit von Serin war zweifelhaft, da das β-Naphthalinsulfoderivat nicht krystallisierte.

Der bei der Destillation der Ester bleibende Rückstand wurde zunächst durch Lösen in Alkohol und längeres Stehenlassen nach Einimpfen eines Kryställchens auf Serinanhydrid geprüft; das Resultat war negativ. Dagegen enthielt er Tyrosin und außerdem noch erhebliche Mengen von Glutaminsäure. Für ihre Gewinnung wurde er mit 100 ccm Wasser und 20 g krystallisiertem Barythydrat drei Stunden am Rückflußkühler gekocht, aus der filtrierten Flüssigkeit der Baryt genau mit Schwefelsäure gefällt, die Mutterlauge mit Tierkohle entfärbt und die abermals filtrierte Flüssigkeit unter vermindertem Druck stark eingedampft. Zuerst schied sich Tyrosin ab, und als die auf etwa 30 ccm eingeengte

Mutterlauge mit gasförmiger Salzsäure gesättigt war, fiel in der Kälte das Hydrochlorat der Glutaminsäure aus. Erhalten 1,3 g und aus der Mutterlauge noch 0,5 g. Nach dem Umkrystallisieren gab das Salz folgende Zahlen:

0,2091 g Subst. verbrauchten 11,32 ccm $^1/_{10}$ n-$AgNO_3$.
$C_5H_9O_4N \cdot HCl$. Ber. Cl 19,31. Gef. Cl 19,2.

0,2533 g Hydrochlorat gelöst in Wasser. Gesamtgewicht der Lösung 3,8772 g; d = 1,02; Drehung im 1-dm-Rohr bei 24° und Natriumlicht 1,62° nach rechts. Mithin auf freie Glutaminsäure berechnet:

$$[\alpha]_D^{24} = + 30{,}35^\circ.$$

Die Gesamtmenge der Glutaminsäure, die aus dem Rückstand und der Fraktion III teils als freie Säure, teils als Hydrochlorat isoliert wurde, betrug 2,77 g oder 6,1% der trockenen Spinnenseide.

Direkte Bestimmung der Glutaminsäure und des Ammoniaks.

Die Glutaminsäure läßt sich bekanntlich aus dem Gemisch der Spaltungsprodukte direkt als Hydrochlorat abscheiden, und da dieses Verfahren erheblich genauer ist als die Isolierung aus dem Ester, so habe ich es in einem besonderen Versuche benutzt und dadurch in der Tat einen erheblichen Gehalt an Glutaminsäure feststellen können. Bei dieser Gelegenheit wurde auch eine direkte Bestimmung des Ammoniaks ausgeführt, die aber fast das gleiche Resultat wie die Krystallisation des Chlorammoniums ergab.

10 g Spinnenseide (mit 8,6% Feuchtigkeit) wurden mit 40 ccm Salzsäure (spez. Gew. 1,19) 5 Stunden am Rückflußkühler gekocht und die Flüssigkeit nach dem Erkalten filtriert. Der zehnte Teil dieser Lösung diente für die Bestimmung des Ammoniaks. Er wurde verdampft, der Rückstand mit Magnesiumoxyd gekocht und das Ammoniak in der üblichen Weise in titrierter Säure aufgefangen. Gefunden 5,9 ccm $^1/_{10}$-n-Ammoniak, was einem Gehalt von 1,1% Ammoniak in der trockenen Spinnenseide entspricht.

Der Rest der salzsauren Lösung wurde zunächst mit $^1/_4$ l Wasser verdünnt, durch Kochen mit Tierkohle fast vollständig entfärbt, das Filtrat auf dem Wasserbade verdampft und der zurückbleibende gelbe Sirup mit 20 ccm rauchender Salzsäure vermischt. Nach 2tägigem Stehen bei 0° wurde die Krystallmasse abgesaugt und mit wenig ganz kalter konzentrierter Salzsäure gewaschen. Nach dem Trocknen im Vakuum über Natronkalk betrug ihre Menge 1,65 g. Durch Lösen in verdünnter Salzsäure und Abscheiden durch Einleiten von gasförmiger Salzsäure bei niederer Temperatur konnten daraus 1,2 g reine salzsaure Glutaminsäure isoliert werden:

0,1965 g Sbst.: 10,7 ccm $^1/_{10}$-n $AgNO_3$.
$C_5H_9O_4N \cdot HCl$ Ber. Cl 19,31. Gef. Cl 19,30.

Die Ausbeute an Glutaminsäure entsprach also 11,7% der trockenen Spinnenseide.

Zusammenfassung der Resultate.

I. 100 Teile trockene Spinnenseide von Nephila madagascariensis gaben bei der Hydrolyse mit Säuren:

35,13	Teile	Glykokoll
23,4	„	d-Alanin
1,76	„	l-Leucin
3,68	„	Prolin
8,2	„	l-Tyrosin
11,7	„	d-Glutaminsäure
5,24	„	Diaminosäuren (als Arginin willkürlich berechnet)
1,16	„	Ammoniak
0,66	„	Fettsäuren
90,93	Teile	

ferner beim Glühen:

0,59 Teile Asche.

Der Gesamtwert 91,5% verringert sich aber auf 74%, wenn man das durch die Hydrolyse zutretende Wasser abrechnet, dessen Menge ich für die 5 ersten Aminosäuren gleich 1 Mol. und für die Glutaminsäure gleich 2 Mol. annehmen will.

II. Der schöne orangegelbe Farbstoff wird durch Alkalien viel intensiver, verschwindet aber bei der Wirkung von Säuren, ohne zerstört zu werden. Er verhält sich also wie ein Indikator der Alkalimetrie.

III. Die Spinnenseide unterscheidet sich von der gewöhnlichen Seide durch den Mangel an wasserlöslichen Substanzen (Seidenleim).

IV. Sie zeigt große Ähnlichkeit mit dem Seidenfibroin. Denn sie löst sich wie jenes in starker Salzsäure und gibt beim Fällen mit Alkohol ein Produkt von ähnlichen Eigenschaften wie das Sericoin. Ferner enthält sie annähernd die gleiche Menge an Glykokoll, Alanin, Tyrosin und Leucin. Etwas größer ist die Menge des Prolins und der Diaminosäuren.

V. Hervorzuheben ist der ziemlich große Gehalt der Spinnenseide an Glutaminsäure, die in dem Seidenfibroin bisher nicht beobachtet wurde[1]). Ein weiterer Unterschied besteht in dem Gehalt an Serin, das

[1]) In der Rohseide habe ich neuerdings eine kleine Menge Asparaginsäure beobachtet (gef. 36,1% C, 5,0% H, ber. 36,1% C, 5,3% H). Es bleibt aber noch zu entscheiden, ob sie vom Seidenfibroin oder vom Seidenleim herrührt.

im Seidenfibroin in ziemlich beträchtlicher Menge vorhanden ist, aber in der Spinnenseide bisher nicht gefunden wurde und jedenfalls nicht in erheblicher Menge zugegen ist. Phenylalanin scheint auch in der Spinnenseide nicht zu sein, während im Seidenfibroin davon $1^1/_2$% gefunden wurden.

VI. Trotz der zuletzt erwähnten Unterschiede ist im großen und ganzen die Spinnenseide dem Seidenfibroin, das den wesentlichen Bestandteil des Seidenfadens bildet, chemisch sehr nahe verwandt, so daß die äußerliche Ähnlichkeit beider Materialien nicht mehr als Zufall erscheint. Beide entstehen bekanntlich aus einem flüssigen Drüsensekret, das beim Austritt aus dem Körper des Tieres alsbald erstarrt und eine überraschende Festigkeit erlangt. Der Vorgang erinnert an die Gerinnung des Blutes. Allerdings sind die Spinnwarzen, die den Spinnfaden absondern und im Hinterteil des Tieres liegen, morphologisch wesentlich verschieden von den Drüsen der Raupe, die das Material des Seidenfadens liefern und von den Zoologen als modifizierte Speicheldrüsen betrachtet werden. Um so beachtenswerter ist vom biologischen Standpunkte aus die chemische Ähnlichkeit der beiden Sekrete; aus diesem Grunde erscheint es mir auch wünschenswert, daß die Untersuchung auf die gleichen Produkte anderer Spinnen und Raupen ausgedehnt wird.

Gegenüber den glänzenden Errungenschaften der vergleichenden Morphologie steht die vergleichende chemische Physiologie trotz zahlreicher Anläufe[1]) noch in den Kinderschuhen. Aber man darf erwarten, daß mit der Verbesserung der chemischen Methoden, zumal auf dem Gebiete der Proteine, eine kräftige Entwicklung dieses Teiles der Biologie einsetzen wird, die zu ganz neuen Gesichtspunkten über die Verwandtschaft und Genesis sowohl einzelner Organe wie auch ganzer Spezies von Lebewesen führen kann.

Schließlich sage ich Hrn. Dr. Walter Axhausen für die Hilfe, die er mir bei diesen Versuchen leistete, besten Dank.

---

[1]) Eine sehr nützliche Zusammenstellung der Resultate für einen Teil der Tierwelt findet sich in dem Werk von Otto von Fürth, „Vergleichende chemische Physiologie der niederen Tiere".

67. Emil Fischer: Vorkommen von *l*-Serin in der Seide.

Berichte der Deutschen Chemischen Gesellschaft **40**, 1501 [1907].

(Eingegangen am 19. März 1907.)

Obschon das Serin aus den Proteinen bisher nur als Racemkörper isoliert werden konnte, durfte man nach Analogie mit den anderen Aminosäuren doch annehmen, daß es ursprünglich darin als optisch-aktive Form enthalten sei, und daß die Racemisierung erst bei der Hydrolyse und Isolierung stattfinde. Wie bei der Beschreibung der aktiven Serine[1]) schon kurz mitgeteilt wurde, ist es nun gelungen, aus den Spaltprodukten der Seide bei der Trennung mittels der Ester ein optisch-aktives Produkt zu isolieren, das die Zusammensetzung des Serinanhydrids hat und mit einem synthetisch gewonnenen *l*-Serinanhydrid identifiziert werden konnte. Dieser Körper entsteht zweifelsohne aus dem Ester des *l*-Serins, und damit ist für letzteres das Vorkommen in der Seide bewiesen. Daß man diese aktive Form bisher übersehen hat, erklärt sich durch ihre viel größere Löslichkeit in Wasser. Infolgedessen bleibt sie bei der Isolierung des racemischen Serins aus den komplizierten Gemischen, mit denen man es bei solchen Hydrolysen stets zu tun hat, in der Mutterlauge. Wie leicht begreiflich, wird das aktive Serinanhydrid gemischt mit Racemkörper gewonnen, und eine völlige Trennung der beiden war bisher nicht möglich. Deshalb wurde bei dem Präparat aus Seide die spezifische Drehung etwas niedriger gefunden, als bei dem synthetischen Körper. Daß es sich aber um identische Produkte handelt, wird endgültig durch das Resultat der Hydrolyse mit Bromwasserstoffsäure bewiesen. Dabei entsteht zuerst aktives Seryl-serin und später *l*-Serin.

l-Serinanhydrid aus Seide.

Werden die Ester der Aminosäuren, die aus Seide oder Seidenfibroin durch Hydrolyse mit Salzsäure entstehen, destilliert, zuletzt

---

[1]) Berichte d. D. Chem. Gesellsch. **39**, 2942 [1906]. (*S. 62.*)

unter einem Druck von 0,2—0,5 mm, bis die Temperatur des Bades auf 140° gestiegen ist, so bleibt eine dunkle, zähe Masse im Destillationsgefäß, die das Serinanhydrid enthält. Bei wochenlangem Stehen scheidet es sich in kleinen Krystallen aus, welche die übrige glasige Masse durchsetzen. Ist man einmal im Besitz von Krystallen, so wird die Isolierung größerer Mengen ziemlich einfach. Es ist dann überflüssig, den Rückstand stehen zu lassen. Man löst ihn vielmehr in der 2—3-fachen Menge heißem, absolutem Alkohol, fügt nach dem Erkalten einige Kryställchen zu und läßt 24 Stdn. im Eisschrank stehen. Die ausgeschiedene Krystallmasse wird filtriert und mit Alkohol gewaschen. Sie ist schwach gelb gefärbt und ihre Menge beträgt etwa 1 bis $1^1/_2$% der angewandten Seide. Das Rohprodukt wird in nicht zu viel kochendem Wasser gelöst, von einem geringen, dunklen Rückstand abfiltriert und das Filtrat in der Hitze mit Tierkohle entfärbt. Aus der abermals filtrierten Flüssigkeit scheiden sich in der Kälte zuerst kleine rhombenähnliche Täfelchen aus, die bei 282° unter Zersetzung schmelzen, völlig inaktiv sind und mit dem schon bekannten[1]) inaktiven Serinanhydrid A identifiziert werden konnten.

0,2034 g Sbst.: 27,7 ccm N (18°, 766 mm).

$C_6H_{10}O_4N_2$ (174). Ber. N 16,1. Gef. N 15,9.

Aus der wäßrigen, etwas eingeengten Mutterlauge scheidet sich nach Zusatz des 3-fachen Volumens Alkohol beim längeren Stehen in Eiswasser das *l* - Serinanhydrid in langen, seideglänzenden Nadeln ab.

Für die Analyse und optische Bestimmung wurde das Präparat wieder in warmem Wasser gelöst, auf dieselbe Art durch Zusatz von Alkohol und Abkühlen krystallisiert und bei 100° getrocknet.

0,1574 g Sbst.: 0,2381 g CO_2, 0,0815 g H_2O. — 0,1587 g Sbst.: 22,5 ccm N (23°, 756 mm).

$C_6H_{10}O_4N_2$ (174). Ber, C 41,4, H 5,7, C 16.1.
Gef. „ 41,2, „ 5,8, „ 16,0.

0,1500 g Sbst. gelöst in Wasser. Gesamtgewicht der Lösung 3,9254 g. $d^{20} = 1{,}01$. Drehung im 1-dcm-Rohr bei 22° und Natriumlicht 2,27° (± 0,02°) nach links. Mithin:

$$[\alpha]_D^{22} = -58{,}8° (\pm 0{,}5°).$$

Das Präparat schmolz wie das synthetische Produkt gegen 247° (korr.) unter Zersetzung und zeigte auch dessen übrige Eigenschaften. Nur die spezifische Drehung war geringer, denn für den synthetischen Körper wurde der Wert $[\alpha]_D^{25} = -67{,}46°$ gefunden. Das erklärt sich aber durch eine Beimengung des Racemkörpers, dessen völlige Entfernung durch Krystallisation wohl kaum möglich ist. In der Tat war

[1]) E. Fischer u. U. Suzuki, Berichte d. D. Chem. Gesellsch. **38**, 4194 [1905]. (*Proteine I, S. 461.*)

auch das Drehungsvermögen der Präparate, die aus verschiedenen Operationen herstammten, nicht gleich. So wurden statt der obigen Zahl — 58,8°, einmal — 56,8° und einmal — 45° gefunden.

l-Seryl-*l*-serin.

Für seine Bereitung diente ein Anhydrid von $[\alpha]_D = -56{,}8°$.

1 g wurde mit 10 ccm 20-prozentiger Bromwasserstoffsäure 1½ Stdn. auf 100° erhitzt, dann die Lösung unter 12—15 mm Druck zum Sirup verdampft, dieser in 40 ccm Alkohol gelöst und tropfenweise wäßriges Ammoniak in kleinem Überschuß zugesetzt. Hierbei fiel das Serylserin als anfangs klebrige Masse aus, die aber bald krystallinisch erstarrte. Zur Reinigung wurde in etwa 10 ccm Wasser warm gelöst, mit Tierkohle entfärbt und dann in der Wärme etwa das 3-fache Volumen Alkohol zugegeben. Beim Erkalten schied sich das Dipeptid in kleinen, farblosen, meist sternförmig verwachsenen Blättchen aus, die für die Analyse bei 100° getrocknet wurden.

0,1694 g Sbst.: 0,2311 g CO_2, 0,0989 g H_2O. — 0,1588 g Sbst.: 19,9 ccm N (17,5°, 769 mm).

$C_6H_{12}O_5N_2$ (192). Ber. C 37,50, H 6,25, N 14,58.
Gef. „ 37,21, „ 6,53, „ 14,73.

Das Präparat fing im Capillarrohr wenig über 200° an, sich gelb zu färben, und schmolz nicht konstant gegen 234° (korr.) unter starker Zersetzung.

Es löste sich in kaltem Wasser recht schwer, von kochendem Wasser waren ungefähr 20 Teile nötig. Aus dieser Lösung fiel es aber in der Kälte nicht wieder aus.

In den gewöhnlichen organischen Lösungsmitteln ist es sehr schwer löslich, dagegen löst es sich spielend leicht in verdünnten Säuren oder Alkalien.

Die heiße wäßrige Lösung nimmt Kupferoxyd beim Kochen mit tiefblauer Farbe auf, und aus der stark eingeengten Flüssigkeit scheidet sich langsam das Kupfersalz als blaue körnige Masse ab.

Für die optische Untersuchung wurde sowohl die wäßrige wie die salzsaure Lösung benutzt. Die erste war wegen der geringen Löslichkeit recht verdünnt.

0,1737 g Sbst. gelöst in Wasser. Gesamtgewicht der Lösung 6,9967 g. $d^{20} = 1{,}01$. Drehung im 2-dcm-Rohr bei 19° und Natriumlicht 0,19° (± 0,02°) nach rechts. Demnach:

$$[\alpha]_D^{19} = +3{,}8°\ (\pm 0{,}4°).$$

0,3126 g Sbst. gelöst in *n*-Salzsäure. Gesamtgewicht der Lösung 3,6772 g. $d^{20} = 1{,}05$. Drehung im 1-dcm-Rohr bei 19° und Natriumlicht 1,07° (± 0,02°) nach rechts. Mithin:

$$[\alpha]_D^{19} = +12°\ (\pm 0{,}25°).$$

Ich lege aber keinen großen Wert auf diese Zahlen, denn es ist leicht möglich, daß das Dipeptid optisch nicht ganz rein war, sondern etwas Racemkörper enthielt, weil es aus einem optisch unreinen Anhydrid bereitet wurde und die Art der Krystallisation keine Garantie für die Entfernung des Racemkörpers bietet. Ich halte es deshalb für wünschenswert, daß der Versuch mit dem reineren synthetischen *l*-Serinanhydrid wiederholt wird, wozu mir bisher das Material fehlte. Die Beobachtungen beweisen aber, ebenso wie die viel geringere Löslichkeit in Wasser, die Verschiedenheit des Dipeptids von dem *l*-Serin; denn letzteres dreht in wäßriger Lösung umgekehrt.

Verwandlung des *l*-Serinanhydrids in *l*-Serin.

Die totale Hydrolyse erfolgt beim 4-stündigen Erhitzen von 1 g Anhydrid mit 10 ccm 48-prozentiger Bromwasserstoffsäure auf 100°. Die Isolierung der Aminosäure geschah in der gleichen Weise wie diejenige des Dipeptids beim vorigen Versuche. Ausbeute 0,9 g; das Präparat war für die Analyse bei 100° getrocknet.

0,1609 g Sbst.: 0,2025 g CO_2, 0,0975 g H_2O. — 0,1597 g Sbst.: 18,1 ccm N (18°, 767 mm).

$C_3H_7O_3N$ (105).	Ber.	C 34,29,	H 6,66,	N 13,33.
	Gef.	„ 34,32,	„ 6,78,	„ 13,24.

Das Präparat zeigte alle Eigenschaften des aktiven Serins. Nur wurde die spezifische Drehung geringer als bei dem synthetischen Körper gefunden.

0,3138 g Sbst. gelöst in *n*-Salzsäure. Gesamtgewicht der Lösung 3,6856 g. $d^{20} = 1,05$. Drehung im 1 dcm-Rohr bei 18° und Natriumlicht 1,04° (± 0,02°) nach rechts. Demnach:

$$[\alpha]_D^{18} = +11,6° (\pm 0,25°).$$

Vergleicht man den Wert mit dem Drehungsvermögen des reinsten synthetischen *l*-Serins $[\alpha]_D^{20} = +14,45°$ in salzsaurer Lösung, so ergibt sich, daß das vorliegende Präparat etwa 20% Racemkörper enthielt. Das entspricht ziemlich genau der Beschaffenheit des benutzten Anhydrids, welches nach dem Drehungsvermögen ungefähr 16% Racemverbindung enthielt.

Das *l*-Serin ist bisher nur aus der Seide isoliert worden; ich zweifle aber nicht daran, daß man es auch unter den Spaltprodukten der übrigen Proteine finden wird; und da man bisher bei den übrigen Aminosäuren immer nur die eine Form in den Proteinen beobachtet hat, so ist die gleiche Annahme wohl auch für das Serin berechtigt.

Zum Schluß sage ich Hrn. Dr. Walther Axhausen für die wertvolle Hilfe bei diesen Versuchen herzlichen Dank.

68. Emil Fischer und Reginald Boehner: Bildung von Prolin bei der Hydrolyse von Gelatine mit Baryt.

Zeitschrift für Physiologische Chemie **65**, 118 [1910].

(Der Redaktion zugegangen am 9. Februar 1910.)

Die Frage, ob das Prolin als primäres Spaltprodukt der Proteine zu betrachten sei, oder ob es sekundär aus anderen Bestandteilen der Proteine entstehe, ist von dem einen von uns wiederholt diskutiert worden[1]). Er kam dabei zum Schluß, daß die erste Möglichkeit, die primäre Entstehung der Aminosäuren, das Wahrscheinlichere sei, denn das Prolin entsteht nicht allein bei der Hydrolyse durch heiße Säuren oder Alkalien, sondern auch bei der enzymatischen Spaltung der Proteine, wie die Versuche von E. Fischer und Abderhalden gezeigt haben. In Übereinstimmung damit steht die Beobachtung von Levene und Beatty[2]), daß bei der tryptischen Verdauung ein Glycylprolinanhydrid gebildet wird. Aber bemerkenswert ist es doch, daß bei diesen enzymatischen Spaltungen die Menge des Prolins immer sehr gering war, und daß auch bei der Behandlung des Caseins mit Alkali weniger Prolin gefunden wurde, als bei der Säurehydrolyse[3]). Zudem ist für die Isolierung des Prolins in den meisten Fällen der Umweg über die Ester gewählt worden. Es war deshalb die Möglichkeit nicht ausgeschlossen, daß das bisher aus den Proteinen isolierte Prolin wenigstens teilweise nicht primär, sondern sekundär, vielleicht aus der α-Amino-δ-Oxyvaleriansäure, die S. P. L. Sörensen[4]) durch Kochen mit Salzsäure in Prolin überführen konnte, oder aus ähnlichen Substanzen entstand. Wir haben aus diesem Grunde nochmals die Hydrolyse der Gelatine, die bekanntlich viel Prolin liefert, unter Bedingungen studiert, wo die Aminosäuren niemals mit freien Mineralsäuren in Berührung kommen.

---

[1]) E. Fischer, Zeitschr. f. physiol. Chem. **33**, 169 [1901] (*Proteine I, S. 648,*) und Berichte d. D. Chem. Gesellsch. **39**, 604 [1906]. (*Proteine I, S. 73.*)

[2]) Berichte d. D. Chem. Gesellsch. **39**, 2060 [1906].

[3]) E. Fischer, Zeitschr. f. physiol. Chem. **35**, 227 [1902]. (*Proteine I, S. 691.*)

[4]) Trav. du Labor. Carlsberg **6**, 137 [1905].

Das gelingt durch Hydrolyse mit Barytwasser. Sie ist bei 100° nach 3 Tagen scheinbar beendet. Das Prolin wird dabei fast vollständig racemisiert[1]) und läßt sich infolge dessen hinterher verhältnismäßig leicht in Form seines ziemlich schwer löslichen Kupfersalzes isolieren. Wir sind so zu dem Resultat gekommen, daß die bei 100° getrocknete Gelatine („Golddruck" Kahlbaum) 7,6% Prolin liefert. Diese Menge ist fast $1^1/_2$ mal so groß, als die früher bei der Säurehydrolyse der Gelatine gefundene[2]). Aber im letzteren Fall war die Aminosäure durch die Estermethode in der ursprünglichen einfachen und unvollkommenen Form isoliert.

In neuerer Zeit haben Zd. H. Skraup und A. v. Biehler indirekt die Menge des Prolins aus Gelatine zu bestimmen versucht[3]). Da sie bei 4facher Wiederholung der Veresterung fast doppelt soviel Gesamtester aus Gelatine erhielten als E. Fischer, Levene und Aders, so berechnen sie auch die Menge, die jene für Prolin gefunden haben, auf das Doppelte, mithin 10,4%, und meinen, daß diese Zahl noch erheblich zu niedrig sei. Wir halten solche Schätzungen für recht unsicher, da die Qualität der Ester mit der Art der Isolierung und der Destillation schwankt. Übrigens ist schon früher von E. Fischer nachgewiesen worden, daß man bei einmaliger Wiederholung der Veresterung eine nicht unerhebliche Menge, etwa 30% mehr Ester von Aminosäuren aus Gelatine gewinnt[4]), als in der Abhandlung von Fischer, Levene und Aders angegeben wurde.

Jedenfalls glauben wir, daß vorläufig die Menge des Prolins aus Gelatine, wenn man sicher gehen will, nicht höher als 7,6% oder auf aschefreies Material berechnet als 7,7% angenommen werden kann.

Da diese Menge in alkalischer Lösung entsteht, so würde die α-Amino-δ-Oxyvaleriansäure als primäres Produkt für sie nicht in Betracht kommen, weil sie nach Sörensen durch Erhitzen mit Baryt nicht in Prolin umgewandelt wird. Wir kennen auch sonst kein Valeriansäurederivat, das unter diesen Bedingungen Prolin liefert, und es bleibt also zurzeit nur die Annahme übrig, daß das Prolin aus der Gelatine primär entsteht. Damit wird das Gleiche für die anderen Proteine, so lange nicht entgegenstehende Beobachtungen vorliegen, ebenfalls recht wahrscheinlich.

---

[1]) Ähnliches wurde früher bei der Hydrolyse des Caseins durch Alkali bei 100° beobachtet. E. Fischer, Zeitschr. f. physiol. Chem. **35**, 227 [1902]. (*Proteine I, S. 691.*)

[2]) E. Fischer, P. A. Levene und R. H. Aders, Zeitschr. f. physiol. Chem. **35**, 70 [1902]. (*Proteine I, S. 671.*)

[3]) Monatsh. f. Chem. **1909**, 467.

[4]) Berichte d. D. Chem. Gesellsch. **35**, 2661 [1902]. (*Proteine I, S. 681.*)

Auffallend ist aber noch immer die geringe Menge von Prolin, die man bisher bei der enzymatischen Spaltung der Proteine erhalten hat. Da das l-Prolyl-d-phenylalanin durch Pankreatin ziemlich leicht hydrolysiert wird[1]), so erscheint es erwünscht, daß die Verdauungsversuche mit Rücksicht auf die Menge des dabei gebildeten Prolins wiederholt werden.

200 g Gelatine (mit 16% Wasser und 1,7% Asche) wurden mit 2400 ccm Wasser und 800 g krystallisiertem Baryumhydroxyd in einer Flasche aus Eisenblech im kochenden Wasserbad erhitzt. Nach 14 Stunden war die Biuretreaktion verschwunden, aber die Hydrolyse noch nicht beendet, denn die Flüssigkeit enthielt jetzt, wie wir durch Estermethode nachweisen konnten, verhältnismäßig wenig Aminosäuren, wohl aber erhebliche Mengen von polypeptidartigen Stoffen, wahrscheinlich Di- und Tripeptide, mit deren Untersuchung wir noch beschäftigt sind. Das Erhitzen mit dem Barytwasser wurde deshalb 3 Tage fortgesetzt, dann die Flüssigkeit abgekühlt, das auskrystallisierte Baryumhydroxyd abgesaugt und das Filtrat unter vermindertem Druck eingedampft, bis alles Ammoniak vertrieben war. Wir haben jetzt den Baryt aus der Flüssigkeit genau mit Schwefelsäure ausgefällt, dann zentrifugiert, die klare Flüssigkeit abgehoben, den Niederschlag nochmals mit heißem Wasser ausgelaugt und wieder zentrifugiert. Die vereinigten Mutterlaugen wurden nun unter etwa 15 mm Druck zur Trockene verdampft und der Rückstand 4 mal mit je 500 ccm Alkohol tüchtig ausgekocht. Dabei geht das Prolin in Lösung, während die meisten anderen Aminosäuren zurückbleiben. Die alkoholischen Auszüge wurden unter vermindertem Druck zum Sirup eingedampft und dieser wiederum in 500 ccm heißem Alkohol gelöst. Dabei blieb noch ein kleiner Rückstand von gewöhnlichen Aminosäuren. Die alkoholische Mutterlauge wurde abermals in der gleichen Weise verdampft und der Rückstand nochmals mit absolutem Alkohol aufgenommen. Das alkoholische Filtrat hinterließ nun beim Verdampfen unter geringem Druck 35,5 g eines gelbgefärbten Sirups, der in absolutem Alkohol völlig löslich war. Zur Isolierung des Prolins, das fast vollständig racemisiert war, diente das Kupfersalz.

Zu dem Zweck wurde der Sirup in etwa 700 ccm Wasser gelöst, mit überschüssigem frisch gefälltem reinem Kupferoxyd 1/2 Stunde gekocht und die heiß filtrierte Lösung unter etwa 15 mm Druck eingedampft, bis eine reichliche Krystallisation von Kupfersalz erfolgt war. Seine Menge betrug nach dem Absaugen und Trocknen an der Luft 11,7 g.

---

[1]) E. Fischer u. A. Luniak, Berichte d. D. Chem. Gesellsch. **42**, 4756 [1909]. (*S. 661.*)

Für die Analyse war das Salz nochmals aus wenig heißem Wasser umkrystallisiert, wobei etwa 20% in Lösung blieben, und an der Luft getrocknet.

0,4338 g Substanz verloren bei 100° 0,0472 g H_2O.
$C_{10}H_{16}O_4N_2Cu + 2\,H_2O$ (327,75). Ber. H_2O 10,99%. Gef. H_2O 10,88%.
0,3866 g Substanz: 0,1052 g CuO.
$C_{10}H_{16}O_4N_2Cu$ (291,72). Ber. Cu 21,79%. Gef. Cu 21,74%.

Die aus dem gereinigten Kupfersalz dargestellte freie Aminosäure schmolz gegen 205° unter Gasentwicklung und gab folgende Zahlen:

0,1600 g Substanz gaben 0,3044 g CO_2 und 0,1131 g H_2O.
Ber. für $C_5H_9O_2N$ (115,08). C 52,14%, H 7,88%.
Gef. „ 51,89%, „ 7,91%.
0,1693 g Substanz gaben 18,0 ccm N über 33%iger Kalilauge (16°, 747 mm).
Ber. 12,17%. Gef. 12,21%.

Die erste wässerige Mutterlauge wurde unter vermindertem Druck weiter eingeengt. Sie gab dann eine zweite Krystallisation von 5 g. Die direkte Analyse zeigte, daß dieses Prolin noch ziemlich rein war.

0,3682 g Substanz verloren bei 100° 0,0420 g H_2O.
$C_{10}H_{16}O_4N_2Cu + 2\,H_2O$ (327,75). Ber. H_2O 10,99%. Gef. H_2O 11,41%.
0,3262 g getrocknete Substanz: 0,0880 g CuO.
$C_{10}H_{16}O_4N_2Cu$ (291,72). Ber. Cu 21,79%. Gef. Cu 21,55%.

Ein nochmals aus heißem Wasser umkrystallisiertes Produkt gab noch besser stimmende Werte.

0,5758 g Substanz verloren bei 100° 0,0638 g H_2O.
$C_{10}H_{16}O_4N_2Cu + 2\,H_2O$ (327,75). Ber. H_2O 10,99%. Gef. H_2O 11,08%.
0,5120 g getrocknete Substanz: 0,1394 g CuO.
$C_{10}H_{16}O_4N_2Cu$ (291,72). Ber. Cu 21,79%. Gef. Cu 21,75%.

Die letzte Mutterlauge gab nach starkem Einengen in einer Platinschale eine dritte Krystallisation, aus der durch einmaliges Umlösen noch 1,6 g eines ziemlich reinen Kupfersalzes erhalten wurde.

Die Gesamtmenge des Kupfersalzes betrug mithin 18,3 g und wenn dasselbe auch nicht absolut rein war, so ist doch die Menge fremder Aminosäuren sehr wahrscheinlich nicht größer gewesen, als der Rest von Prolin, der in der letzten Mutterlauge der Kupfersalze gelöst blieb.

18,3 g wasserhaltiges Kupfersalz entsprechen 12,8 g Prolin, die aus 200 g wasserhaltiger oder 168 g trockener Gelatine entstanden waren. Mithin Prolin 7,6% der angewandten Gelatine oder 7,7% berechnet auf aschefreies Material.

Nach der Abscheidung des racemischen Prolinkupfers hinterließen die wässerigen Mutterlaugen beim völligen Verdampfen eine tiefblaue amorphe Masse, die mit viel Alkohol ausgekocht wurde. Als der alkoholische Auszug verdampft und der Rückstand abermals mit absolutem Alkohol ausgekocht war, betrug die gelöste Menge nicht mehr als 1,9 g.

Wir schließen daraus, daß die Menge des aktiven Prolins, das hier als Kupfersalz sich finden müßte, höchstens 1 g betragen haben kann. Wir haben übrigens auf die Isolierung der Aminosäure aus dem noch unreinen Kupfersalz verzichtet.

Obige Methode zur Bestimmung des Prolins in den Proteinen ist zweifellos genauer und sicherer als der früher benutzte Umweg über die Ester. Wir werden sie deshalb benutzen, um einige früher erhaltene Zahlen zu prüfen, und haben für das Casein schon festgestellt, daß seine Hydrolyse durch Barytwasser bei 100° ohne Schwierigkeit erreicht wird.

69. Emil Fischer und E. S. London: Bildung von Prolin bei der Verdauung von Gliadin.

Zeitschrift für Physiologische Chemie **73**, 398 [1911].

(Der Redaktion zugegangen am 13. Juli 1911.)

Die Menge von Prolin, die man bei der Verdauung von Eiweißkörpern mit Pankreassaft oder mit Pepsinsalzsäure und Pankreatin bisher erhielt, war sehr gering im Vergleich zu der Menge, die bei der Hydrolyse mit Säuren oder Alkalien entsteht. Wir haben deshalb nochmals einen solchen Verdauungsversuch mit Gliadin, das von der Pasewalker Stärkefabrik aus Weizen bereitet war, in folgender Weise ausgeführt. Durch Anlegung einer Fistel beim Hunde in der Mitte des Darmtraktus und durch Fütterung mit Gliadin wurde ein Chymus gewonnen, der die durch den normalen Verdauungssaft entstandenen Spaltprodukte des Gliadins samt den entsprechenden Enzymen in ihrem natürlichen Zustand und Zwischenverhältnis enthielt. Dieser Chymus wurde dann unter Toluolzusatz während 8 bis 9 Monaten im Brutschrank bei 37° gehalten und die nun filtrierte Flüssigkeit bei 40° eingetrocknet. Das in St. Petersburg dargestellte Präparat war eine amorphe, in großen Stücken dunkelbraune, nach dem Zerreiben gelbbraune Masse von eigentümlichem, nicht unangenehmem Geruch, die sich in Wasser zum größten Teile leicht und mit dunkelbrauner Farbe löste. Die in Berlin ausgeführte chemische Untersuchung ergab folgendes.

Bei dreimaligem Auskochen mit der vierfachen Menge absoluten Alkohols ging ungefähr die Hälfte in Lösung. Der beim Verdampfen des Alkohols verbleibende Rückstand wurde mit Wasser behandelt, wobei fettige Substanzen zurückblieben. Ihre Menge betrug ungefähr 20% des alkohollöslichen Teiles. Zum Nachweis des Prolins im wasserlöslichen Teile mußte die Estermethode herangezogen werden, weil die Trennung mit Alkohol hier nicht zum Ziele führt. Um aber sekundäre Wirkung der Salzsäure zu verhindern, wurde die Veresterung in der

Kälte unter Eiskühlung ausgeführt und bei der Verdampfung der alkoholischen Salzsäure unter stark vermindertem Druck die Temperatur des Bades nicht über 35° gesteigert. Damit die Veresterung unter diesen Umständen vollständig sei, mußte allerdings die Operation wiederholt werden. Für die Untersuchung auf Prolin diente der bis 100° unter 0,2 mm Druck abdestillierte Teil. Die aus den Estern hergestellten Aminosäuren wurden mit Alkohol ausgekocht, der Alkohol verdampft, der Rückstand wieder mit absolutem Alkohol aufgenommen und diese Operation mehrmals wiederholt, bis kein alkoholunlöslicher Teil mehr zurückblieb.

50 g ursprüngliches Chymuspräparat gaben 1,4 g in Alkohol leicht lösliche Aminosäure. Rechnet man sie als Prolin, wie es öfters bei der Hydrolyse von Proteinen geschehen ist, so würde das 2,8% entsprechen. Wir haben das Produkt dann weiter ins Kupfersalz verwandelt und dieses durch Alkohol in zwei Teile getrennt. Der unlösliche betrug 0,62 g, der lösliche 0,98 g. Betrachtet man den löslichen Teil als reines aktives Prolinkupfer, so würde das 1,55% aktivem Prolin entsprechen. Wir haben daraus das reine krystallisierte Salz dargestellt und 0,19 g isoliert, das den richtigen Kupfergehalt Cu 21,56% (ber.: Cu 21,79%) hatte. Die Mutterlaugen enthielten noch viel l-Prolinkupfer, das aber nicht mehr ganz rein herauskrystallisierte.

Der in Alkohol unlösliche Teil des Kupfersalzes bestand zum größten Teil aus racemischem Prolinkupfer, von dem durch Umkrystallisieren aus Wasser 0,4 g rein erhalten wurden.

0,04741 g lufttrockene Substanz verloren bei 107° und 12 mm Druck 0,00505 g.
$(C_5H_8O_2N)_2Cu + 2\,H_2O$ (327,75). Ber. H_2O 10,99. Gef. H_2O 10,65.
0,04236 g Substanz getrocknet bei 107° und 12 mm Druck gaben 0,01147 g CuO.
$(C_5H_8O_2N)_2Cu$ (291,72). Ber. Cu 21,79% Gef. Cu 21,63%.

Um die Frage zu entscheiden, ob neben freiem Prolin auch Polypeptide desselben in dem Chymusprodukt enthalten sind, haben wir ein anderes Präparat mit Baryumhydroxyd durch $3^1/_2$ tägiges Erhitzen auf 100° nach E. Fischer und R. Boehner[1]) völlig hydrolysiert und racemisiert und dann das Prolin als Kupfersalz isoliert. Aus 50 g wurde zunächst ein alkoholischer Auszug hergestellt und nach dem Verdampfen des Alkohols der fettige Bestandteil durch Auslaugen mit Wasser entfernt. Die so erhaltenen 20 g gaben 0,534 g reines analysiertes dl-Prolinkupfer. Außerdem wurden noch 0,3 g nicht mehr ganz reines Kupfersalz isoliert. Die Menge an Prolin war also geringer als bei der direkten Isolierung nach der Estermethode. Das liegt an der Schwierigkeit, kleine Mengen Prolin, auch wenn es racemisch ist, durch bloße Krystallisation von den anderen Aminosäuren völlig zu trennen.

---

[1]) Zeitschr. f. physiol. Chem. **65**, 118 [1910]. (*S. 703.*)

Bedenkt man die Unsicherheit der quantitativen Bestimmung so kleiner Mengen Prolin, so ergeben sich folgende Schlüsse:

1. Die Menge, die nach der vollständigen Hydrolyse mit Baryt isoliert werden kann, ist nicht größer als diejenige, die ohne Hydrolyse nach der Estermethode erhalten wird.

2. In dem Trockenrückstand vom Darmchymus des mit Gliadin gefütterten Hundes war nach der langen Verdauung im Brutraum der Gehalt an freiem Prolin annähernd von der gleichen Größenordnung, wie ihn Abderhalden und Samuely[1]) in dem Gliadin (aus Weizenmehl) nach der völligen Hydrolyse mit Säuren festgestellt haben. Sie fanden nämlich 2,4% Gesamtprolin, wobei die Menge des aktiven Prolins aus dem Gewicht des amorphen, also noch unreinen Kupfersalzes berechnet wurde.

Nach diesen Beobachtungen darf man annehmen, daß bei der lang anhaltenden Verdauung des Gliadins das Prolin vollständig oder doch zum allergrößten Teil in Freiheit gesetzt wurde. Dadurch gewinnt die Ansicht, daß die Aminosäure in den Proteinen präformiert ist, eine neue Stütze.

Schließlich sagen wir Herrn Dr. Wilhelm Schneider für die Hilfe bei den chemischen Versuchen besten Dank.

---

[1]) Zeitschr. f. physiol. Chem. **44**, 276 [1905]. (*Proteine I, S. 753.*)

70. Emil Fischer und Emil Abderhalden: Bildung von Dipeptiden bei der Hydrolyse der Proteïne.

Berichte der Deutschen Chemischen Gesellschaft **39**, 2315 [1906].

(Eingegangen am 22. Juni 1906.)

Wie wir vor fünf Monaten[1]) gezeigt haben, entsteht bei der Hydrolyse des Seidenfibroïns durch starke kalte Schwefel- oder Salz-Säure in reichlicher Menge ein Dipeptid des Glykocolls und *d*-Alanins, das in Form seines Anhydrids isolirt wurde. Wir haben selbstverständlich die Methode, durch welche dieses wichtige Resultat erzielt wurde, auch auf andere Proteïne angewandt und können heute über zwei neue Dipeptid-anhydride berichten, die unter ähnlichen Bedingungen entstanden sind. Das eine davon ist aus *l*-Tyrosin und Glykocoll zusammengesetzt und entsteht ebenfalls aus Seidenfibroïn. Es wurde schon am Schlusse der ersten Mittheilung kurz erwähnt. Die weiteren Beobachtungen haben unsere damals ausgesprochene Ansicht über seine Zusammensetzung ganz bestätigt, denn es ist uns gelungen, seine Identität mit einem synthetisch gewonnenen Glycyl-*l*-tyrosinanhydrid zu beweisen.

Das zweite neue Diketopiperazin enthält Glykocoll und actives Leucin. Es entsteht aus dem Elastin und wurde auch mit einem synthetisch gewonnenen Glycyl-*l*-leucinanhydrid identificirt.

Unter der grossen Anzahl von Proteïnen haben wir für den vorliegenden Zweck zunächst diejenigen ausgewählt, welche wie Spongin, Gelatine, Keratin, Gliadin, Zeïn u. s. w. reich an einfachen Monoaminosäuren sind, weil man erwarten darf, dass die hier entstehenden Diketopiperazine sich verhältnissmässig leicht isoliren lassen. Wir werden aber später das Verfahren ganz allgemein zu verwerten suchen.

---

[1]) Berichte d. D. Chem. Gesellsch. **39**, 752 [1906]. (*Proteine I, S. 624.*)

Inzwischen haben Levene und Beatty[1]) bei der Hydrolyse der Gelatine mit Trypsin die Bildung eines Diketopiperazins von Prolin und Glycin beobachtet, welches vielleicht auch durch Anhydrisirung aus einem Dipeptid entstanden ist. Trifft diese Voraussetzung zu, so würde die Zahl der Dipeptide, welche bei der Spaltung der Proteïne in Form ihrer Anhydride nachgewiesen werden konnten, schon vier betragen.

1. Seidenfibroïn.

100 g Seidenfibroïn wurden mit 300 ccm Salzsäure vom spec. Gew. 1,19 übergossen und unter öfterem Umschütteln zuerst 3 Tage bei 18° und dann 3 Tage bei 37° aufbewahrt. Aus der mit der fünffachen Menge Wasser verdünnten Flüssigkeit entfernten wir die Hauptmenge der Salzsäure durch Eintragen von überschüssigem, feingepulvertem Kupferoxydul. Das in Lösung gegangene Kupfer wurde mit Schwefelwasserstoff gefällt, und das Filtrat vom Kupfersulfid unter vermindertem Druck bei 35—40° (Temperatur des Bades) zum Syrup verdampft. Wie früher beschrieben, wurde der Rückstand verestert, und die Ester mit etwas weniger als der berechneten Menge Natriumäthylat in Freiheit gesetzt. Einen Ueberschuss an Aethylat suchten wir in allen Fällen zu vermeiden. Bei der Destillation des Alkohols unter geringem Druck bis 65° (Badtemperatur) gingen nur geringe Mengen von Aminosäureester über, denn beim Verdampfen des mit Salzsäure versetzten Destillates blieben nur 5,0 g feste Substanz. Der beim Verjagen des Alkohols bleibende Rückstand wurde zunächst zur Entfernung noch vorhandener Monoaminosäureester wiederholt mit Aether ausgeschüttelt und hierauf in heissem, absolutem Alkohol gelöst. In der braun gefärbten, klaren Lösung wurde durch Einleiten von trocknem Ammoniakgas zunächst der kleine Rest der noch vorhandenen Hydrochlorate zersetzt, das ausgeschiedene Chlorammon abfiltrirt und das Filtrat eingeengt. Nach 24 Stunden war die ganze Masse zu einem lockeren, anscheinend krystallinischen Brei erstarrt. Er wurde sofort abgenutscht, mit kaltem, absolutem Alkohol gewaschen und scharf abgepresst. Wie die Eigenschaften dieses Productes, das in rohem Zustande 25,0 g wog, zeigten, lag das früher beschriebene Glycyl-*d*-alaninhydrid vor. In dieser Masse waren unter dem Mikroskop noch keine deutlichen Krystalle zu erkennen und erst durch wiederholtes Umlösen aus heissem, absolutem Alkohol wurde das Präparat ganz krystallinisch. Die Mutterlauge von der ersten Abscheidung des Glycylalaninanhydrides gab nach mehr-

---

[1]) Berichte d. D. Chem. Gesellsch. **39**, 2060 [1906]. Vgl. auch Zeitschr. f. physiol. Chem. **47**, 143 [1906].

tägigem Stehen einen zweiten gallertigen Niederschlag, der starke Millon'sche Reaction zeigte. Er wurde zunächst aus heissem Alkohol und schliesslich aus heissem Wasser umgelöst, wodurch es gelang, das noch beigemengte in Wasser ziemlich leicht lösliche Glycyl-alaninanhydrid zu entfernen.

Das gereinigte Product krystallisirte aus heissem Wasser in schönen, farblosen, meist stern- oder kugelförmig vereinigten Nadeln. Es schmolz beim raschen Erhitzen nicht ganz scharf unter Zersetzung zwischen 278—283° (corr.) und gab die Millon'sche Probe recht stark. Für die Analyse war es bei 100° getrocknet.

0,1254 g Sbst.: 0,2775 g CO_2, 0,0635 g H_2O.

$C_{11}H_{12}N_2O_3$. Ber. C 60,0, H 5,4.

Gef. „ 60,35, „ 5,67.

Dass die Verbindung ein Derivat des Glykocolls und Tyrosins ist, zeigt das Resultat der Hydrolyse. Zu dem Zwecke wurde die Substanz mit der zehnfachen Menge 25-proc. Schwefelsäure 10 Stunden am Rückflusskühler gekocht, dann die Schwefelsäure nach dem Verdünnen mit Wasser durch Baryumhydroxyd genau gefällt, das Baryumsulfat nochmals mit Wasser ausgekocht, die gesammelten Filtrate mit Thierkohle entfärbt und darauf das Tyrosin in der üblichen Weise isolirt.

0,1538 g Sbst.: 0,3365 g CO_2, 0,0854 g H_2O.

$C_9H_{11}NO_3$. Ber. C 59,66, H 6,07.

Gef. „ 59,69, „ 6,17.

Seine Menge betrug 0,56 g auf 1 g Anhydrid, mithin 68 pCt. der Theorie. Aus dem Filtrat wurde das Glykocoll nach dem Verdampfen als Esterchlorhydrat abgeschieden, welches den Schmp. 144° (corr.) zeigte. Seine Menge betrug 0,42 g, entsprechend 0,22 g Glykocoll = 64,7 pCt. der Theorie.

Wir haben endlich unser Präparat mit einem synthetisch gewonnenen Glycyl-*l*-tyrosinanhydrid, welches Hr. W. Schrauth im hiesigen Institut aus Chloracetyl-*l*-tyrosinester dargestellt hat*), verglichen. In Bezug auf die Form der Krystalle, die Löslichkeit und den Schmelzpunkt fanden wir völlige Uebereinstimmung. Ein kleiner Unterschied zeigte sich nur im optischen Verhalten. Wir benutzten zu dessen Bestimmung eine Lösung in wässrigem Ammoniak, welche das Gesamtgewicht 10,1245 g und das spec. Gew. 0,9682 hatte und 0,1722 g Substanz enthielt. Sie drehte im 1 dm-Rohr 2,03° nach rechts. Daraus berechnet sich $[\alpha]_D^{20} = +123,3°$. Der Werth ist natürlich bei der grossen Verdünnung der Lösung wenig genau. Hr. Schrauth hat unter ganz ähnlichen Bedingungen für das synthetische Product $[\alpha]_D^{20} = +126,4°$

*) *Vergl. S. 424.*

gefunden. Die Differenz ist aber zu gering, um begründete Zweifel an der Identität der Producte zu erwecken.

Die Ausbeute an reinem Glycyl-*l*-tyrosinanhydrid betrug beim ersten Versuche mit 100 g Seidenfibroïn 4,2 g, sodass ein erheblicher Theil des Gesammttyrosins in dieser Substanz enthalten war. Diese grosse Ausbeute war wohl einem glücklichen Zufall zu verdanken, denn bei einem zweiten Versuche, der mit 200 g Seide durchgeführt wurde, war sie sehr viel geringer An gut krystallisirtem Product wurden hier nur 0,35 g erhalten, während der grösste Theil der Substanz im gallertigen Zustand verharrte und deshalb nicht ganz rein gewonnen werden konnte.

Elastin.

200 g fein zertheiltes Elastin wurden mit der 4-fachen Menge 70 procentiger Schwefelsäure unter häufigem Umschütteln 3 Tage bei gewöhnlicher Temperatur behandelt, wobei Lösung eintrat, und noch ein Tag bei 37° aufbewahrt. Die Schwefelsäure wurde nun mit Baryt quantitativ gefällt, und der centrifugirte Niederschlag wiederholt mit Wasser ausgekocht. Die Verarbeitung der Filtrate geschah genau so, wie es beim Seidenfibroïn beschrieben ist, durch Verdampfen unter vermindertem Druck, Veresterung, Zerlegung der Esterchlorhydrate mit Natriumäthylat und Verarbeitung der alkoholischen Lösung. Die Menge der Aminosäuren, die auf diese Weise isolirt werden konnte, war etwas grösser als beim Seidenfibroïn, denn das alkoholische Destillat hinterliess beim Verdampfen mit Salzsäure 12 g Rückstand, der aus den Hydrochloraten der Aminosäuren bestand. Durch Extraction des beim Verdampfen des Alkohols bleibenden Rückstandes mit Aether wurden noch 5 g Aminosäureester erhalten.

Der in Aether unlösliche Theil der Ester wurde in absolutem Alkohol warm gelöst und nach dem Abkühlen in die stark braun gefärbte Flüssigkeit Ammoniakgas bis zur Sättigung eingeleitet. Dabei fiel noch eine kleine Menge von Chlorammonium aus. In dem Filtrat begann nach zweitägigem Stehen zunächst an den Wänden des Gefässes die Abscheidung einer Masse, die man makroskopisch für krystallinisch hätte halten können, während unter dem Mikroskop keine deutliche Krystallform zu erkennen war. Ihre Menge betrug nach weiterem 3 tägigem Stehen schon über 10 g, und die Mutterlauge gab beim längeren Aufbewahren noch mehrere neue Abscheidungen. Die Masse liess sich gut filtriren und durch Waschen mit kaltem Aceton oder Aether von dem braunen Farbstoff ganz befreien. Zur Reinigung wurde sie aus heissem Aceton oder Alkohol mehrmals umkrystallisirt, wobei die Abscheidung in der Regel ziemlich langsam (im Laufe von 24 Stunden) erfolgte. An manchen Stellen des Niederschlags konnte man unter dem Mikroskop ganz deutlich äusserst feine, biegsame, Nädelchen, die filzartig zusammengelagert waren, erkennen; dagegen ist es uns nicht gelungen, die ganze Masse in dieser homogenen Form zu erhalten.

Für die Analyse war bei 100° getrocknet:

0,1638 g Sbst.: 0,3408 g CO_2, 0,1229 g H_2O. — 0,1752 g Sbst.: 25,5 ccm N (19°, 756 mm).

$C_8H_{14}O_2N_2$. Ber. C 56,47, H 8,24, N 16,47.
Gef. „ 56,74, „ 8,39, „ 16,64.

Die gefundenen und berechneten Zahlen stimmen ziemlich gut überein. Die kleine Differenz im Kohlenstoff ist wohl auf die Anwesenheit einer geringen Beimengung von kohlenstoffreicheren Producten zurückzuführen. Der Schmelzpunkt des Präparats lag gegen 253° (corr.). Für die Bestimmung der spezifischen Drehung diente eine verdünnte, wässrige Lösung von 6,7516 g Gewicht, die 0,1098 g Substanz enthielt. Sie drehte im 2 dm-Rohr 0,95° nach rechts. $[\alpha]_D^{20°} = +29,2°$.

Dass die Verbindung aus Glykocoll und Leucin zusammengesetzt ist, beweist das Resultat der Hydrolyse, welche durch 6-stündiges Erhitzen mit der 6-fachen Menge rauchender Salzsäure (spec. Gew. 1,19) im Einschlussrohr auf 100° bewerkstelligt wurde. Nach dem Verdampfen der Salzsäure haben wir das Glykocoll als Esterchlorhydrat abgeschieden und durch den Schmelzpunkt 144° identificirt. Die Ausbeute betrug etwa die Hälfte der berechneten Menge. Aus der Mutterlauge des Glykocollesterchlorhydrates konnte das Leucin isolirt und durch Darstellung des Kupfersalzes charakterisirt werden.

Wir haben dann endlich unser Präparat mit einem synthetisch gewonnenen Glycyl-*l*-leucinanhydrid*) verglichen und keinen wesentlichen Unterschied gefunden, denn das synthetische Product schmolz bei 254—255° (corr.) und zeigte eine specifische Drehung in 2-procentiger, wässriger Lösung von $[\alpha]_D^{20°} = +31,7°$ ($\pm$ 0,5). Auch die Krystallform und die Neigung, sich scheinbar amorph aus Lösungen abzuscheiden, waren die gleichen, nur schien uns die Reinheit des synthetischen Productes etwas grösser zu sein, denn es konnte leichter bei vorsichtigem Umlösen in mikroskopisch deutlichen Kryställchen erhalten werden. Auch war die specifische Drehung etwas grösser. Bei der grossen Uebereinstimmung der Eigenschaften zweifeln wir aber nicht im geringsten an der Identität beider Producte.

---

*) *Vergl. S. 344.*

71. Emil Fischer und Emil Abderhalden: Bildung von Polypeptiden bei der Hydrolyse der Proteine[1]).

Berichte der Deutschen Chemischen Gesellschaft **40**, 3544 [1907].

(Eingegangen am 30. Juli 1907.)

Die drei Dipeptide, deren Entstehung durch partielle Hydrolyse des Seidenfibroins und Elastins wir in den beiden ersten Mitteilungen[2]) beschrieben haben, sind sämtlich Derivate des Glykokolls, und zwar Kombinationen mit *d*-Alanin, *l*-Tyrosin und *l*-Leucin. Alle diese Produkte wurden in Form ihrer Anhydride isoliert. Da diese aber zwei Dipeptiden entsprechen, so blieb zunächst die Frage offen, welches davon in dem ursprünglichen Produkt der Hydrolyse enthalten sei. Auf indirektem Wege konnten wir allerdings für die Kombination von

---

[1]) Diese Abhandlung wurde der Akademie der Wissenschaften zu Berlin am 20. Juni dieses Jahres vorgelegt. (Vergl. Sitzungsberichte **1907**, 574—590). Neu hinzugekommen ist seitdem die Auffindung der *l*-Leucyl-*d*-glutaminsäure unter den Spaltprodukten des Gliadins.

[2]) Berichte d. D. Chem. Gesellsch. **39**, 752, 2315 [1906]. (*Proteine I, S. 624 u. II, S. 711.*)

In der kürzlich erschienenen Mitteilung der HHrn. P. A. Levene und W. A. Beatty (Biochem. Zeitschr. **4**, 299 [1907]) findet sich die Bemerkung, daß der eine der beiden Autoren (Levene) bei der tryptischen Verdauung der Gelatine das erste krystallisierte Dipeptid auf analytischem Wege dargestellt habe. Da diese Behauptung, wenn sie unwidersprochen bliebe, als historischer Irrtum in die Eiweißliteratur übergehen könnte, so sehe ich mich zu einer Berichtigung genötigt. Bereits im Jahre 1902 habe ich in einem Autoreferat über einen Vortrag auf der Naturforscherversammlung zu Karlsbad (Chem.-Ztg. **26**, Nr. 80, S. 939 [1902]) (*Proteine I, S. 621*) die Bildung eines Dipeptids bei gemäßigter Hydrolyse des Seidenfibroins angezeigt, denn es war mir in Gemeinschaft mit Dr. P. Bergell gelungen, ein krystallisiertes Produkt zu isolieren, das durch die Analyse und Hydrolyse als das Naphthalinsulfoderivat eines Dipeptids aus Glykokoll und Alanin erkannt wurde. Diese Beobachtung wurde erheblich erweitert durch die Versuche, die ich im Herbst des Jahres 1905 gemeinschaftlich mit E. Abderhalden ausführte, denn wir konnten aus den Spaltprodukten des Seidenfibroins in reichlicher Menge das Glycyl-*d*-alaninanhydrid und nebenbei in kleiner Menge Glycyl-*l*-tyrosinanhydrid abscheiden. Die erste Mitteilung über dieses

Glykokoll und *d*-Alanin mit einiger Wahrscheinlichkeit schließen, daß sie Glycyl-*d*-alanin sei, weil sie widerstandsfähig gegen Pankreassaft war. Wir haben für diese Ansicht jetzt den endgültigen Beweis gefunden, denn es ist uns gelungen, aus den ursprünglichen Produkten der Hydrolyse das Glycyl-*d*-alanin als β-Naphthalinsulfoderivat zu isolieren und dessen Struktur durch Spaltung in Alanin und Naphthalinsulfoglycin festzustellen. Die Verwendung der Naphthalinsulfoverbindungen für Lösung von Strukturfragen bei Polypeptiden ist neu und scheint uns allgemeinerer Anwendung wert zu sein. Sie beruht darauf, daß beim Erhitzen mit mäßig verdünnter Salzsäure die Polypeptidkette gesprengt wird, während die beständigere Bindung der Naphthalinsulfogruppe mit der Aminosäure erhalten bleibt. Im vorliegenden Beispiel wird der Vorgang durch folgende Gleichung dargestellt:

$$C_{10}H_7 \cdot SO_2 \cdot NH \cdot CH_2 \cdot CO \cdot NH \cdot CH(CH_3) \cdot COOH + H_2O$$
$$= C_{10}H_7 \cdot SO_2 \cdot NH \cdot CH_2 \cdot COOH + NH_2 \cdot CH(CH_3) \cdot COOH.$$

Nach anderen Beobachtungen mit den Naphthalinsulfoderivaten von komplizierteren Polypeptiden glauben wir, daß man auf dieselbe Art

Resultat habe ich am 6. Januar 1906 in einem Vortrag vor der Deutschen Chemischen Gesellschaft gemacht. (Vergl. Berichte d. D. Chem. Gesellsch. **39**, 606 [1906]. (*Proteine I, S. 79.*) Die ausführliche Beschreibung der Versuche ist der Redaktion der D. Chem. Gesellschaft am 12. Februar 1906 übergeben worden (Berichte d. D. Chem. Gesellsch. **39**, 752 [1906]). (*Proteine I, S. 624.*) Hr. P. A. Levene beruft sich nun auf eine Publikation im Journ. of experim. Med. **8**, 180, die ebenfalls aus dem Jahre 1906 stammt. Bei der Redaktion der Zeitschr. f. physiol. Chem. (**47**, 143) ist am 24. Januar 1906 eine Abhandlung der HHrn. P. A. Levene und G. B. Wallace eingelaufen, in der eine bei der Verdauung der Gelatine entstandene krystallinische Substanz von der Formel $C_7H_{10}N_2O_2$ beschrieben wird, ohne daß sich irgend eine Andeutung über ihre Konstitution findet. Man muß daraus schließen, daß Hr. P. A. Levene anfangs Januar 1906 noch nicht gewußt hat, daß er das Anhydrid eines Dipeptids unter Händen hatte. Erst am 7. Mai 1906, nachdem längst die ausführliche Abhandlung von Abderhalden und mir erschienen war, ist bei der Redaktion der Berichte d. D. Chem. Gesellschaft (**39**, 2060) die Mitteilung von Levene und Beatty eingetroffen, daß das krystallisierte Produkt aus Gelatine bei der Hydrolyse Prolin und Glykokoll liefere und deshalb als Glycyl-prolinanhydrid zu betrachten sei. Man sieht daraus, daß der Anspruch des Hrn. Levene auf die Entdeckung des ersten krystallisierten Derivats eines Dipeptids aus Proteinen in jeder Beziehung unberechtigt ist.

Ich bin aber weit davon entfernt, deshalb die Wichtigkeit seiner Beobachtung zu unterschätzen. Er hat das Verdienst, zuerst die Bildung eines Dipeptidanhydrids bei der Spaltung eines Proteins durch die Verdauungsfermente nachgewiesen zu haben, denn alle früheren Angaben über die Entstehung von Leucinimid unter den gleichen Verhältnissen sind sehr zweifelhaft. Ferner wird das Interesse, das seine Entdeckung darbietet, noch erhöht durch den Umstand, daß es sich um ein Derivat des Prolins handelt. E. Fischer.

allgemein die am Anfang der Kette befindliche Aminosäure kennzeichnen kann.

Bei der näheren Untersuchung der Spaltprodukte des Elastins sind wir ferner neuen Dipeptiden begegnet. Eines davon ließ sich direkt isolieren und hat sich als identisch mit dem synthetisch[1]) bereiteten *d*-Alanyl-*l*-leucin erwiesen. Zwei weitere konnten bisher nur als Anhydride abgeschieden werden. Das eine ist höchst wahrscheinlich eine Kombination von Glykokoll mit Valin, und das andere liefert bei der Hydrolyse *d*-Alanin und Prolin.

Ein Dipeptid der Glutaminsäure, die einen erheblichen Bestandteil vieler Proteine bildet, haben wir unter den Spaltprodukten des Gliadins gefunden. Durch Vergleich mit einem synthetischen Präparat wurde es als *l*-Leucyl-*d*-glutaminsäure erkannt.

Schließlich glauben wir noch ein interessantes Produkt aus Seidenfibroin schon jetzt erwähnen zu dürfen, obschon seine völlige Homogenität ungewiß ist. Nach dem Resultate der Molekulargewichtsbestimmung und der Hydrolyse halten wir es für ein Tetrapeptid, das aus Glykokoll, *d*-Alanin und *l*-Tyrosin zusammengesetzt ist. Trotz dieser einfachen Konstitution zeigt es aber in dem Verhalten gegen Ammoniumsulfat, ferner gegen Kochsalz bei Gegenwart von Salpetersäure oder Essigsäure die größte Ähnlichkeit mit den Albumosen. Bisher hat man wohl ziemlich allgemein angenommen, daß die durch Ammoniumsulfat fällbaren Albumosen im Vergleich zu den nicht fällbaren Peptonen hochmolekulare Substanzen seien. Die vorliegende Beobachtung zeigt, daß diese Anschauung nicht für alle Fälle zutreffend ist, sondern daß die Fällbarkeit durch Ammoniumsulfat in hohem Grade durch die Natur der im Molekül enthaltenen Aminosäuren, im vorliegenden Falle also durch das *l*-Tyrosin, bedingt sein kann. Die Erfahrung mit synthetischen Polypeptiden, welche Tyrosin enthalten, insbesondere mit dem *l*-Leucyl-triglycyl-*l*-tyrosin hat uns zu dem gleichen Schlusse geführt.

Partielle Hydrolyse des Seidenfibroins.

Ähnlich wie bei den früheren Versuchen[2]) wurden 500 g Seidenfibroin mit 1500 ccm rauchender Salzsäure (spez. Gewicht 1,19) übergossen und von Zeit zu Zeit umgeschüttelt, bis Lösung eingetreten war. Diese Flüssigkeit haben wir aber absichtlich nur 4 Tage bei 16° aufbewahrt, während sie früher nachträglich noch einige Tage im Brutraum stehen blieb. Die kürzere Behandlung mit der Salzsäure hatte den Zweck, die Hydrolyse nicht zu weit zu treiben. In der weiteren

[1]) Emil Fischer, Berichte d. D. Chem. Gesellsch. **40**, 1766 [1907]. (*S. 389.*)

[2]) Berichte d. D. Chem. Gesellsch. **39**, 752, 2315 [1906]. (*Proteine I, S. 624 und II, S. 711.*)

Verarbeitung der Flüssigkeit haben wir ebenfalls eine Änderung eintreten lassen, indem wir zunächst eine Scheidung der zahlreichen Produkte durch Phosphorwolframsäure vornahmen. Zu dem Zweck wurde die salzsaure Lösung mit Wasser auf 15 l verdünnt und mit einer konzentrierten Lösung von Phosphorwolframsäure so lange versetzt, als noch eine Fällung erfolgte. Der Niederschlag war zuerst flockig, ballte sich aber bald zu einem teigigen Kuchen zusammen. Er wurde zunächst mit kaltem Wasser unter Durchrühren gewaschen. Da erfahrungsgemäß solche Niederschläge auch einfachere Polypeptide und sogar Aminosäuren anfänglich enthalten können, so wurde das teigige Produkt in der gewöhnlichen Weise mit Wasser und Baryt zerlegt, die filtrierte Flüssigkeit mit überschüssiger Schwefelsäure versetzt und nach abermaliger Filtration von neuem mit Phosphorwolframsäure gefällt. Schließlich haben wir diesen ganzen Prozeß nochmals wiederholt. Die Menge der Flüssigkeit betrug bei der Fällung mit Phosphorwolframsäure jedesmal 15—20 l. Der zuletzt erhaltene Phosphorwolframsäure-Niederschlag diente zur Gewinnung des in der Einleitung erwähnten tyrosinhaltigen Tetrapeptids, wie unten beschrieben ist.

1. Durch Phosphorwolframsäure nicht gefällte Produkte: Sie fanden sich zum allergrößten Teil in der ersten Mutterlauge, so daß sich die Verarbeitung der beiden folgenden Mutterlaugen kaum lohnt. Wir wollen deshalb das Resultat nur für jene erste Flüssigkeit beschreiben. Zunächst wurde die darin enthaltene Phosphorwolframsäure mit einem kleinen Überschuß von Baryt gefällt, dann der Baryt genau mit Schwefelsäure entfernt und nun das Filtrat mit überschüssigem Kupferoxydul geschüttelt, um den größten Teil der Salzsäure wegzuschaffen. Aus der abermals filtrierten Flüssigkeit wurde das Kupfer mit Schwefelwasserstoff gefällt, dann der überflüssige Schwefelwasserstoff durch einen Luftstrom verdrängt und die Flüssigkeit nun unter geringem Druck aus einem Bade, dessen Temperatur nicht über 40° stieg, eingeengt. In einem kleinen Teil der konzentrierten Lösung haben wir die Salzsäure durch Schütteln mit überschüssigem Silberoxyd entfernt, dann im Filtrat das gelöste Silber quantitativ mit Salzsäure gefällt und nun die Flüssigkeit wiederum unter geringem Druck verdampft. Der Rückstand war ein gelber, dicker Sirup, der stark die Biuret- und Millonsche Reaktion zeigte, aber aus konzentrierter wäßriger Lösung mit Ammoniumsulfat nicht gefällt wurde.

4 g von diesem Sirup dienten zur Darstellung des β-Naphthalinsulfoglycyl-d-alanins. Sie wurden in der üblichen Weise in sehr verdünntem Alkali gelöst und mit einer ätherischen Lösung von β-Naphthalinsulfochlorid behandelt. Beim schließlichen Ansäuern der alkalischen Lösung fiel ein Öl, das sich beim Abkühlen auf 0° langsam in eine

zähe Masse verwandelte. Zur Reinigung wurde sie nach Entfernung der Mutterlauge zunächst in verdünntem Alkali gelöst, bei 0° durch Ansäuern wieder gefällt, dann zerrieben und mit ziemlich viel Äther ausgelaugt, wobei verhältnismäßig wenig in Lösung ging. Als der Rückstand in heißem Wasser gelöst und mit etwas Tierkohle gekocht war, schieden sich beim Abkühlen der filtrierten Flüssigkeit allmählich feine Nädelchen und glänzende Blättchen ab. Ihre Menge betrug allerdings nur 0,75 g, aber aus der Mutterlauge wurden noch 0,25 g gewonnen. Der Schmelzpunkt lag bei 155° (korr.). Für die Analyse war bei 100° im Vakuum getrocknet.

0,1522 g Sbst.: 0,3026 g CO_2, 0,0729 g H_2O. — 0,1607 g Sbst.: 11,5 ccm N (18°, 779 mm).

$C_{15}H_{16}O_5N_2S$. Ber. C 53,54, H 4,80, N 8,33.
Gef. „ 54,22, „ 5,36, „ 8,49.

Die Zahlen lassen bei Kohlenstoff und Wasserstoff an Übereinstimmung zu wünschen übrig, aber ähnliche Schwierigkeiten haben sich früher bei dem synthetisch erhaltenen β-Naphthalinsulfoderivat des racemischen Glycyl-alanins gezeigt, ohne daß die Ursache aufgeklärt werden konnte[1]). Im übrigen war die Ähnlichkeit unseres Produktes mit dem synthetischen β-Naphthalinsulfoglycyl-*d*-alanin[2]) sehr groß. Entscheidend ist zudem das Resultat der Hydrolyse, denn es entstehen dabei reichliche Mengen von β-Naphthalinsulfoglycin, wie folgender Versuch zeigt.

0,4 g Substanz wurden mit 200 ccm 10-proz. Salzsäure zwei Stunden am Rückflußkühler gekocht. Beim Abkühlen, besonders nach dem Abstumpfen der überschüssigen Salzsäure mit Alkali, fiel ein bald erstarrendes Öl, das aus heißem Wasser in langestreckten, meist zu Büscheln vereinigten Blättchen krystallisierte. Es zeigt nicht allein den Schmp. 159° (korr.) und die übrigen Eigenschaften, sondern auch den Stickstoffgehalt des β-Naphthalinsulfo-glycins.

0,1807 g Sbst.: 7,9 ccm N (14°, 769 mm).

$C_{12}H_{11}O_4NS$. Ber. N 5,28. Gef. N 5,22.

Wir haben uns durch einen besonderen Versuch mit β-Naphthalinsulfoglycyl-glycin überzeugt, daß die Hydrolyse unter ähnlichen Bedingungen im gleichen Sinne verläuft.

Als 1 g mit 50 ccm 10-proz. Salzsäure zwei Stunden am Rückflußkühler gekocht war, krystallisierten nach dem Abstumpfen der Salzsäure

---

[1]) E. Fischer, Berichte d. D. Chem. Gesellsch. **36**, 2106 [1903]. (*Proteine I, S. 314.*)

[2]) E. Fischer und P. Bergell, Berichte d. D. Chem. Gesellsch. **36**, 2594 [1903]. (*Proteine I, S. 574.*)

in der Kälte 0,75 g β-Naphthalinsulfoglycin, das nach dem Umkrystallisieren ebenfalls unter vorherigem Sintern bei 159° (korr.) schmolz und dieselben äußeren Eigenschaften wie obiges Präparat besaß.

0,1628 g Sbst.: 7,6 ccm N (15,5°, 764 mm).

$C_{12}H_{11}O_4NS$. Ber. N 5,28. Gef. N 5,51.

Wie erwähnt, wurde für die Darstellung des β-Naphthalinsulfoglycyl-*d*-alanins nur ein ganz kleiner Teil der Produkte verwendet, die nach der ersten Ausfällung mit Phosphorwolframsäure in den Mutterlaugen blieben. Die Hauptmenge diente zur Darstellung von Anhydriden der Dipeptide. Zu dem Zwecke wurde die Flüssigkeit, nachdem die Salzsäure, wie oben erwähnt, mit Kupferoxyd gefällt und das Kupfer wieder entfernt war, zum Sirup verdampft. Er enthielt natürlich etwas Salzsäure. Seine Menge betrug etwa 300 g. Dieses Rohprodukt wurde in der üblichen Weise verestert, die Ester in alkoholischer Lösung mit Natriumäthylat in Freiheit gesetzt und die Monoaminosäureester durch Verdampfen unter sehr geringem Druck entfernt.

Als der Rückstand wieder in Alkohol gelöst war und diese Lösung bei gewöhnlicher Temperatur stehen blieb, schieden sich allmählich die Anhydride als amorphe Massen ab. Die Abscheidung dauerte übrigens wochenlang fort, und die Menge der festen Produkte stieg auf ungefähr 200 g. Wir haben daraus durch systematisches Umlösen große Mengen von Glycyl-*d*-alaninanhydrid und kleine Mengen von Glycyl-*l*-tyrosinanhydrid isoliert, die in den früheren Abhandlungen[1]) ausführlich beschrieben sind. Aus den späteren Mutterlaugen wurde auch ein Produkt isoliert, das kein Tyrosin, wohl aber Alanin enthielt und nach der Analyse ein *d*-Alanyl-*l*-serinanhydrid sein könnte. Es löste sich in Wasser und Alkohol leicht, etwas schwerer in Essigäther und schmolz gegen 225° unter Zersetzung.

0,1770 g Sbst.: 0,2971 g CO_2, 0,0987 g H_2O. — 0,1212 g Sbst.: 19,5 ccm N (16°, 758 mm).

$C_6H_{10}N_2O_3$. Ber. C 45,54, H 6,37, N 17,72.
Gef. „ 45,77, „ 6,24, „ 18,75.

Wir legen jedoch darauf keinen besonderen Wert, da die Reinheit nicht sicher war und seine Menge nicht ausreichte, um die Anwesenheit von Serin zweifellos festzustellen.

2. Niederschlag mit Phosphorwolframsäure: Für die folgenden Versuche diente der Niederschlag, der bei der oben beschriebenen dritten Fällung mit Phosphorwolframsäure entstand. Er wurde in der üblichen Weise mit Baryt zerlegt, der überschüssige Baryt mit

[1]) a. a. O.

Schwefelsäure quantitativ entfernt und die filtrierte Lösung unter geringem Druck aus einem Bade, dessen Temperatur nicht über 40° stieg, eingedampft. Der Rückstand war ein schwach gelb gefärbter, bitter schmeckender Sirup. Er löste sich in heißem Methylalkohol (3—4-fache Menge) völlig auf, aber beim Erkalten gestand die Lösung zu einer dicken Gallerte, und als diese nach einiger Zeit scharf abgenutscht und mit kaltem Methylalkohol gewaschen wurde, hinterblieb ein farbloses, fast aschefreies Pulver, das jetzt in Methylalkohol sehr schwer löslich war. Das Präparat zeigte alle Merkmale eines Gemisches. Ein Teil löste sich leicht in Wasser, ein anderer schwer, und die wäßrige Lösung des ersteren schied beim Erhitzen von dem schwer löslichen Produkt noch aus. Genau untersucht wurde nur der in Wasser leicht lösliche Teil. Seine wäßrige Lösung opalescierte etwas, schäumte sehr stark und wurde von Ammoniumsulfat gefällt. Biuretprobe und Millonsche Reaktion waren sehr stark. Auch dieses Präparat zeigte noch das Verhalten eines Gemisches. Für die Scheidung der verschiedenen Bestandteile haben wir die partielle Fällung mit Alkohol mit einigem Erfolg angewandt. Die ersten Fraktionen waren frei von Asche und ganz farblose, luftbeständige Pulver. Die späteren Fällungen zeigten eine leicht gelbe Farbe. Alle Fraktionen besaßen eine ähnliche elementare Zusammensetzung und gaben Millons Reaktion und die Biuretprobe. Die Hydrolyse zeigte aber, daß in der Menge und Art der Aminosäuren erhebliche Differenzen bestanden. Alle Einzelheiten dieser mühsamen Untersuchung anzugeben, erscheint zwecklos. Wir begnügen uns deshalb mit der Beschreibung der Resultate, die mit dem reinsten Präparate erhalten wurden. Dieses war gewonnen als schwerst löslicher Teil bei wiederholter, partieller Fällung der wäßrigen Lösungen mit Alkohol. Es war völlig frei von Asche. Die nachfolgenden Beobachtungen deuten darauf hin, daß es ein Tetrapeptid aus zwei Molekülen Glykokoll, einem Molekül Alanin und einem Molekül Tyrosin ist. Da das Produkt aber nicht krystallisiert, so ist eine Garantie für seine Reinheit nicht gegeben, und diese erscheint sogar nach den Ergebnissen der Elementaranalyse nicht einmal wahrscheinlich. Für die Analyse wurde bei 100° im Vakuum über Phosphorpentoxyd getrocknet.

0,1725 g Sbst.: 0,3267 g CO_2, 0,0937 g H_2O. — 0,1810 g Sbst.: 24,4 ccm N (17°, 763 mm).

Tetrapeptid: 2 Glykokoll, 1 Alanin und 1 Tyrosin:

$C_{16}H_{22}O_6N_4$. Ber. C 52,43, H 6,05, N 15,30.
Gef. „ 51,65, „ 6,08, „ 15,70.

Da nach den Erfahrungen mit den synthetischen Produkten die Gefrierpunktserniedrigung der wäßrigen Lösung bei den Tri- und Tetrapeptiden noch recht brauchbare Werte für das Molekulargewicht gibt, so haben wir diese Methode auch bei dem vorliegenden Produkt angewandt. Die verschiedenen Bestimmungen ergaben ein Molekulargewicht von 335, 340, 346, 355. Berechnet für Tetrapeptid aus 2 Glykokoll, 1 Alanin und 1 Tyrosin: 366,2.

Das Präparat ist in Wasser leicht löslich, in absolutem Alkohol ganz unlöslich. Aus der kalten, wäßrigen Lösung fällt es auf Zusatz einer gesättigten Ammoniumsulfatlösung in dicken Flocken. Bei unreinen Präparaten bildet der Niederschlag manchmal eine zähe, halbfeste Masse. Tanninlösung gibt ebenfalls einen dicken Niederschlag, der sich aber im Überschuß des Fällungsmittels wieder löst. Die wäßrige Lösung wird durch starke Kochsalzlösung allein nicht gefällt. Hat man aber vorher etwas Salpetersäure oder Essigsäure zugefügt, so entsteht eine starke Trübung. Das synthetische *l*-Leucyl-triglycyl-*l*-tyrosin, dessen Darstellung in einer nachfolgenden Abhandlung beschrieben wird, verhält sich ganz ähnlich. Mit Ferrocyankalium und Salzsäure oder mit Sublimat entsteht keine Fällung. Auch eine schwach salpetersaure Lösung von Mercuronitrat gibt nur eine ganz unbedeutende Fällung, während sie mit dem Rohprodukte und auch mit späteren Fraktionen, die bei der Fällung mit Alkohol entstehen, einen starken Niederschlag liefert. Biuretprobe und Millonsche Reaktion sind sehr stark. Läßt man das Produkt in wäßriger Lösung mit Pankreassaft im Brutraum stehen, so beginnt schon nach mehreren Stunden die Abscheidung von Tyrosin. Es ist uns jedoch hier ebensowenig wie in vielen anderen Fällen gelungen, das Tyrosin vollständig in Freiheit zu setzen.

Diese Beobachtungen sind zwar zum Teil ganz wertvoll, aber sie genügen noch keineswegs, um ein solches polypeptidähnliches Produkt scharf zu kennzeichnen. Wir haben deshalb noch die Hydrolyse herangezogen und sowohl ihren totalen wie auch den partiellen Verlauf geprüft.

Totale Hydrolyse: 2 g wurden mit 15 ccm 25-prozentiger Schwefelsäure 18 Stunden am Rückflußkühler gekocht, dann die Schwefelsäure in der üblichen Weise genau mit Baryt entfernt und das Filtrat bis zur Krystallisation des Tyrosins eingeengt. Die Ausbeute an reinem, umkrystallisiertem Tyrosin betrug 0,89 g. Die vom Tyrosin abfiltrierte Mutterlauge wurde unter geringem Druck zur Trockne verdampft und der Rückstand auf gewöhnliche Weise verestert. Beim zwölfstündigen Stehen auf Eis schied die alkoholische Lösung eine reichliche Menge von Glykokollester-chlorhydrat aus. Die Mutterlauge wurde unter geringem Druck zur Trockne verdampft und der Rückstand zum zweitenmal verestert. Beim längeren Stehen erfolgte eine zweite Krystallisation von Glykokollester-chlorhydrat. Seine Gesamtmenge betrug nach einmaligem Umkrystallisieren aus heißem Alkohol unter Anwendung von etwas Tierkohle 1,25 g, welche 0,67 g Glykokoll entsprechen. Die alkoholische Mutterlauge wurde abermals unter geringem Druck verdampft, mit Alkohol wieder aufgenommen und mit einer dem Chlorgehalt entsprechenden Menge Natriumäthylat versetzt, dann die Flüssigkeit vom Kochsalz abfiltriert und bei 12 mm Druck destilliert, bis die Temperatur des Bades auf 100° gestiegen war. Dabei blieb nur ein geringer Rückstand. Das in einer sehr gut gekühlten Vorlage aufgefangene Destillat wurde zur Gewinnung des Alanins mit wäßriger Salzsäure übersättigt und zur Trockne verdampft. Ausbeute an trockenem Hydrochlorid 0,5 g, die 0,35 g Alanin entsprechen. Die optische Untersuchung des salzsauren Salzes gab $[\alpha]_D^{20} = +8{,}9°$, was auf ziemlich reines *d*-Alanin hindeutet.

Im folgenden stellen wir die Resultate der totalen Hydrolyse zusammen mit denjenigen Mengen der Aminosäuren, die aus reinem Tetrapeptid mit 2 Glykokoll, 1 Alanin und 1 Tyrosin entstehen müssen:

Ber.	Glykokoll	0,82 g,	Alanin	0,48 g,	Tyrosin	0,98 g.
Gef.	,,	0,67 g,	,,	0,35 g,	,,	0,89 g.

Die Übereinstimmung läßt zwar zu wünschen übrig; dies liegt jedoch sicherlich zum erheblichen Teil an der Ungenauigkeit der quantitativen Bestimmungen. Wo diese am geringsten ist — beim Tyrosin —, da zeigt sich auch die größte Übereinstimmung zwischen Beobachtung und Rechnung, während beim Alanin das gerade Gegenteil der Fall ist.

Partielle Hydrolyse: 5 g Substanz wurden in der dreifachen Menge Salzsäure vom spez. Gewicht 1,19 gelöst und sieben Tage bei 16° aufbewahrt. Zur Trennung der Produkte dient wieder die Estermethode. Zuerst wurde die Salzsäure aus der mit Wasser verdünnten Flüssigkeit in der üblichen Weise durch Kupferoxydul größtenteils entfernt, dann nach Entfernung des Kupfers unter geringem Druck eingedampft und der Rückstand verestert, die Hydrochloride der Ester zerlegt und die Ester der Monoaminosäuren durch Destillation entfernt. Alle diese Operationen sind früher wiederholt und eingehend beschrieben worden. Als dann die alkoholische Lösung der nicht flüchtigen Ester stehen blieb, erfolgte nach einigen Tagen die Abscheidung von Diketopiperazinen, zunächst in amorpher Form. Sie wurden abgesaugt und aus heißem Alkohol wiederholt umgelöst, wobei ziemlich bald ein krystallisierendes Produkt resultierte. Seine Menge betrug 0,75 g. Es gab keine Millonsche Reaktion mehr und besaß den Schmp. 242° (korr.), sowie die sonstigen wesentlichen Eigenschaften des Glycyl-*d*-alaninanhydrids.

0,1621 g Sbst.: 0,2755 g CO_2, 0,0904 g H_2O.
$C_5H_8N_2O_2$. Ber. C 46,84, H 6,29.
Gef. „ 46,35, „ 6,24.

Die nicht unerhebliche Differenz im Kohlenstoff zeigt allerdings, daß das Präparat noch nicht ganz rein war. Aus der alkoholischen Mutterlauge von Glycyl-*d*-alaninanhydrid haben wir ein zweites Produkt isoliert, das nach dem Umkrystallisieren aus heißem Wasser unter Anwendung von Tierkohle den Schmp. 282° (korr.) und die sonstigen Eigenschaften des Glycyl-*l*-tyrosinanhydrids besaß.

0,1298 g Sbst.: 0,2835 g CO_2, 0,0661 g H_2O.
$C_{11}H_{12}N_2O_3$. Ber. C 60,00, H 5,49.
Gef. „ 59,57, „ 5,70.

Faßt man die Resultate all dieser Versuche zusammen, so erscheint es in der Tat recht wahrscheinlich, daß das von uns isolierte Präparat im wesentlichen ein Tetrapeptid aus Glykokoll, Alanin und Tyrosin ist. Seine völlige Reinheit können wir allerdings nicht garantieren, auch ist die Möglichkeit nicht ausgeschlossen, daß ein Gemisch von Isomeren vorliegt, und endlich wissen wir nicht, in welcher Reihenfolge die Aminosäuren verkettet sind. Wir hoffen aber, daß die Synthese der ähnlich zusammengesetzten Tetrapeptide, die eben in Angriff genommen ist, über diese Fragen bald Klarheit geben wird.

Partielle Hydrolyse des Elastins.

1. Durch Schwefelsäure: 600 g Elastin wurden mit 3000 ccm 70-prozentiger Schwefelsäure übergossen und unter wiederholtem Umschütteln bei 37° aufbewahrt. Am zweiten Tage trat völlige Lösung ein. Nach weiterem anderthalbtägigem Stehen im Brutraum und nach eintägigem Stehen bei gewöhnlicher Temperatur wurde die braun gefärbte Flüssigkeit mit Wasser verdünnt, der größere Teil der Schwefelsäure mit Baryt gefällt, das Bariumsulfat filtriert, mit Wasser gründlich ausgewaschen und schließlich das auf etwa 30 l verdünnte Filtrat mit Phosphorwolframsäure gefällt. Der Niederschlag war nach scharfem Absaugen und starkem Pressen eine steinharte, leicht pulverisierbare Masse, die in der üblichen Weise mit Baryt zerlegt wurde. Es ist uns bis jetzt nicht gelungen, aus dem offenbar sehr komplizierten Gemisch eine einheitliche Verbindung zu isolieren.

Glücklicher waren wir mit dem durch Phosphorwolframsäure nicht fällbaren Teil der Spaltprodukte. Die Flüssigkeit wurde zur Entfernung der Phosphorwolframsäure mit Baryt gefällt und aus dem Filtrat der überschüssige Baryt genau mit Schwefelsäure entfernt. Als dann die filtrierte Flüssigkeit bei 12 mm Druck und einer 40° nicht übersteigenden Temperatur zur Trockne verdampft wurde, blieb ein hellgelber Sirup zurück, dessen Gewicht ungefähr 150 g betrug. Er löste sich klar in warmem, absolutem Alkohol, und beim Abkühlen fielen amorphe Massen aus, die durch Filtration entfernt und wegen ihrer häßlichen Eigenschaften nicht weiter untersucht wurden. Die alkoholische Mutterlauge wurde wiederum unter geringem Druck verdampft, der Rückstand mit Alkohol übergossen und von neuem verdampft, um das Wasser möglichst zu entfernen. Schließlich haben wir die dicke, sirupöse Masse mit 2 l Essigäther etwa eine Stunde ausgekocht. Hierbei ging nur ein kleiner Teil in Lösung, aber darunter befand sich das *d*-Alanyl-*l*-leucin. Beim Abkühlen der Essigätherlösung entstand zuerst ein flockiger, amorpher Niederschlag, und das Ausfallen solcher amorpher Massen dauerte auch fort, als das Filtrat eingeengt war. Je konzentrierter aber die Mutterlauge wurde, um so häufiger zeigten sich beim langsamen Eindunsten krystallisierte Massen, gemischt mit amorphen Produkten. Nach völligem Verdunsten der Flüssigkeit wurden diese Fällungen zuerst mit kaltem Alkohol ausgelaugt, wobei ein Teil der amorphen Substanzen in Lösung ging. Der nun verbleibende Rückstand war in Alkohol und Essigäther sehr viel schwerer löslich als zuvor. Zur Lösung des krystallisierten Bestandteils bedurfte es ungefähr 500 ccm kochenden Alkohols. Aus der eingeengten Lösung schieden sich bei einigem Stehen wieder Krystalle ab, die unter dem Mikroskop als zugespitzte Blättchen erschienen. Die Gesamtausbeute betrug 2,25 g. Sie wurde zur weiteren Reinigung von neuem aus heißem Alkohol umkrystallisiert. Schließlich zeigte das Präparat alle Eigenschaften des synthetisch gewonnenen *d*-Alanyl-*l*-leucins. Schmelzpunkt gegen 256° (korr.).

0,3315 g Sbst. in Wasser gelöst. Gesamtgewicht der Lösung 3,7770 g. $d^{20} = 1,020$. Die Lösung drehte Natriumlicht im 1-dm-Rohr 1,49° nach links. $[\alpha]_D^{20} = -16,6°$, während für das synthetische Produkt $[\alpha]_D^{20} = -17,21°$ gefunden wurde[1]).

Zur Analyse wurde bis zur Gewichtskonstanz bei 110° getrocknet.

0,1440 g Sbst.: 0,2806 g CO_2, 0,1180 g H_2O. — 0,0915 g Sbst.: 11,1 ccm N (20°, 755 mm).

$C_9H_{18}N_2O_3$. Ber. C 53,41, H 8,97, N 13,86.
Gef. „ 53,14, „ 9,17, „ 13,83.

In Übereinstimmung hiermit steht das Resultat der Hydrolyse:

1 g Dipeptid wurde 16 Stunden am Rückflußkühler mit 10 ccm 25-proz. Schwefelsäure gekocht, dann die Schwefelsäure mit Baryt quantitativ entfernt und das Filtrat bis zur beginnenden Krystallisation eingeengt. Im ganzen wurden drei Fraktionen gewonnen. Die erste bestand aus reinem Leucin (0,25 g).

---

[1]) E. Fischer, Berichte d. D. Chem. Gesellsch. **40**, 1767 [1907]. (*S. 389.*)

0,0802 g Sbst.: 0,1608 g CO_2, 0,0721 g H_2O.
$C_6H_{13}NO_2$. Ber. C 54,92, H 9,99.
Gef. „ 54,68, „ 10,06.

Die zweite Fraktion enthielt gleichfalls fast ausschließlich Leucin (0,30 g). Aus der dritten Fraktion ließen sich 0,32 g *d*-Alanin gewinnen.

0,1654 g Sbst.: 0,2436 g CO_2, 0,1124 g H_2O.
$C_3H_7NO_2$. Ber. C 40,45, H 7,86.
Gef. „ 40,17, „ 7,60.

2. Hydrolyse durch Salzsäure: 500 g fein zerteiltes Elastin wurde mit $1^1/_2$ l rauchender Salzsäure (spez. Gewicht 1,19) übergossen und unter öfterem Umschütteln bei 36° gehalten. Schon am 2. Tage war Lösung eingetreten. Nach 4 Tagen wurde die Lösung in 13 l kaltes Wasser eingegossen, die Salzsäure durch Zugabe von Kupferoxydul zum größten Teil gefällt, das Filtrat durch Schwefelwasserstoff vom Kupfer befreit und die Mutterlauge unter 15—20 mm Druck aus einem nicht über 40° erhitzten Wasserbade zum Sirup eingeengt, dann dieser noch 2—3-mal mit Alkohol angerührt und wieder unter vermindertem Druck verdampft, um das Wasser möglichst zu entfernen. Der so erhaltene Sirup war hellgelb gefärbt. Die Veresterung geschah mit der dreifachen Menge Äthylalkohol und wurde nach jedesmaligem Verdampfen des Alkohols unter geringem Druck noch zweimal in derselben Weise wiederholt. Schließlich haben wir das Gemisch der Hydrochloride in absolutem Äthylalkohol gelöst, die dem Chlorgehalt entsprechende Menge Natriumalkoholat zugefügt und das ausgeschiedene Kochsalz abzentrifugiert. Die Mutterlauge wurde wiederum unter einem Druck von 10 bis 12 mm verdampft und schließlich die Temperatur bis 70° des Wasserbades gesteigert, wobei eine kleine Menge von Monoaminosäureestern überging. Um den Rest der letzteren völlig zu entfernen, wurde die Masse mit Äther unter kräftigem Schütteln ausgelaugt, der Rückstand dann in der fünffachen Menge absoluten Alkohols aufgenommen und die filtrierte Lösung bei Zimmertemperatur aufbewahrt. Schon am zweiten Tage begann die Abscheidung von Anhydriden in Form einer sehr voluminösen, amorphen Masse. Diese Abscheidung dauerte wochenlang, und durch Filtration der ausgeschiedenen Massen auf der Nutsche, die in Intervallen von 2—3 Tagen vorgenommen wurde, erreichte man schon eine teilweise Trennung der Produkte.

Die ersten Fraktionen bestanden zum größten Teil aus dem schon früher isolierten *l*-Leucyl-glycinanhydrid. Wie aus der damaligen Beschreibung hervorgeht, ist seine Reinigung ziemlich mühsam, denn in der amorphen, gelatinösen Form hält es hartnäckig Mutterlaugen und Kochsalz zurück. Die späteren Fraktionen des Niederschlags, die aus der alkoholischen Lösung allmählich ausfielen, waren weniger gequollen und zeigten eine mehr krümelige Beschaffenheit. Sie dienten zur Gewinnung des *l* - Leucyl - *d* - alaninanhydrids. Zu dem Zweck wurden sie zuerst in heißem Wasser gelöst, mit Tierkohle gekocht und durch Abkühlung wieder abgeschieden. Das Umlösen aus heißem Wasser wurde 3—4 mal wiederholt. Das Produkt war dann noch nicht deutlich krystallisiert, zeigte aber unter dem Mikroskop die Struktur einer fein verfilzten Masse, die wahrscheinlich aus äußerst dünnen Nädelchen bestand. Zum Schluß wurde noch aus heißem Essigäther umgelöst. Diese ganze umständliche Reinigung ist mit außerordentlichen Verlusten verknüpft, so daß wir schließlich aus etwa 20 g Rohprodukt nur 1,7 g erhielten.

Für die Analyse war die Substanz bei 100° getrocknet.

0,1165 g Sbst.: 0,2492 g CO_2, 0,0900 g H_2O. — 0,1107 g Sbst.: 14,1 ccm N (16°, 778 mm).

$C_9H_{16}N_2O_2$.	Ber. C 58,63,	H 8,75,	N 15,25.
	Gef. „ 58,33,	„ 8,64,	„ 15,24.

Das Präparat schmolz gegen 248° (korr.). Für die Bestimmung der spezifischen Drehung diente die Lösung in Eisessig.

0,1511 g Sbst. gelöst in trocknem Eisessig. Gesamtgewicht der Lösung 4,2122 g. Drehung im 1-dm-Rohr bei 20° und Natriumlicht 0,93° nach links. Mithin

$$[\alpha]_D^{20} = -25{,}9^\circ .$$

Daß die Substanz aus Leucin und Alanin zusammengesetzt ist, beweist das Resultat der Hydrolyse. Sie wurde in der üblichen Weise durch mehrstündiges Kochen mit konzentrierter Salzsäure ausgeführt. Die Aminosäuren wurden dann in die salzsauren Ester verwandelt, diese durch Natriumäthylat in alkoholischer Lösung in Freiheit gesetzt und die alkoholische Lösung fraktioniert destilliert. Aus dem ersten Teil konnte das *d* - Alanin und aus der späteren Fraktion das *l* - Leucin isoliert werden. Das salzsaure Alanin zeigte eine spezifische Drehung von + 9,4°. Das *l*-Leucin wurde durch die Kupferverbindung identifiziert.

Die zuvor angegebenen Merkmale, Schmelzpunkt, spezifische Drehung und Hydrolyse, stimmen im wesentlichen überein mit den Eigenschaften des synthetisch dargestellten *l*-Leucin-*d*-alaninanhydrids[1]). Daß letzteres eine etwas höhere spezifische Drehung (— 29,2°) zeigt, ist nicht auffallend, da wir auch in allen anderen Fällen bei den durch Hydrolyse mit Säuren erhaltenen Dipeptidanhydriden eine etwas geringere Drehung als bei den künstlichen Produkten beobachteten. Wahrscheinlich findet während der Hydrolyse eine geringe Racemisation statt.

---

[1]) E. Fischer, Berichte d. D. Chem. Gesellsch. **39**, 2917 [1906]. (*S. 347.*)

Mehr Beachtung verdient die geringe Neigung der aus Elastin gewonnenen Anhydride zur Krystallisation, denn das künstliche Produkt ist leicht zu krystallisieren und auch in Wasser schwerer löslich. Es ist möglich, daß dem Präparat aus Elastin hartnäckig eine Verunreinigung anhaftet, die diese Abweichung verursacht. Es ist aber auch denkbar, daß bei diesen Anhydriden feine Isomerien existieren, auf die früher aus theoretischen Gründen schon hingewiesen wurde[1]). In der Tat haben wir beobachtet, daß das Produkt aus Elastin beim wiederholten Abdampfen der wäßrigen Lösung schwerer löslich wird, und daß bei diesem Präparat größere Neigung zur Krystallisation besteht. Noch rascher erreicht man diese Veränderung durch Kochen mit Chinolin oder durch Sublimation. Im letzteren Falle geht allerdings ein erheblicher Teil der Substanz zugrunde, aber der sublimierte Teil bildet lange Nadeln, die dann den Schmelzpunkt des synthetischen Produkts zeigen. Unser Vorrat reichte nicht aus, um auf diese verlustreiche Weise größere Mengen des krystallisierten Materials herzustellen. Trotz dieser Lücke halten wir die vorliegenden Beobachtungen für einen ausreichenden Beweis, daß das Produkt aus Elastin ein *l*-Leucyl-*d*-alaninanhydrid ist. Da bei der Hydrolyse mit Schwefelsäure das *d*-Alanyl-*l*-leucin selbst isoliert wurde, so liegt die Annahme am nächsten, daß aus ihm das zuvor beschriebene Anhydrid entsteht. Trotzdem glauben wir an die Möglichkeit erinnern zu müssen, daß das gleiche Anhydrid aus dem isomeren Dipeptid *l*-Leucyl-*d*-alanin entstehen kann; denn wir halten es nicht für ausgeschlossen, daß bei der Hydrolyse des Elastins diese beiden Dipeptide gleichzeitig gebildet werden.

Aus der obigen Beschreibung des *d*-Alanyl-*l*-leucinanhydrids geht hervor, daß es nur einen ganz geringen Teil der Spaltprodukte des Elastins und selbst der daraus entstehenden Anhydride ausmacht. Viel größer ist die Menge der amorphen Massen, die sich aus den Lösungen in Essigäther, Aceton und auch Alkohol beim Stehen allmählich abscheiden. Wie schon in der Einleitung erwähnt, ist es uns gelungen, daraus zwei weitere Produkte, allerdings nur eins davon im krystallisierten Zustand, zu isolieren.

Wir haben zu dem Zweck 250 g Elastin genau nach der zuvor geschilderten Methode verarbeitet und schließlich die Produkte in Alkohol gelöst. Beim längeren Stehen schieden sich daraus Anhydride als amorphe Massen ab, die abgesaugt und nach dem Waschen mit kaltem Alkohol und Äther 25 g eines farblosen, amorphen Pulvers bildeten. Dieses war ein Gemisch von Produkten, die sich durch die Löslichkeit in kaltem Alkohol unterscheiden. Um den leicht löslichen Bestandteil zu gewinnen, haben wir das Rohprodukt mit der fünffachen Menge kalten absoluten

[1]) Berichte d. D. Chem. Gesellsch. **39**, 530 [1906]. (*Proteine I, S. 1.*)

Alkohols ausgelaugt und das Filtrat verdampft. Mit dem Rückstand wiederholten wir das Abdampfen der alkoholischen Lösung nochmals und erreichten dadurch die weitere Abscheidung von schwer löslichen Produkten, die durch Filtration entfernt wurden. Schließlich wurde nach Verjagen des Alkohols der farblose, pulverige Rückstand in heißem Essigäther gelöst. Beim Abkühlen schied sich die Substanz in glashellen, gallertigen Massen ab, die beim Trocknen sich wiederum in ein farbloses, lockeres Pulver verwandelten. Für die Analyse wurde bei 100° im Vakuum bis zum konstanten Gewicht getrocknet.

0,1832 g Sbst.: 0,3483 g CO_2, 0,1197 g H_2O. — 0,1577 g Sbst.: 21,1 ccm N (17°, 744 mm).

Gef. C 51,85, H 7,31, N 15,23.

Diese Zahlen würden leidlich mit der Formel $C_8H_{14}O_3N_2$ übereinstimmen.

Ber. C 51,61, H 7,58, N 15,06.

Da die Substanz kein Kupfersalz bildet und bei der Hydrolyse durch 16-stündiges Kochen mit 25-prozentiger Schwefelsäure Prolin und Alanin liefert, so könnte man sie nach dem Resultat der Analyse als krystallwasserhaltiges Alanyl-prolinanhydrid, $C_8H_{12}O_2N_2+H_2O$ auffassen. Da uns aber der Nachweis des Krystallwassers nicht sicher gelungen ist und wir auch noch Zweifel an der völligen Reinheit der Substanz hegen müssen, so begnügen wir uns damit, ihre Existenz angedeutet zu haben. Entscheidende Merkmale für ihre wirkliche Zusammensetzung hoffen wir durch die Synthese des Alanyl-prolins und seines Anhydrids zu gewinnen.

Bestimmter können wir uns aussprechen über das zweite, in kaltem Alkohol schwerer lösliche Produkt, das bei der oben beschriebenen Trennung erhalten wird. Beim Auskochen des Rohprodukts mit Essigäther geht es in Lösung und scheidet sich beim Erkalten des Filtrats ebenfalls als amorphe, farblose, gequollene Masse ab. Auch hier waren alle Versuche, Krystalle aus Lösungen zu erhalten, vergeblich. Dagegen läßt sich die Substanz in kleinen Mengen, wenn man rasch erhitzt, ohne allzu großen Verluste destillieren. Das Destillat erstarrt dann vollständig krystallinisch, und diese Krystallmasse schmilzt bei raschem Erhitzen zwischen 248° und 252,5° (korr.). Sonderbarerweise erhielten wir beim Umlösen der Krystallmasse aus Essigäther oder anderen Lösungsmitteln immer wieder die gleichen amorphen, gequollenen Massen, wie bei der ursprünglichen Abscheidung aus Essigäther. Diese Erscheinung ist uns ganz neu, und wir haben sie bisher nur bei solchen Dipeptidanhydriden beobachtet. Ob auf dem weiten Gebiet der organischen Chemie schon ähnliche Fälle bekannt geworden sind, ist sehr schwer aus der Literatur zu entnehmen. Es wäre uns deshalb sehr erwünscht, von Fachgenossen, die Ähnliches gesehen haben, darüber belehrt zu werden. Ob die Erscheinung bei unseren Substanzen durch geringe Verunreinigungen hervorgerufen wird, oder ob es sich hier um leicht verwandelbare Isomere handelt, von denen das eine besonders in der Hitze stabil ist, können wir nicht sagen. Man kann sich aber vorstellen, welche Erschwerung die experimentelle Arbeit durch solche Umstände erfährt.

Für die Analyse haben wir das amorphe Präparat benutzt, weil das destillierte Produkt, nach der leicht bräunlichen Färbung zu urteilen, weniger rein zu sein schien.

0,1203 g Sbst.: 0,2365 g CO_2, 0,0805 g H_2O. — 0,1512 g Sbst.: 23,5 ccm N (18°, 760 mm).

Gef. C 53,61, H 7,49, N 17,99.

Diese Zahlen passen ziemlich gut auf ein Glycyl-valinanhydrid.

$C_7H_{12}N_2O_2$. Ber. C 53,81, H 7,75, N 17,94.

Auch der oben angegebene Schmelzpunkt würde damit übereinstimmen, denn das synthetisch erhaltene racemische Glycyl-valinanhydrid schmilzt gegen 252° (korr.).

Für die Hydrolyse konnte nur 1 g verwendet werden. Erhalten wurden 0,75 g Glykokollester-chlorhydrat (Schmp. 144°, korr.), mithin etwa drei Viertel der für Glycyl-valinanhydrid berechneten Menge. Ferner wurde eine Aminosäure isoliert, die große Ähnlichkeit mit Valin zeigte, während Alanin und Leucin nicht nachweisbar waren. Leider reichte die Menge für völlige Reinigung des Valins nicht aus.

Inzwischen ist auch das aktive Glycyl-valinanhydrid von Hrn. H. Scheibler im hiesigen Institut synthetisch dargestellt worden.*) Es gleicht in jeder Beziehung, besonders auch bezüglich der eigentümlichen Krystallisationsphänome, unserem Produkt aus Elastin. Nur der Schmelzpunkt liegt beim synthetischen Präparat ungefähr 10° höher, was aber bei der hohen Temperatur wenig bedeutet und durch eine ganz geringe Verunreinigung des Produkts aus Elastin verursacht sein kann. Jedenfalls ist die Identität beider Präparate in hohem Grad wahrscheinlich. Die vorliegenden Beobachtungen zeigen von neuem, daß es auf diesem schwierigen Gebiete häufig unmöglich ist, entscheidende Resultate ohne die Hilfe der Synthese zu gewinnen.

Wir können uns bei dieser Gelegenheit die Bemerkung nicht versagen, daß einzelne Fachgenossen glauben, mit einem viel geringeren Aufwand von Mühe die Bildung von Polypeptiden bestimmter Konstitution bei der Spaltung der Proteine nachweisen zu können. Als Beispiel dafür führen wir die Abhandlung der HHrn. P. A. Levene und W. A. Beatty[1]) an. Mit dem Namen „Lysin-glycylpeptid", der

*) *Vergl. S. 570.*)

[1]) Biochem. Zeitschr. **4**, 303 [1907].

nicht einmal richtig gebildet ist, bezeichnen sie ein Produkt, von dem man nichts weiter erfährt, als daß es nicht krystallisiert und beim Erhitzen mit konzentrierter Salzsäure auf 125° Glykokoll und Lysin liefert. Das Mengenverhältnis, in dem diese beiden Aminosäuren entstehen, ist nicht angegeben, ebenso wenig scheint auf andere Aminosäuren geprüft worden zu sein. Der Nachweis des Glykokolls ist nur durch die Analyse des Pikrats geführt. Auf die Erfahrung anderer Forscher, daß im Eieralbumin Glykokoll gar nicht oder höchstens in Spuren nachweisbar ist, wird keine Rücksicht genommen, und diese wenigen Daten sollen dann genügen, um die Bildung eines „Lysinglycyls", das in Zukunft in der physiologisch-chemischen Literatur figurieren wird, zu beweisen. Zum Schluß ihrer Abhandlung bemerken die Verfasser, gleichsam als Rechtfertigung ihrer lückenhaften Beobachtungen, daß auch die von E. Fischer und U. Suzuki dargestellten Polypeptide der Diaminosäuren nicht krystallisieren. Demgegenüber glauben wir doch betonen zu müssen, daß die synthetischen Produkte alle durch die Analyse der Pikrate oder Esterchlorhydrate gekennzeichnet sind, und daß außerdem die Art der Synthese schon bestimmte Anhaltspunkte für die Beurteilung ihrer Zusammensetzung gibt.

l-Leucyl-*d*-glutaminsäure aus Gliadin.

Ein Gemisch von 500 g Gliadin und 2500 ccm 70-proz. Schwefelsäure wurde erst 16 Stunden bei gewöhnlicher Temperatur unter öfterem Umschütteln und dann 3 Tage im Brutraum aufbewahrt. Vollständige Lösung war nicht eingetreten, was vielleicht auf die Beschaffenheit des nicht ganz reinen Gliadins zurückzuführen ist. Die Verarbeitung der schwefelsauren Lösung und die Trennung der hydrolytischen Produkte mit Phosphorwolframsäure geschah genau so, wie beim Elastin. Zur Isolierung der Leucyl-glutaminsäure diente die Mutterlauge von der Phosphorwolframsäurefällung. Nachdem die überschüssige Phosphorwolframsäure mit Baryt und der überschüssige Baryt genau mit Schwefelsäure entfernt war, blieb beim Eindampfen der wäßrigen Lösung unter 10—15 mm Druck ein brauner Sirup, dessen Menge ungefähr 200 g betrug. Er war in Methylalkohol vollständig löslich. Auf Zusatz von Äthylalkohol fiel zuerst eine weiße, amorphe, dann eine braungefärbte sirupöse Masse aus, während ein Teil in der alkoholischen Lösung zurückblieb. Die Leucyl-glutaminsäure fand sich in allen drei Fraktionen, hauptsächlich aber in der mittleren. Für ihre Isolierung benutzten wir zunächst die geringe Löslichkeit des Silbersalzes. Es wurde deshalb das in Wasser gelöste Produkt mit Ammoniak neutralisiert und durch einen Überschuß von Silbernitrat gefällt. Der amorphe

Niederschlag war anfangs weiß, färbte sich aber bald dunkel. Er wurde abgesaugt, wieder mit kaltem Wasser verrieben, abermals filtriert und diese Operation noch einige Male wiederholt, um die Mutterlauge möglichst vollständig zu entfernen. Der Niederschlag wurde dann in Wasser suspendiert, mit Schwefelwasserstoff zerlegt und das Filtrat wieder unter vermindertem Druck verdampft. Da der hellgelbe Sirup keine Neigung zur Krystallisation zeigte, so wurde er wiederum in Wasser gelöst und die Lösung ungefähr mit $^1/_3$ Volumen Äthylalkohol versetzt. Beim fleißigen Reiben schied sich nun ein farbloses, amorphes Pulver ab. Es wurde abgesaugt, in wenig Wasser gelöst, mit Tierkohle aufgekocht und das Filtrat bis zur leichten Trübung mit Alkohol versetzt. Beim Einimpfen einiger Kryställchen von synthetischer *l*-Leucyl-*d*-glutaminsäure trat bald reichliche Krystallisation ein. Die Gesamtausbeute an rohem Dipeptid betrug 5,5 g. Zur Reinigung wurde es in heißem Wasser gelöst, Alkohol zugegeben und die Krystallisation durch Reiben befördert. Die Ausbeute an reinem Dipeptid erreichte 4,5 g, das sind ungefähr $2^1/_2$% des durch Phosphorwolframsäure nicht fällbaren Teils der Spaltungsprodukte.

Für die Analyse wurde bei 105° im Vakuum getrocknet.

0,1413 g Sbst.: 0,2628 g CO_2, 0,1010 g H_2O. — 0,2028 g Sbst.: 15,30 ccm $^1/_{10}$-*n*. H_2SO_4 (Kjeldahl).

$C_{11}H_{20}N_2O_5$. Ber. C 50,74, H 7,75, N 10,77.
Gef. „ 50,72, „ 8,00, „ 10,57.

0,2811 g Sbst. in *n*-Salzsäure gelöst. Gesamtgewicht der Lösung 3,7002 g. d = 1,032. Drehung 0,80° nach rechts im 1-dm-Rohr bei Natriumlicht. Mithin $[\alpha]_D^{20} = +10,20°$. Diese Zahl stimmt genau überein mit dem Werte des synthetischen Produktes. Dasselbe gilt für den Schmelzpunkt denn das Präparat schmolz in Übereinstimmung mit der synthetischen Verbindung nicht scharf gegen 232° (korr.) unter Zersetzung. Auch in bezug auf Löslichkeit, Krystallform usw. haben wir keinen Unterschied bemerkt.

Endlich wurde noch von dem Präparate aus Gliadin die Hydrolyse durch 12-stündiges Kochen mit 25-proz. Schwefelsäure ausgeführt. Das Leucin wurde in freiem Zustand abgeschieden. Es zeigte $[\alpha]_D^{20} = +14,5°$ in 20-proz. Salzsäure, war somit *l*-Leucin. Für die Analyse diente das Kupfersalz.

0,1870 g Sbst.: 0,0451 g CuO.

$(C_6H_{12}NO_2)_2Cu$. Ber. Cu 19,60. Gef. Cu 19,27.

Die Ausbeute an Leucin war fast quantitativ. Die Glutaminsäure wurde aus der Mutterlauge als salzsaures Salz isoliert. Auch hier betrug die Ausbeute über 90% der Theorie.

Über die anderen Spaltungsprodukte des Gliadins hoffen wir später berichten zu können.

Um einen gewissen Maßstab für den Verlauf der Hydrolyse der Proteine durch starke Säuren zu gewinnen, haben wir ähnliche Versuche mit einigen Polypeptiden angestellt, die wir hier anhangsweise beschreiben wollen. Sie betreffen das Verhalten von Diglycyl-glycin und Pentaglycyl-glycin gegen rauchende Salzsäure. Im Laufe einiger Tage wurden beide gespalten und gaben große Mengen von Glykokoll und Glycyl-glycin. Ob aus dem Hexapeptid vorübergehend Tripeptid gebildet wird, bedarf noch der näheren Untersuchung.

1. Hydrolyse des Diglycyl-glycins.

Eine Lösung von 1,75 g Diglycyl-glycin in 16 ccm Salzsäure vom spez. Gew. 1,19 wurde $2^1/_2$ Tage bei 25° aufbewahrt und dann im Vakuumexsiccator über Kalk und Schwefelsäure bis zum Sirup eingedunstet. Zur Isolierung des entstandenen Dipeptids diente die geringe Löslichkeit des Hydrochlorids in starker Salzsäure. Der Sirup wurde deshalb in wenig konzentrierter Salzsäure gelöst, die Flüssigkeit noch bei 0° mit gasförmiger Salzsäure gesättigt, in einer Eiskochsalzmischung einige Stunden abgekühlt und das als dicker Krystallbrei abgeschiedene Hydrochlorid abgesaugt. Das mit sehr wenig eiskalter Salzsäure gewaschene Produkt wurde zur Reinigung in wenig warmer Salzsäure gelöst und durch starkes Abkühlen, sowie Einleiten von gasförmigem Chlorwasserstoff wieder krystallisiert. Das Präparat zeigte nicht allein die äußeren Eigenschaften des salzsauren Glycyl-glycins, sondern besaß auch den entsprechenden Chlorgehalt:

0,2084 g Sbst. brauchten 12,5 ccm $^1/_{10}$-$AgNO_3$.
$C_4H_9N_2O_3Cl$. Ber. Cl 21,05. Gef. Cl 21,26.

Die Menge des reinen Salzes betrug 1,35 g oder 86% der Theorie.

Das Filtrat vom salzsauren Glycyl-glycin wurde zum Nachweis des Glykokolls erst im Vakuum verdampft, dann in der üblichen Weise mit Alkohol und Salzsäure verestert und das Glykokollester-chlorhydrat krystallisiert. Seine Menge betrug 0,95 g oder 67% der Theorie. Das Präparat zeigte den Schmelzpunkt und die anderen Eigenschaften des Glykokollester-chlorhydrats.

2. Hydrolyse des Pentaglycyl-glycins.

Als eine Lösung von 2 g des Hexapeptids in 7 ccm Salzsäure vom spez. Gewicht 1,19 bei 16° aufbewahrt wurde, begann nach ungefähr 12 Stunden die Abscheidung eines krystallisierten Salzes. Eine Probe desselben wurde nach ungefähr 24 Stunden analysiert und hatte einen Chlorgehalt von 17,6%, der in der Mitte zwischen dem Chlorgehalt des salzsauren Glycyl-glycins (21,05%) und des salzsauren Diglycyl-glycins (15,72%) liegt. Nach 4 Tagen wurde die Operation unterbrochen. Zur Isolierung von Glykokoll und Glycyl-glycin diente hier ein anderes Verfahren. Zunächst wurde mit Wasser verdünnt, der größte Teil der Salzsäure mit Kupferoxydul weggenommen, das Filtrat mit Schwefelwasserstoff entkupfert, unter sehr geringem Druck zum Sirup verdampft und der Rückstand in der üblichen Weise mit Alkohol und Salzsäure verestert. Die Ester wurden in alkoholischer Lösung durch Natriumäthylat in Freiheit gesetzt, der Glykokollester durch Destillation abgetrennt und der Glycyl-glycinester in Glycinanhydrid verwandelt. Die Ausbeute an Glycinanhydrid betrug trotz einiger Verluste 0,85 g.

72. Emil Fischer: Waldensche Umkehrung und Substitutionsvorgang.

Justus Liebigs Annalen der Chemie **381**, 123 [1911].

(Eingelaufen am 14. März 1911.)

Der von Herrn P. Walden[1]) entdeckte Wechsel der Konfiguration bei der Substitution am asymmetrischen Kohlenstoff ist von mir seit einigen Jahren experimentell behandelt worden in der Hoffnung, dadurch einen neuen Einblick in das Wesen der Substitutionsvorgänge zu erhalten[2]).

Dem Kreisprozesse, den Walden zwischen aktiver Apfelsäure und Halogenbernsteinsäure entdeckte, konnte ich einen zweiten zwischen α-Aminosäure und α-Halogensäure an die Seite stellen. Ferner konnte ich den Nachweis liefern, daß dieselbe Substitutionsreaktion optisch verschieden verlaufen kann, wenn kleine Veränderungen an den mit dem asymmetrischen Kohlenstoffatom verbundenen Gruppen vorgenommen werden.

Da diese Resultate für die Beurteilung der Waldenschen Umkehrung besonders wichtig scheinen, so stelle ich sie hier zusammen.

1. Einwirkung von Nitrosylbromid. Sie ist optisch verschieden bei den α-Aminosäuren und ihren Estern, z. B.

d-Alanin ⟶ (NOBr) ⟶ l-Brompropionsäure.

d-Alaninester ⟶ (NOBr) ⟶ d-Brompropionsäureester.

Derselbe Unterschied zwischen freier Aminosäure und ihrem Ester wurde gefunden bei dem Leucin[3]), der Asparaginsäure[4]) und dem Phenylalanin[5]).

---

[1]) Berichte d. D. Chem. Gesellsch. **29**, 133 [1896]; **30**, 2795 u. 3146 [1897]; **32**, 1833 u. 1855 [1899].

[2]) Berichte d. D. Chem. Gesellsch. **40**, 489 u. 1051 [1907] (*S. 769 u. 859*); **41**, 889 u. 2891 [1908] (*S. 789 u. 794*); **42**, 1219 [1909] (*S. 805*); **43**, 2020 [1910]. (*S. 814*).

[3]) E. Fischer, Ber. d. D. Chem. Gesellsch. **40**, 502 [1907]. (*S. 782.*)

[4]) E. Fischer und K. Raske, Berichte d. D. Chem. Gesellsch. **40**, 1052 [1907]. (*S. 860.*)

[5]) E. Fischer und W. Schoeller, Liebigs Ann. d. Chem. **357**, 11, 14 [1907]. (*S. 480 u. 482.*)

2. Wirkung von Silberoxyd auf α-Halogenfettsäuren. Das Produkt ist optisch verschieden, je nachdem Silberoxyd auf die freie Halogenfettsäure oder ihre Kombination mit Glykokoll einwirkt[1]), z. B.

l-Brompropionsäure ⟶ (Ag_2O) ⟶ l-Milchsäure*).

l-Brompropionylglycin ⟶ (Ag_2O u. Hydrolyse) ⟶ d-Milchsäure*).

3. Wirkung von Ammoniak. Sie verläuft in den meisten Fällen optisch in dem gleichen Sinne bei den α-Halogenfettsäuren oder ihren Estern und ihren Kupplungsprodukten mit Glykokoll. Eine wichtige Ausnahme zeigt sich aber bei der α-Bromisovaleriansäure[2]).

d-Bromisovaleriansäure ⟶ (NH_3) ⟶ l-Valin.

d-Bromisovalerylglycin ⟶ (NH_3 und Hydrolyse) ⟶ d-Valin.

4. Bezüglich der Wirkung von Phosphorpentachlorid auf α-Oxysäuren glaubt Mc Kenzie ebenfalls eine solche Umkehrung, wenn auch nicht sicher festgestellt, so doch wahrscheinlich gemacht zu haben[3]).

Hierhin gehört vielleicht auch die Wirkung von PCl_5 und PBr_5 auf l-α-Oxybuttersäureisobutylester[4]). Im ersten Falle entsteht der linksdrehende α-Chlorbuttersäureisobutylester ($[\alpha]_D$ — 10,5°) und im zweiten der rechtsdrehende α-Brombuttersäureisobutylester ($[\alpha]_D$ + 6,7). Da im allgemeinen Chlor- und Bromverbindungen im gleichen Sinne drehen, so liegt die Vermutung nahe, daß die beiden Ester verschiedene Konfigurationen haben. Um das zu prüfen, müßte man die Halogenverbindungen in die Oxysäuren zurückverwandeln.

Daß dieselbe Umwandlung in optisch verschiedenem Sinne verlaufen kann, je nach dem Agens, durch welches sie bewirkt wird, hat zuerst Walden festgestellt, denn er erhielt bei der Zersetzung von d-Chlorbernsteinsäure durch Silberoxyd d-Äpfelsäure und durch Kalilauge l-Äpfelsäure, und denselben Unterschied fand er noch bei einer ganzen Reihe anderer Basen. Für diesen von Walden behandelten Fall liegen jetzt zahlreiche Analogien vor[5]).

---

[1]) E. Fischer, Berichte d. D. Chem. Gesellsch. **40**, 494 [1907]. *(S. 773.)*

*) *Wegen der Zeichen l und d vergl. die abweichende Formulierung S. 773.*

[2]) E. Fischer und H. Scheibler, Berichte d. D. Chem. Gesellsch. **41**, 889 u. 2891 [1908]. *(S. 789 und 794.)*

[3]) Mc Kenzie und Wren, Journ. chem. Soc. **97**, 1356 [1910].

[4]) Guye und Jordan, Bull. soc. chim. [3] **15**, 495 [1896].

[5]) P. Walden, Berichte d. D. Chem. Gesellsch. **32**, 1833 [1899]. — Purdie und Williamson, Journ. chem. Soc. **69**, 837 [1896]. — E. Fischer, Berichte d. D. Chem. Gesellsch. **40**, 493 [1907]. *(S. 773.)* — Mc Kenzie und Clough, Journ. chem. Soc. **95**, 777 [1909]. — O. Lutz, Zeitschr. f. physik. Chem. **70**, 256 [1910].

Allerdings sind auch Ausnahmen beobachtet worden. So wirken Silberoxyd und Alkali optisch im gleichen Sinne bei der α-Bromisovaleriansäure[1]).

Ein neues Beispiel für die verschiedene Wirkung ähnlicher Agenzien ist in jüngster Zeit von A. Mc Kenzie und G. W. Clough beschrieben worden[2]). Sie fanden, daß die l-α-Hydroxy-α-phenylpropionsäure durch Thionylchlorid in l-α-Chlor-α-phenylpropionsäure und durch Phosphorpentachlorid in den Antipoden d-α-Chlor-α-phenylpropionsäure verwandelt werden kann.

Nach den Versuchen von Mc Kenzie ist es für den Eintritt der Umkehrung auch gleichgültig, ob die substituierende Gruppe sekundär oder tertiär an den asymmetrischen Kohlenstoff gebunden ist.

Die einzige Substitution, für die eine Umkehrung bisher nicht sicher nachgewiesen werden konnte, ist der Ersatz der Aminogruppe durch Hydroxyl bei der Einwirkung der salpetrigen Säure. Aber Anzeichen für die Möglichkeit einer solchen Umkehrung liegen doch vor bei der Umwandlung des l-Valins in die aktive Oxyisovaleriansäure[3]).

Die bisher besprochenen Beobachtungen beziehen sich sämtlich auf α-substituierte Säuren. Viel dürftiger ist das experimentelle Material bei den β-Derivaten, weil sie schwerer zugänglich sind und auch im allgemeinen nicht die glatten Umwandlungen der α-Derivate zeigen.

Bei der Überführung der l-β-Oxybuttersäure in rechtsdrehende β-Chlorbuttersäure und deren Rückverwandlung in die Oxybuttersäure durch Silberoxyd oder Wasser konnte keine Umkehrung der Konfiguration nachgewiesen werden[4]), und zu demselben Resultat hat die gleiche Behandlung der β-Phenyl-β-oxypropionsäure geführt[5]).

Dagegen scheint bei der β-Aminobuttersäure eine solche Umkehrung möglich zu sein, denn nach den Beobachtungen von H. Scheibler und mir, die demnächst publiziert werden sollen, ist die durch salpetrige Säure entstehende Oxysäure optisch verschieden von derjenigen, die man bei der Umwandlung der Aminosäure in Chlorbuttersäure durch Nitrosylchlorid und deren spätere Verwandlung in Oxysäure erhält.

Wie man sieht, sind die Beobachtungen in mancher Beziehung lückenhaft. Sie beschränken sich auf Derivate von Säuren, und es ist

---

[1]) E. Fischer und H. Scheibler, Berichte d. D. Chem. Gesellsch. **41**, 2893 [1908]. (*S. 797.*)

[2]) Journ. chem. Soc. **97**, 2564 [1910].

[3]) E. Fischer und H. Scheibler, Berichte d. D. Chem. Gesellsch. **41**, 2894 [1908]. (*S. 799.*)

[4]) E. Fischer und H. Scheibler, Berichte d. D. Chem. Gesellsch. **42**, 1219 [1909]. (*S. 805.*)

[5]) Mc Kenzie und Humphries, Journ. chem. Soc. **97**, 121 [1910].

gewiß sehr wünschenswert, daß man sie bald auf andere Substanzen ohne Carboxyl bzw. seine Variationen überträgt. Trotzdem glaube ich nicht, daß das Bild der Waldenschen Umkehrung dadurch noch wesentlich verändert wird. Sie scheint mir ein allgemeiner Vorgang zu sein, der mit dem Wesen des Substitutionsvorgangs aufs engste verknüpft ist. Ich glaube also, daß bei jeder Substitution am Kohlenstoffatom die neue Gruppe nicht an die Stelle der abzulösenden zu treten braucht, sondern ebensogut eine andere Stellung einnehmen kann. Verfolgen läßt sich das natürlich nur beim asymmetrischen Kohlenstoffatom. Mit anderen Worten: Ich bin der Meinung, daß die Waldensche Umkehrung nicht als Umlagerung im gewöhnlichen Sinne aufgefaßt werden darf, sondern ein normaler Vorgang ist und im allgemeinen ebenso leicht erfolgen kann, wie ihr Gegenteil.

Ob die Konfiguration bei der Substitution die gleiche bleibt oder verändert wird, oder ob Racemisierung eintritt, ist einerseits durch das Wesen der benutzten Reaktion und andererseits durch die Natur der anderen am Kohlenstoff haftenden Gruppen bedingt.

Da optische Antipoden den gleichen Energieinhalt und mithin die gleiche Stabilität besitzen, so ist vom energetischen Standpunkt aus für die Entstehung der beiden Antipoden die gleiche Wahrscheinlichkeit vorhanden. Daß die optische Aktivität erhalten bleibt, können wir uns also nur durch sterische Betrachtungen veranschaulichen.

Aber die Erscheinungen sind nur in gezwungener Weise zu vereinigen mit der üblichen Darstellung der Konfiguration eines asymmetrischen Moleküls durch die sterischen Modelle des Kohlenstoffatoms von Kekulé, van't Hoff usw. mit den vier gerichteten Valenzen. Zweifelsohne haben diese Modelle unserer Wissenschaft große Dienste geleistet, da sie nicht allein für die optische Isomerie, sondern auch für die Isomerie der ungesättigten und cyclischen Substanzen, kurzum für die ganze stereochemische Statik, wie Werner es nennt, ein sehr bequemes Bild geben. Ich glaube deshalb auch, daß sie für diesen Zweck noch lange im Gebrauch bleiben werden.

Dagegen ergibt sich schon eine kleine Schwierigkeit bei der Interpretation der Racemisierung, da sie am starren Modell nur durch Springen eines Substituenten von einem Valenzort zum anderen dargestellt werden kann.

Man hat sich aber damit abgefunden durch die Annahme, daß die intramolekularen Schwingungen der Substituenten namentlich bei höherer Temperatur genügen, diesen Platzwechsel zu bewirken, der schließlich zu dem Endgleichgewicht des racemischen Zustandes führt.

In ähnlicher Weise hat man sich wohl auch die in einzelnen Fällen schon lange bekannte Racemisierung bei der Substitution, z. B. beim

Ersatz des Hydroxyls durch Halogen gedacht, indem man annahm, daß durch den Substitutionsvorgang selbst eine starke Erschütterung des Moleküls stattfinde.

Aber diese Vorstellung genügt nicht mehr für die Interpretation der Waldenschen Umkehrung, denn es ist schwer einzusehen, warum das Springen eines Substituenten nur einseitig stattfinden soll, wie es die Verwandlung eines aktiven Körpers in den Antipoden verlangen würde.

Die Schwierigkeit läßt sich meines Erachtens auf zweierlei Weise vermeiden. Entweder man verzichtet ganz auf den Gebrauch der Modelle und begnügt sich mit dem allgemeinen Begriff der Asymmetrie der Kohlenstoffverbindungen, wie ihn Le Bel entwickelt hat[1]), oder man ersetzt die starren Modelle durch ein bewegliches, wie es meines Wissens zuerst A. Werner getan hat[2]).

An Stelle der gerichteten Valenzen denkt sich Werner die Affinität als eine Kraft, die vom Zentrum des kugelförmig angenommenen Atoms nach allen Teilen der Oberfläche wirkt.

Diese Vorstellung, die vor der Stereochemie wohl sehr verbreitet war, läßt sich, wie Werner ausführlich gezeigt hat, durch Zufügung einiger plausiblen Spezialhypothesen auch mit den bekannten Postulaten der Stereochemie vereinigen.

An dieses Bild möchte ich nun anknüpfen, um den Substitutionsvorgang, entsprechend den erweiterten tatsächlichen Kenntnissen zu veranschaulichen.

Wie schon Kekulé dargelegt hat, geht der Substitution wahrscheinlich eine Addition der aufeinander wirkenden Moleküle vorauf, und durch Zerfall der Additionsverbindung entsteht das Substitutionsprodukt.

Diese Annahme ist besonders von A. Michael befürwortet worden, und ich halte sie, wie schon früher[3]) betont wurde, in der Mehrzahl der Fälle für die wahrscheinlichste.

Bei dem Zerfall von solchen Additionsverbindungen (Polymolekülen) findet nun, wie ich mir vorstelle, eine neue sterische Anordnung der Substituenten am Kohlenstoffatom statt. Dafür gibt es zwei Möglichkeiten. Der neue Substituent tritt entweder an die gleiche Stelle, die die abgelöste Gruppe einnahm, oder an eine andere Stelle. Im zweiten Falle haben wir beim asymmetrischen Kohlenstoffatom eine Waldensche Umkehrung. Beide Fälle können auch gleichzeitig eintreten. Das bedeutet Racemisation, und diese kann wiederum partiell oder voll-

---

1) Bull. Soc. chim. [2] **22**, 337 [1874].

2) Vgl. Lehrbuch d. Stereochemie S. 15 [1904].

3) Berichte d. D. Chem. Gesellsch. **40**, 495 [1907]. *(S. 775.)*

ständig sein. Auch das entspricht der Erfahrung, denn bei allen Substitutionen am asymmetrischen Kohlenstoffatom wird ein Teil des Produktes racemisiert. So weit die bisherigen Beobachtungen ein Urteil erlauben, wird die Racemisierung besonders durch die Nachbarschaft eines Phenyls[1]) gefördert; sie findet hier auch in hohem Maße statt bei Reaktionen, die sonst ohne wesentliche Racemisierung verlaufen, z. B. bei Einwirkung der salpetrigen Säure auf α-Aminosäuren. Allerdings darf man nicht vergessen, daß die Racemisierung auch sekundär durch den Einfluß der verwendeten Agenzien herbeigeführt werden kann. Bekannt ist diese Wirkung für die starken Halogenwasserstoffsäuren bei den aktiven α-Halogencarbonsäuren, und wohl das merkwürdigste Beispiel dafür habe ich bei der Synthese des optisch aktiven α-Trimethylaminopropionsäureesters aus d-α-Brompropionsäureester und Trimethylamin beobachtet; denn dieses Produkt wird schon in kalter alkoholischer Lösung durch das überschüssige Trimethylamin im Laufe mehrerer Stunden fast vollständig racemisiert[2]).

Aber die Fälle, bei denen die Racemisation ausschließlich oder doch größtenteils sekundär erfolgt, halte ich für die selteneren. Die teilweise Racemisierung, die man tatsächlich beobachtet, dürfte der Hauptsache nach meist unmittelbar bei dem Substitutionsprozeß eintreten.

Um die eben entwickelten Anschauungen bequemer darzustellen, benutze ich folgendes Modell: Als Kohlenstoffatom dient eine kleine Holzkugel, die mit Kratzbürsten überzogen ist. Die Substituenten werden durch verschieden gefärbte, hohle Celluloidkugeln dargestellt. Sie sind durch Holzstift auf einer Korkplatte befestigt, welche ebenfalls mit Kratzbürsten versehen ist. Dadurch lassen sich die Substituenten an jeder Stelle des Kohlenstoffatoms bequem ansetzen und wieder ablösen. Wenn die Haftflächen so groß sind, daß sie den Hauptteil der Kugeloberfläche des Kohlenstoffatoms in Anspruch nehmen, so ist einer willkürlichen Veränderung der sterischen Anordnung vorgebeugt. Wohl aber kann man sich denken, daß alle 4 Substituenten sich gleichzeitig und im selben Sinne auf der Kugeloberfläche des Kohlenstoffs verschieben oder daß die einzelnen Substituenten um eine Gleichgewichtslage verschiedenartige Bewegungen ausführen. Solche Betrachtungen, wie sie ausführlich von Knoevenagel angestellt wurden, sind jedoch für die hier behandelte Frage ohne Bedeutung und scheinen mir auch im allgemeinen noch verfrüht.

Die Bildung von Additionsverbindungen durch sogenannte Nebenvalenzen läßt sich am Modell darstellen durch das in Fig. II wieder-

---

[1]) E. Fischer und O. Weichhold, Berichte d. D. Chem. Gesellsch. **41**, 1294 [1908] (*S. 94*), McKenzie und Clough, Journ. chem. Soc. **93**, 811 [1908].

[2]) Berichte d. D. Chem. Gesellsch. **40**, 5007 [1907]. (*S. 871.*)

gegebene aus Korkplatten nebst Bürsten und einem Holzstab konstruierte Gerüst. Mit der einen Bürste wird das Gerüst noch an den Kohlenstoff angeheftet. Auf der gegenüberstehenden Bürstenfläche läßt sich das zu addierende Molekül anheften.

Als Beispiel wähle ich die Verwandlung einer aktiven α-Brompropionsäure in die entsprechende aktive Aminosäure durch flüssiges Ammoniak. Der Einfachheit halber nehme ich an, daß die Additionsverbindung aus 1 Mol. α-brompropionsaurem Ammoniak und 1 Mol. Ammoniak besteht. Das Schema dafür ist in Fig. I dargestellt. Die

Fig. I. Fig. II.

Kugeln 1, 2, 3, 4 bezeichnen die vier am asymmetrischen Kohlenstoff haftenden Gruppen H, Br, CH_3 und $COONH_4$. Die Kugeln 5 und 6 bedeuten die beiden für den Substitutionsvorgang in Betracht kommenden Teile des Ammoniaks, H und NH_2. Sie sind durch eine Nebenvalenz an den Kohlenstoff geheftet. Fig. II zeigt deutlicher die Anordnung der Additionsgruppe. Ich hebe übrigens hervor, daß die Anheftung des NH_3 an den Kohlenstoff keine notwendige Bedingung der ganzen Betrachtung ist, sondern nur der Einfachheit halber angenommen wird.

Wenn nun das Halogen vom Kohlenstoff abgelöst wird und in die ionisierte Form übergeht, so kann an seine Stelle entweder das Amid treten, wodurch die Konfiguration nicht geändert wird, oder es tritt einer der drei anderen Substituenten an die Stelle des Halogens und überläßt dafür seinen Platz dem Amid. In dem letzteren Falle ist die Waldensche Umkehrung geschehen. Wenn endlich beide Prozesse gleichzeitig stattfinden, so erfolgt vollständige oder teilweise Racemisation.

Sollte das Additionsprodukt nicht aus gleichen Molekülen der angewandten Substanzen, sondern in anderem Verhältnis gebildet sein, z. B. aus 1 Mol. bromfettsaurem Salz und 2 Mol. Ammoniak, so würde das an der Betrachtung nichts Wesentliches ändern.

Will man den Zerfall der Additionsverbindung in der früher üblichen Art so darstellen, daß Aminosäure und Salzsäure entstehen, so wird auch dadurch meine Betrachtung nicht geändert. Endlich bleibt noch die Möglichkeit, die Abspaltung von Salzsäure durch Verbindung des Halogens mit dem am Kohlenstoff haftenden Wasserstoff zu deuten, wobei die Asymmetrie dadurch erhalten bleiben könnte, daß sofort die entstehenden Lücken durch die Teile des schon gebundenen Ammoniaks asymmetrisch ausgefüllt würden. Aber diese Vorstellung halte ich nicht für richtig, denn sie versagt für die Fälle, wo das Kohlenstoffatom keinen Wasserstoff mehr gebunden enthält.

So wird z. B. die Diäthylbromessigsäure $(C_2H_5)_2CBrCOOH$ nach den Beobachtungen von K. W. Rosenmund[1]) gerade so wie die anderen α-Bromfettsäuren durch methylalkoholisches Ammoniak in die entsprechende α-Aminosäure $(C_2H_5)_2C(NH_2) \cdot COOH$ verwandelt. Selbstverständlich steht dieses Resultat auch in Widerspruch mit der von Herrn Nef so hartnäckig verfochtenen Methylentheorie, auf die ich am Schlusse dieser Abhandlung zurückkommen werde.

Obige Interpretation der Bildung von aktiven Aminosäuren aus den Halogenverbindungen läßt sich mit kleinen Variationen auf andere Substitutionen am asymmetrischen Kohlenstoffatom ausdehnen. Soweit ich sehen kann, steht sie mit keiner bisherigen tatsächlichen Beobachtung in Widerspruch.

Leider ist das experimentelle Material in bezug auf die der Substitution vorausgehende Bildung von Additionsverbindungen noch sehr dürftig. In einem Falle, bei der Verwandlung der Asparaginsäure und ihres Esters durch Nitrosylbromid, ist es zwar geglückt, als Zwischenprodukte Dibromide der salzsauren Asparaginsäure bzw. ihres Esters zu isolieren[2]), aber damit ist nur ein Teil des wirklichen Vorgangs bekannt, denn es werden sicherlich bei der nachträglichen Einwirkung von Nitrosylbromid noch weitere Zwischenprodukte gebildet, deren Isolierung bisher in keinem Fall gelungen ist.

---

[1]) Berichte d. D. Chem. Gesellsch. **42**, 4470 [1909].

[2]) E. Fischer und K. Raske, Berichte d. D. Chem. Gesellsch. **40**, 1056 [1907]. (*S. 864.*)

Es wäre gewiß sehr wünschenswert, die Entstehung derartiger unbeständiger Körper auf andere bequemere Art nachweisen zu können. Und man darf vielleicht hoffen, durch die sogenannte thermische Analyse, die in der anorganischen Chemie so gute Dienste geleistet hat, und die auch bereits von Ph. Guye und seinen Schülern sowie von J. Schmidlin für die organische Chemie nutzbar gemacht wurde, wertvolle Andeutungen zu erhalten. Möglicherweise läßt sie sich mit der optischen Verfolgung der Vorgänge verbinden. Am sympathischsten wären mir allerdings neue Methoden, die auch eine Isolierung und scharfe Charakterisierung der Zwischenprodukte gestatten. Aber das ist ein alter, schon von Kekulé geäußerter Wunsch, dessen Erfüllung wohl nicht so bald in weitem Umfange erwartet werden darf.

Eine zweite beklagenswerte Lücke in unserem tatsächlichen Wissen ist folgende:

Da zum Nachweis einer Waldenschen Umkehrung stets zwei verschiedene Substitutionen notwendig sind, bleibt es unentschieden, bei welchem Vorgang der Wechsel der Konfiguration erfolgt. Bisher ist es in keinem Falle möglich gewesen, diese Frage mit voller Sicherheit zu beantworten, denn alle von P. Walden und von mir für diese Zwecke vorgebrachten Gründe erweisen sich bei kritischer Prüfung als nicht streng gültig.

Noch weniger läßt sich für neue Fälle der Eintritt des Konfigurationswechsels voraussagen. Die Verhältnisse sind hier noch verwickelter als bei der viel diskutierten strukturchemischen Frage, in welcher Stellung die Substitution bei den Benzolderivaten stattfinde. Infolgedessen sind alle Schlüsse, die man bisher über die Konfiguration optisch aktiver Substanzen aus Substitutionen am asymmetrischen Kohlenstoffatom gezogen hat, unsicher, und meine früher gehegte Hoffnung, daß es bald gelingen werde, ein einheitliches sterisches System aller dieser Substanzen aufstellen zu können, ist dadurch sehr verringert worden.

Erst bei großer Vermehrung des Beobachtungsmaterials darf man hoffen, allmählich zu bestimmten Regeln zu gelangen. Wieweit dabei das Drehungsvermögen als Wegweiser dienen kann, läßt sich noch nicht sagen.

Durch diese Erfahrungen erklären sich meines Erachtens auch die Mißerfolge, welche J. Wislicenus bei den Konfigurationsbestimmungen der ungesättigten Verbindungen und der daraus durch Addition von Halogen oder Halogenwasserstoff entstehenden gesättigten Körper gehabt hat; denn der Übergang einer ungesättigten Verbindung in eine gesättigte kann in sterischer Beziehung dem Substitutionsprozeß am asymmetrischen Kohlenstoffatom verglichen werden.

Wenn z. B. bei der Addition von Brom an Fumarsäure die beiden inaktiven Dibrombernsteinsäuren COOH · CHBr · CHBr · COOH in ungleichem Verhältnis entstehen, so entspricht das nach meiner Auffassung der partiellen Racemisierung bei der Substitution an dem asymmetrischen Kohlenstoffatom einer aktiven Substanz. Welche Konfiguration jede der beiden Bromverbindungen hat, kann deshalb aus den Beziehungen zur Fumarsäure nicht geschlossen werden, aber ebensowenig aus den Beziehungen zur Trauben- bzw. Mesoweinsäure; denn beim Austausch des Halogens durch Hydroxyl kann natürlich auch wieder ein Wechsel der Konfiguration eintreten.

A. Werner und J. H. van't Hoff[1]) haben die Vermutung ausgesprochen, daß beim Übergang der ungesättigten zu den gesättigten Verbindungen nur bei Anlagerung von Halogen oder Halogenwasserstoff Unregelmäßigkeiten auftreten, daß dagegen die Anlagerung von Hydroxylen bei der Oxydation mit Permanganat keine Isomeren liefere. Der Übergang von Fumar- und Maleinsäure in Trauben- bzw. Mesoweinsäure scheint in der Tat ganz einheitlich zu verlaufen und wird bekanntlich als eine schöne Bestätigung der sterischen Formel von Fumar- und Maleinsäure angesehen.

Trotzdem möchte ich nach meinen jetzigen Erfahrungen davor warnen, diesen Fall zu verallgemeinern und bei der Anlagerung von Hydroxylen stets einen normalen, d. h. ohne Konfigurationswechsel stattfindenden Prozeß anzunehmen.

Ich werde später zeigen, daß in der Terpengruppe schon Ausnahmen insofern bekannt sind, als bei der Anlagerung von Hydroxyl an Doppelbindungen die Entstehung von Isomeren sehr wahrscheinlich geworden ist.

Bei meinen eigenen Untersuchungen über die Konfiguration der Zucker oder der zugehörigen Säuren und Alkohole habe ich instinktiv keine Reaktion benutzt, bei der eine Substitution am asymmetrischen Kohlenstoffatom stattfindet.

Diesem glücklichen Umstand ist es wohl zuzuschreiben, daß bisher in den sterischen Formeln der Zuckergruppe kein Widerspruch gefunden wurde. Aus demselben Grunde halte ich die Schlüsse, die Raske und ich[2]) in bezug auf die sterischen Beziehungen zwischen den aktiven Alaninen, Serinen und Cystinen gezogen haben, für einwandfrei. Ich möchte deshalb dieses Verfahren für ähnliche Fälle dringend empfehlen. Leider versagt es dort, wo Substanzen, die am selben asymmetrischen Kohlenstoffatom verschiedene Gruppen haben, in bezug auf Konfiguration miteinander in Beziehung gebracht werden sollen.

---

[1]) Die Lagerung der Atome im Raume, 3. Aufl 1908, S. 103.

[2]) Berichte d. D. Chem. Gesellsch. **40**, 3717 [1907] (*S. 266*); **41**, 893 [1908]. (*S. 274.*)

Im Anschluß an diese Bemerkung will ich die Substitution am asymmetrischen Kohlenstoffatom bei optisch aktiven Substanzen mit mehreren asymmetrischen Kohlenstoffen besprechen. Entsteht hier nur ein einziges Produkt, so ist die Konfiguration entweder dieselbe oder im Sinne einer vollständigen Waldenschen Umkehrung geändert. Entsteht dagegen ein Gemisch von zwei Isomeren, die aber keine optischen Antipoden sind, so entspricht das der partiellen oder vollständigen Racemisierung von Körpern mit einem asymmetrischen Kohlenstoffatom.

In der Zuckergruppe ist das Material für die Beurteilung der Frage recht dürftig. Dahin gehört die Einwirkung der salpetrigen Säure auf Glucosamin und Glucosaminsäure, wobei Produkte verschiedener Konfiguration entstehen. In einem Falle bildet sich die sogenannten Chitose, die durch Brom in Chitonsäure verwandelt wird, im anderen Fall entsteht Chitarsäure, die ich für stereosiomer mit der Chitonsäure halte.

Hierzu ist allerdings zu bemerken, daß die Ausbeute an beiden Säuren zu wünschen übrig läßt, und daß die gleichzeitige Bildung von nicht krystallisierenden Isomeren wohl möglich ist.

Einen anderen Fall bietet die Zersetzung der stereoisomeren Pentaacetylglucosen durch Halogenwasserstoff. Bei Einwirkung von Jodwasserstoff in Eisessiglösung verlieren beide ein Acetyl und liefern die gleiche Acetojodglucose[1]). Ich kann zufügen, daß nach meinen neueren Beobachtungen bei Anwendung von Bromwasserstoff in Eisessig und von flüssigem Chlorwasserstoff dasselbe Resultat erzielt wurde.

Die Ausbeute ist auch hier nicht quantitativ, und es wäre deshalb möglich, daß ein isomeres Produkt, welches in kleinerer Menge entstand, übersehen wurde. Jedenfalls ist aber ein Wechsel der Konfiguration vorhanden.

Andere Beispiele bietet die Terpengruppe.

Längst bekannt und in den Lehrbüchern der Stereochemie angeführt ist die von O. Wallach beobachtete gleichzeitige Bildung von α- und β-Nitrolaniliden aus demselben α-Nitrosochlorid des Limonens.

Der treffliche Kenner der Terpenliteratur, Herr F. W. Semmlet, an den ich mich mit der Bitte um Auskunft wandte, hat mich noch auf eine Reihe anderer Fälle aufmerksam gemacht, von denen ich folgende hier anführe.

1. Borneol gibt mit Salzsäure oder PCl_5 ein Gemenge von Bornylchlorid und Isobornylchlorid, die sehr wahrscheinlich stereoisomer sind.

2. Bei der Oxydation von Menthen (Mentomenthen) mit Permanganat erhielt G. Wagner[2]) neben anderen Produkten ein Glykol, das

[1]) E. Fischer, Berichte d. D. Chem. Gesellsch. **43**, 2535 [1910]. (*Kohlenh. II, S. 232.*)

[2]) Berichte d. D. Chem. Gesellsch. **27**, 1636 [1894].

sich in einen schön krystallisierten Teil und ein flüssig bleibendes Präparat scheiden ließ. Wagner selbst hat über die Frage, ob hier 2 isomere Körper vorliegen, keine bestimmte Meinung geäußert. Sein Mitarbeiter S. Tolloczko[1]) betrachtet aber die beiden Formen als physikalische Isomere. Wenn diese Ansicht richtig ist, so läge hier ein interessantes Beispiel für die Bildung von 2 stereoisomeren Formen durch Anlagerung von 2 Hydroxylen an eine doppelte Kohlenstoffverbindung vor.

3. Bei der Oxydation des Camphens mit Permanganat haben Moycho und Zienkowski[2]) außer dem schon von G. Wagner[3]) gewonnenen Camphenglykol eine um 2 H ärmere Verbindung $C_{10}H_{16}O_2$ isoliert, die sie als ein Oxyoxyd mit einem Hydroxyl und einem indifferenten Sauerstoff betrachten.

Da nun das Glykol sich nicht in Oxyoxyd umwandeln läßt, da ferner aus beiden Körpern durch weitere Oxydation zwei Säuren $C_{10}H_{14}O_3$ entstehen, von denen die niedrig schmelzende in die andere umgewandelt werden kann, so ist es ziemlich wahrscheinlich, daß Camphenglykol und das Oxyoxyd durch sterisch verschiedene Anlagerung von Hydroxyl an die ungesättigte Gruppe des Camphens entstehen.

Wichtige Anhaltspunkte für das weitere Studium dieser Frage dürfte eine eingehende Bearbeitung des Isoleucins

$$\begin{array}{l} CH_3 \cdot CH_2 \cdot \underset{\displaystyle CH_3}{\underset{|}{C^*H}} \cdot \underset{\displaystyle NH_2}{\underset{|}{C^{**}H}} \cdot COOH \end{array}$$

liefern, wo das eine mit * bezeichnete asymmetrische Kohlenstoffatom indifferente Gruppen trägt, während an dem anderen mit ** bezeichneten die veränderungslustige Aminogruppe steht. Auf die Analogie mit dem Valin habe ich schon früher gemeinschaftlich mit Scheibler[4]) aufmerksam gemacht, und in der Tat hat unsere Prognose über sein Verhalten in bezug auf die Waldensche Umkehrung Bestätigung gefunden durch die Versuche von Abderhalden, Hirsch und Schuler[5]), welche die Umwandlung in die zugehörige Bromfettsäure durch Nitrosylchlorid und die Rückverwandlung der Bromverbindungen in die Aminosäure untersuchten.

Selbstverständlich muß man auch mit der Möglichkeit rechnen, daß bei Substitutionsvorgängen im lebenden Organismus, z. B. beim Ersatz der Aminogruppe durch Hydroxyl oder umgekehrt ein Wechsel der Konfiguration erfolgt.

---

[1]) Chem. Zentralblatt **1895**, I, 543.

[2]) Liebigs Ann. d. Chem. **340**, 17 [1905].

[3]) Berichte d. D. Chem. Gesellsch. **23**, 2307 [1890].

[4]) Berichte d. D. Chem. Gesellsch. **41**, 893 [1908]. (*S. 792.*)

[5]) Berichte d. D. Chem. Gesellsch. **42**, 3402 [1909].

Um die gegenseitige Umwandlung von isomeren Äthylenderivaten wie Fumar- und Maleinsäure zu veranschaulichen, sind bekanntlich recht verschiedene Hypothesen ersonnen worden, die man in Werners Lehrbuch der Stereochemie zusammengestellt findet.

Nach meinem Dafürhalten erinnern diese Reaktionen in mancher Beziehung an die Erscheinungen bei dem Konfigurationswechsel optisch aktiver Substanzen. Das gilt besonders für diejenigen Umwandlungen der ungesättigten Körper, die durch katalytisch wirkende Agenzien hervorgerufen werden.

Nimmt man an, daß der Katalysator sich vorübergehend anlagert, nicht wie Wislicenus meinte, unter Aufhebung der doppelten Bindung, sondern nach Art der Kekuléschen Addition (Polymoleküle) an das eine oder an beide doppelt gebundene α-Atome, so kann durch Wiederablösung eine Konfigurationsänderung erfolgen, die der Waldenschen Umkehrung bei der Substitution ähnlich ist. An dem Kugelmodell ist das leicht zu erkennen.

Endlich benutze ich diese Gelegenheit zu einer Bemerkung über die Nefsche Methylentheorie. Ich habe vor drei Jahren in der ersten Abhandlung über die Waldensche Umkehrung[1]) darauf hingewiesen, daß bei der Wirkung von Ammoniak auf aktive α-Brompropionsäure nur racemisches Alanin resultieren könne, wenn die Ansicht von Nef richtig sei, daß hierbei intermediär die Gruppe $CH_3 . \overset{}{\underset{\wedge}{C}} . COOH$ entstehe; denn in dieser Atomgruppe ist die Asymmetrie aufgehoben.

Um diesen Einwand gegen seine Theorie zu widerlegen, hat Herr Nef[2]) noch eine Hilfshypothese ersonnen. Er nimmt nämlich jetzt an, daß die vier Valenzen des Kohlenstoffes nicht alle untereinander, sondern nur paarweise gleichwertig sind. Indem er die Valenzen mit + und — ähnlich den verschiedenen Elektrizitäten bezeichnet, erhält er für das Kohlenstoffatom mit seinen Valenzen folgendes Bild:

$$\begin{array}{ccc} - & & + \\ & \diagdown\ \diagup & \\ & C & \\ & \diagup\ \diagdown & \\ + & & - \end{array} .$$

Dementsprechend formuliert er nun auch zwei verschiedene ungesättigte Carbonsäuren,

$$\begin{array}{ccc} + & & CH_3 \\ & \diagdown\ \diagup & \\ & C & \\ & \diagup\ \diagdown & \\ - & & COOH \end{array} \quad \text{und} \quad \begin{array}{ccc} - & & CH_3 \\ & \diagdown\ \diagup & \\ & C & \\ & \diagup\ \diagdown & \\ + & & COOH \end{array} ,$$

[1]) Berichte d. D. Chem. Gesellsch. **40**, 496 [1907]. (*S. 776.*)

[2]) Journ. Amer. chem. Soc. **30**, 645 [1908].

aus denen dann durch Anlagerung von Ammoniak zwei verschiedene optisch aktive Alanine entstehen sollen. Diese Hypothese ist offenbar aus dem Bedürfnis hervorgegangen, die Methylenhypothese zu retten, denn mir ist bisher keine Tatsache bekannt, die auf eine Verschiedenheit der Valenzen des Kohlenstoffs hinweist.

Wäre aber die Hypothese des Herrn Nef richtig, so müßten sich von den beiden obigen Carbonsäuren auch zwei stereoisomere Propionsäuren oder analoge Stoffe ableiten, denn die beiden Wasserstoffatome wären ja verschieden gebunden. Mir scheint, daß Herr Nef an diese Konsequenz seiner Hypothese gar nicht gedacht hat. Sollte er aber wirklich entgegen den Grundannahmen der bisherigen Stereochemie glauben, daß auch bei Gleichartigkeit von zwei Substituenten ein Kohlenstoffatom noch asymmetrisch sein kann, so wird er anstatt bloßer Vermutungen experimentelle Beweise dafür bringen müssen. Solange das nicht geschehen ist, kann er nicht erwarten, daß seine Hypothese von den Fachgenossen angenommen wird.

Nachschrift: Inzwischen ist in den Ber. d. d. chem. Ges. **44**, 873 (1911) eine Abhandlung des Herrn Prof. A. Werner „Über den räumlichen Stellungswechsel bei Umsetzungen von raumisomeren Verbindungen" erschienen, in der aus einem ganz anderen experimentellen Material sehr ähnliche Schlüsse bezüglich des Substitutionsvorgangs gezogen werden. Herr Werner war so freundlich, mir eine Abschrift seines Aufsatzes unmittelbar nach der Absendung an die Redaktion der Berichte und als Austausch gegen das Manuskript der vorliegenden Abhandlung zu schicken.

Die Übereinstimmung unserer beiderseitigen Betrachtungen, die aus so weit voneinander liegenden Beobachtungen hervorgegangen sind, scheint mir ein erfreuliches Zeichen für ihre Berechtigung zu sein.

73. Emil Fischer: Nachtrag zu der Abhandlung: Waldensche Umkehrung und Substitutionsvorgang[1]).

Liebigs Annalen der Chemie **386**, 374 [1911].

(Eingelaufen am 15. November 1911.)

Aus der Erkenntnis, daß die Waldensche Umkehrung nicht mehr als ein Ausnahmefall betrachtet werden darf, sondern ein recht allgemeines Phänomen ist, habe ich den Schluß gezogen, daß die bisher übliche stereochemische Auffassung des Substitutionsvorganges nicht richtig sein kann; denn die durch den Gebrauch der starren sterischen Modelle eingebürgerte Vorstellung, daß der Substituent an die Stelle der abgelösten Gruppe tritt unter Beibehaltung der Konfiguration des Gesamtmoleküls, entspricht den Tatsachen so wenig, daß sie meiner Ansicht nach nicht länger haltbar ist. Ich habe statt dessen eine andere Auffassung des Substitutionsprozesses vorgeschlagen und zu ihrer Veranschaulichung ein bewegliches Modell benutzt. Infolge dieser Publikation sind mir eine Reihe von privaten Mitteilungen zugegangen, die zum größeren Teil zustimmend, zum Teil aber auch skeptisch gehalten waren. Letzteren gegenüber will ich hier betonen, daß meine Darlegung im wesentlichen kritisch war. Ich habe es für nötig gehalten, gegen die eingewurzelten, aber niemals tatsächlich begründeten stereochemischen Vorstellungen über die Substitution vorzugehen und vor allen Dingen aufmerksam zu machen auf die Unsicherheit aller Konfigurationsbestimmungen, die aus Substitutionen am asymmetrischen Kohlenstoffatom abgeleitet sind. Die Grundlagen der Stereochemie, soweit sie die Statik des Moleküls betreffen, werden dadurch, wie ich hier nochmals ausdrücklich betonen möchte, nicht erschüttert.

Meine Resultate decken sich in einem wesentlichen Punkte mit den Schlüssen, die A. Werner gleichzeitig mit mir aus einem ganz

---

[1]) Liebigs Ann. d. Chem. **381**, 123 [1911]. *(S. 736.)*

anderen experimentellen Material gezogen hat. Allerdings muß ich darauf hinweisen, daß meine Darlegung über den Substitutionsvorgang nur eine Erweiterung der Anschauung ist, die ich schon vor 4 Jahren in der ersten Veröffentlichung über die Waldensche Umkehrung kurz erwähnte[1]).

Die Beobachtungen über Konfigurationsänderungen am asymmetrischen Kohlenstoffatom lassen sich ferner, wie ich gezeigt habe, mit den Erfahrungen beim Übergang ungesättigter Körper in gesättigte vergleichen; denn die Aufhebung der doppelten Bindung durch Addition zweier anderer Atome oder Atomgruppen unter Bildung von asymmetrischen Kohlenstoffatomen kann auch als eine besondere Art von Substitution betrachtet werden. Daß in diesem Falle eine Konfigurationsänderung eintreten kann, ist besonders durch die Kritik, die A. Michael an den Schlüssen von J. Wislicenus geübt hat, längst bekannt geworden[2]).

An dem Beispiel der Fumarsäure, die durch Addition von Brom die beiden inaktiven Dibrombernsteinsäuren in ungleichem Verhältnis liefert, habe ich dargelegt, daß dieser Prozeß der partiellen Racemisierung bei der Substitution am asymmetrischen Kohlenstoffatom einer aktiven Substanz entspricht, daß es sich hier also um ein ganz ähnliches Phänomen wie die Waldensche Umkehrung handelt. Trotzdem halte ich es nicht für zulässig, solche Konfigurationsänderungen allgemein als Waldensche Umkehrung zu bezeichnen, wie es neuerdings Herr Mc Kenzie[3]) getan hat, denn ich habe diesen Namen ganz speziell für die Umwandlung eines optischen Körpers in den Antipoden gewählt.

An derselben Stelle habe ich weiter darauf aufmerksam gemacht, daß man weder aus der Bildung der Dibrombernsteinsäuren durch Addition von Brom an Fumar- oder Maleinsäure, noch aus ihrem Übergang in Trauben- oder Mesoweinsäure einen sicheren Schluß auf ihre Konfiguration ziehen könne.

Auf Grund dieser Überlegung hielt ich eine erneute Untersuchung über die Konfiguration der Dibrombernsteinsäuren für nötig und ver-

---

[1]) Berichte d. D. Chem. Gesellsch. **40**, 495 [1907]. (*S. 775.*) Ich bin inzwischen privatim auf andere Äußerungen über dieses Phänomen aufmerksam gemacht worden. Obschon sie von meiner Auffassung stark abweichen, erwähne ich sie doch der Vollständigkeit halber: R. Wegscheider und E. Franke, Monatsh. f. Chem. **28**, 98 [1907]; ferner J. Gadamer, „Über Racemisation", Jahresber. d. Schles. Ges. f. vaterl. Kultur, Naturwissenschaftl. Sektion. Sitzung 26. Juli 1910.

[2]) Journ. f. prakt. Chem. **38**, 6 [1888]; **40**, 29 [1889]; **43**, 587 [1891]; **46**, 209, 381 [1892]; **52**, 289 [1895]; **75**, 105 [1907].

[3]) Proceedings chem. Soc. **1911**, 150.

anlaßte anfangs Mai d. J. Herrn Donald D. van Slyke, die Spaltung der beiden Dibrombernsteinsäuren durch Brucin oder andere optisch aktive Basen zu prüfen, um zu sehen, welche der Mesoweine und welche der Traubensäure entspricht. Die Versuche waren schon ziemlich weit vorgeschritten, als eine vorläufige Mitteilung von A. Mc Kenzie (a. a. O.) erschien, die den gleichen Gegenstand behandelt. Darin ist gezeigt, daß die Konfiguration der beiden Dibrombernsteinsäuren umgekehrt ist, als man bisher vielfach annahm; denn die aus der Maleinsäure als Hauptprodukt entstehende Dibrombernsteinsäure, die man nach der Bildung als Mesoform ansehen konnte, ist in zwei optische Komponenten spaltbar und entspricht also der Traubensäure.

Zum selben Resultat wie Mc Kenzie ist neuerdings B. Holmberg[1]) gekommen, der schon im Februar d. J. eine ausführliche Abhandlung über die Eigenschaften der Dihalogenbernsteinsäuren an das Journ. f. prakt. Chem. sandte und offenbar auch ganz unabhängig auf den Gedanken gekommen ist, die Konfiguration der Dibrombernsteinsäuren durch Spaltung in die optischen Komponenten festzustellen.

Man könnte nun geneigt sein, den Konfigurationswechsel in diesen und ähnlichen Fällen als Ausnahme zu betrachten und einer spezifischen Wirkung der Halogene zuzuschreiben, wie A. Werner und J. H. van't Hoff ausgesprochen haben. Dieser Meinung konnte ich mich vom Stande unserer heutigen Erfahrungen und meiner daraus abgeleiteten Anschauungen nicht anschließen[2]). Ich habe deshalb auch davor gewarnt, die Verwandlung von ungesättigten Körpern in Dihydroxyderivate durch Oxydation mit Permanganat, die bei Fumar- und Maleinsäure so eindeutig verläuft, allgemein als eine Reaktion ohne Konfigurationswechsel zu betrachten.

Ein ausschlaggebendes Beispiel konnte ich allerdings in der Literatur nicht finden, und die beiden Fälle aus der Terpengruppe, Oxydation des Menthens und Camphens, auf die ich hinwies, sprachen nur bis zu einem gewissen Grade für die Möglichkeit einer Entstehung zweier Isomeren. Ich bin inzwischen privatim von Herrn L. Tschugaeff in St. Petersburg darauf aufmerksam gemacht worden, daß die von mir erwähnte Entstehung von zwei Glykolen aus dem Menthen, die nach einer kurzen Notiz im Zentralblatt von S. Tolloczko als physikalische Isomere angesehen wurden, in einer ausführlichen Abhandlung desselben Autors aus dem Jahre 1897 nicht aufrecht erhalten wird. Zudem würde, wie Herr Tschugaeff ganz richtig bemerkt, auch die Bildung von zwei Isomeren in diesem Falle, wo es sich schon von vornherein um ein

---

[1]) Journ. f. prakt. Chem. **84**, 145 [1911]. Svensk Kemisk Tidskrift Nr. 5 [1911].
[2]) Liebigs Ann. d. Chem. **381**, 135 [1911]. (*S. 745.*)

optisch aktives System handelt, kein Beweis dafür sein, daß die Anlagerung der beiden Hydroxyle teils in cis- teils in trans-Form geschähe. Die Oxydation des Menthens hat also für die von mir behandelte Frage keine Bedeutung[1]).

In dem zweiten von mir angeführten Fall, der Oxydation des Camphens, liegen die Verhältnisse allerdings etwas anders, aber doch auch so kompliziert, daß ich niemals darin einen endgültigen Beweis für meine Vermutung gesehen habe. Ich habe mich inzwischen bemüht, durch eigene Versuche, d. h. durch Oxydation des Zimtamids und des Cinnamoylglycins Erfahrungen von größerer Beweiskraft zu sammeln. Wie aus den unten mitgeteilten Experimenten hervorgeht, ist aber auch hier nur die Isolierung von je einem Dihydroxyderivat gelungen. Man darf allerdings bei diesen Experimenten die Schwierigkeit der Beobachtung, die durch die schlechte Ausbeute und die großen Mengen von Nebenprodukten bedingt wird, nicht unterschätzen, und ich halte es noch immer für wahrscheinlich, daß man in Zukunft auch bei solchen Oxydationen zuweilen stereoisomeren Produkten begegnen wird. Ich würde selbst diese Versuche fortgesetzt haben, wenn es mir nicht gelungen wäre, andere Beobachtungen in der Literatur zu finden, die zweifellos beweisen, daß die Bildung von stereoisomeren gesättigten Verbindungen aus ungesättigten Körpern auch ohne Halogen stattfinden kann. Es handelt sich dabei um die Reduktion von ungesättigten Säuren vom Typus der Dialkylfumarsäure. Das eine Beispiel ist die Reduktion von Δ_1-Tetrahydrophthalsäure, wobei nach A. Baeyer[2]) zwei stereoisomere Hexahydrophthalsäuren resultieren. Allerdings kann man hier den Einwand machen, daß unter den Bedingungen des Experiments, welches mehrstündiges Kochen mit Natriumamalgam erfordert, eine Konfigurationsänderung schon vorher bei der ungesättigten Säure oder hinterher bei der Hexahydrophthalsäure stattfinde.

Aber diese Möglichkeit fällt weg bei der Beobachtung von R. Fittig[3]) über die Reduktion von Dimethylfumarsäure zu s-Dimethylbernsteinsäure. Hierbei wurden 58 Proz. in die hochschmelzende und 39 Proz. in die niedrigschmelzende Dimethylbernsteinsäure verwandelt.

Die Operation wurde ausgeführt bei gewöhnlicher Temperatur unter zeitweiser Kühlung mit Eiswasser und öfterer Neutralisation des Alkalis mit Schwefelsäure. Zudem hat Fittig nachgewiesen, daß die Dimethylfumarsäure selbst beim 10stündigen Kochen mit 20prozentiger Natron-

[1]) Herr Tschugaeff hat mich auch darauf hingewiesen, daß nicht allein das von mir angeführte Borneol, sondern auch das l-Menthol mit Phosphorpentachlorid zwei Chloride $C_{10}H_{19}Cl$ liefert, die sehr wahrscheinlich stereoisomer sind.

[2]) Liebigs Ann. d. Chem. **258**, 218 [1890].

[3]) Liebigs Ann. d. Chem. **304**, 178 [1898].

lauge nur zum kleinsten Teil (etwa 8 Proz.) in die isomere Pyrocinchon- und Methylitaconsäure umgewandelt wird.

Hier liegt also ein typisches Beispiel für die Bildung von zwei stereoisomeren Reduktionsprodukten aus einer ungesättigten Säure vor, und damit ist der Beweis geliefert, daß es keine ausschließliche Eigentümlichkeit der Halogene ist, bei der Anlagerung an ungesättigte Substanzen vom Typus der Fumarsäure stereoisomere Additionsprodukte zu bilden.

Welche Konfiguration den beiden Dimethylbernsteinsäuren zukommt, läßt sich aus der Bildungsweise also auch nicht ableiten. Um diese Frage zu lösen, wird es ebenso wie bei den Dibrombernsteinsäuren nötig sein, zu prüfen, welche der beiden Säuren in optisch aktive Formen gespalten werden kann. Ich beabsichtige diese Versuche selbst auszuführen. Ferner scheint es von Interesse zu sein, andere Reduktionsmittel, z. B. Wasserstoff mit Katalysatoren wie Palladium oder Platin bei der Dimethylfumarsäure anzuwenden und zu sehen, ob dadurch ebenfalls die beiden stereoisomeren Dimethylbernsteinsäuren erzeugt werden.

Daß die Anlagerung des Wasserstoffs sterisch verschieden erfolgen kann je nach dem angewandten Reduktionsmittel, scheint mir das Beispiel der Phenylpropiolsäure zu beweisen. Beim Kochen der Säure mit Zinkstaub und Eisessig erhielten Aronstein und Holleman[1]) gewöhnliche Zimtsäure. Dieselbe Beobachtung machten C. Liebermann und H. Trucksäß[2]) beim Kochen mit Zink und Alkohol, während das Phenylpropiolsäurehydrobromid bei der gleichen Behandlung Allozimtsäure gegeben hatte[3]).

Wie aus dem später beschriebenen Versuch hervorgeht, wird die Phenylpropiolsäure auch schon bei gewöhnlicher Temperatur durch Zinkstaub und 50 prozentige Essigsäure bei Gegenwart von sehr wenig Platin langsam in Zimtsäure verwandelt, und diese Umwandlung findet sehr wahrscheinlich primär, d. h. nicht etwa über intermediär gebildete Allozimtsäure statt.

Im Gegensatz zu diesen Resultaten erhielten C. Paal und W. Hartmann[4]) bei der Reduktion der Phenylpropiolsäure mit Wasserstoff bei Gegenwart von kolloidalem Palladium nur Allozimtsäure bzw. Isozimtsäure und erblickten darin einen Beweis für die malenoide Natur der Allozimtsäure, während Aronstein und Holleman dasselbe für die Zimtsäure gefolgert hatten.

---

[1]) Berichte d. D. Chem. Gesellsch. 22, 1181 [1889].
[2]) Berichte d. D. Chem. Gesellsch. 42, 4659 [1909].
[3]) Liebermann u. Scholz, Berichte d. D. Chem. Gesellsch. 25, 951 [1892].
[4]) Berichte d. D. Chem. Gesellsch. 42, 3930 [1909].

Ich bin der Ansicht, daß beide Schlüsse unsicher sind und daß bei der Umwandlung von Acetylenkörpern in Äthylenderivate in sterischer Beziehung dieselben Verhältnisse bestehen, wie bei dem Übergang der Äthylenkörper zu gesättigten Substanzen mit asymmetrischen Kohlenstoffatomen. Für die Addition von Halogen ist das längst bekannt, so liefert ja die Phenylpropiolsäure die beiden stereoisomeren Dibromzimtsäuren. Bei der Anlagerung von Wasserstoff hat man zwar die gleichzeitige Bildung von Zimtsäure und Allozimtsäure nicht beobachtet, wohl aber statt dessen den auffallenden Unterschied im Resultat bei Anwendung verschiedener Reduktionsmittel.

Nach den Erfahrungen bei der Phenylpropiolsäure und Dimethylfumarsäure scheinen mir alle Konfigurationsbestimmungen, die auf dem Übergang von ungesättigten Substanzen in gesättigtere beruhen, ebenso unsicher zu sein, wie diejenigen, die aus Substitutionen am asymmetrischen Kohlenstoffatom abgeleitet wurden. Insofern schließe ich mich ganz den Bedenken an, die namentlich A. Michael gegen die Darlegungen von J. Wislicenus geäußert hat.

Dagegen scheint mir kein Grund vorzuliegen, deshalb die ganze Stereochemie der ungesättigten Verbindungen zu verwerfen.

Es gilt hier dasselbe wie für die gesättigten Körper. Die stereochemische Statik hat durch alle bisher bekannten Tatsachen keine Erschütterung erfahren, sondern ist noch immer das beste Bild, das wir uns von den Isomerien dieser Körperklasse machen können.

Verwandlung von Zimtamid in Phenylglycerinsäureamid.

Zu einer Lösung von 6 g Zimtamid in 750 ccm Aceton, die auf — 10 bis — 15° abgekühlt war, wurde unter Turbinieren im Laufe von etwa 1 Stunde eine Lösung von 5 g Kaliumpermanganat in 100 ccm Wasser zugetropft und das Turbinieren unter Fortdauer der Kühlung noch $^3/_4$ Stunden fortgesetzt, bis die Lösung ganz entfärbt war. Drei solcher Oxydationsgemische, entsprechend 18 g Zimtamid, wurden vereinigt, filtriert oder zentrifugiert und der Niederschlag von Braunstein mit Aceton ausgewaschen. Als die vereinigten Flüssigkeiten bei geringem Druck eingeengt wurden, schied sich zuerst unverändertes Zimtamid ab, etwa 8 g. Der beim völligen Eindampfen der Mutterlaugen bleibende Rückstand wurde mit etwa 200 ccm Aceton ausgekocht, wobei 3 g eines stark alkalischen Produktes ungelöst blieben. Die Acetonlösung hinterließ beim Verdampfen einen fast aschefreien Rückstand, der noch Zimtamid enthielt (1 g). Um dies zu entfernen, wurde in 100 ccm Wasser warm gelöst, längere Zeit bei 0° aufbewahrt, das Filtrat eingedampft und der Rückstand aus warmem Alkohol krystallisiert; so resultierten

1,3 g Phenylglycerinsäureamid, das in farblosen, mikroskopischen, breiten, fast rechteckigen Platten krystallisiert. Makroskopisch bildet es silberglänzende Blättchen. Die Mutterlauge gab noch eine zweite Krystallisation; Gesamtausbeute 1,8 g, oder 10 Proz. des angewandten Zimtamids, von dem aber die Hälfte unverändert blieb. Der in Aceton unlösliche, alkalihaltige Rückstand enthielt Säuren, die nicht weiter untersucht wurden. Außerdem trat bei der Oxydation der Geruch nach Benzaldehyd auf.

Das Phenylglycerinsäureamid schmilzt bei 159—160° (korr. 161 bis 162°). In Wasser, Alkohol, Aceton löst es sich in der Wärme recht leicht und krystallisiert bei genügender Konzentration in der Kälte bald. Die wäßrige Lösung reagiert neutral und gibt beim Kochen mit Alkali rasch Ammoniak, dem sich aber ein benzaldehydartiger Geruch beimengt. Zur Analyse wurde bei 100° über Phosphorpentoxyd unter 15 mm Druck getrocknet.

0,1416 g gaben 0,3095 CO_2 und 0,0784 H_2O. — 0,1429 g gaben 9,4 ccm Stickgas über 33 prozent. Kalilauge bei 19° und 764 mm Druck.

Ber. für $C_9H_{11}O_3N$ (181,1). C 59,64, H 6,12, N 7,74.
Gef. „ 59,61, „ 6,20, „ 7,63.

Verseifung des Phenylglycerinsäureamids. 1 g Amid wurde mit einer Lösung von 2,7 g krystallisiertem Baryt in 50 ccm Wasser gekocht. Dabei entwich viel Ammoniak und es trat ein benzaldehydartiger Geruch auf. Als nach etwa $^1/_2$ Stunde die Ammoniakentwicklung beendet war, wurde der Baryt genau mit Schwefelsäure entfernt, das Filtrat unter geringem Druck verdampft und der farblose, krystallinische Rückstand mit recht wenig Alkohol aufgenommen. Aus der alkoholischen Lösung fiel auf Zusatz von Petroläther ein krystallinischer Niederschlag (0,6 g), der die Eigenschaften der hochschmelzenden Phenylglycerinsäure zeigte. Der Schmelzpunkt war anfangs 138—139°, stieg aber nach dem Umlösen aus Acetylentetrachlorid auf 139—140°. Das Präparat war in Tafeln krystallisiert. Für die Analyse war im Vakuum über P_2O_5 bei 100° getrocknet.

0,1421 g gaben 0,3067 CO_2 und 0,0704 H_2O.

Ber. für $C_9H_{10}O_4$ (182,08). C 59,31, H 5,54.
Gef. „ 58,86, „ 5,54.

Trotz der Differenz im Kohlenstoff halte ich das Präparat für Phenylglycerinsäure und zwar für die hochschmelzende Form vom Schmelzp. 141°, die aus der Zimtsäure durch Permanganat entsteht[1]).

[1]) Fittig, Liebigs Ann. d. Chem. 268, 27 [1892].

Verwandlung von Cinnamoylglycin in Phenylglycerinylglycin.

$(C_6H_5)CHOH . CHOH . CO . NHCH_2COOH.$

Zu einer Lösung von 8,2 g Cinnamoylglycin[1]) in 42 ccm n-Natronlauge und 550 ccm Wasser wurde bei 0° unter Turbinieren im Laufe von $1^1/_2$ Stunden eine Lösung von 5 g Kaliumpermanganat in 100 ccm Wasser zugetropft und das Turbinieren noch $^1/_2$ Stunde fortgesetzt. Durch Zentrifugieren und nachträgliches Filtrieren wurde eine weinrote, alkalische und nach Benzaldehyd riechende Flüssigkeit erhalten, die zur Neutralisation ungefähr 5 ccm n-Schwefelsäure verlangte. Zwei solcher Lösungen, entsprechend 16,4 g Cinnamoylglycin, wurden unter geringem Druck auf etwa 150 ccm eingedampft, dann mit 28 ccm 5 n-Schwefelsäure übersättigt, das ausgeschiedene Cinnamoylglycin (5,3 g) abfiltriert, nun zur Abscheidung von Kalium- und Natriumsulfat mit 2 Liter Alkohol versetzt, das Filtrat mit 160 ccm kaltgesättigter Barytlösung übersättigt, unter geringem Druck stark eingeengt, um den Alkohol zu beseitigen, und in der wäßrigen Flüssigkeit der Baryt genau mit Schwefelsäure gefällt. Beim völligen Eindampfen des Filtrats unter vermindertem Druck blieb ein farbloser Rückstand, der sich zum allergrößten Teil in Aceton löste. Der beim Verdampfen des Acetons bleibende gelbe Sirup wurde beim Anrühren mit Äther allmählich krystallinisch. Die noch etwas klebrige Masse enthielt das Phenylglycerinylglycin. Nach Entfernung der ätherischen Mutterlauge wurde sie im Soxhletschen Apparat 48 Stunden mit Äther extrahiert und so 2,8 g fast reines, gut krystallisiertes Phenylglycerinylglycin (17% des angewandten Cinnamoylglycins) erhalten. Der Versuch, aus den Mutterlaugen ein Isomeres zu isolieren, blieb resultatlos.

Das mit Äther extrahierte Präparat schmolz bei 141° und bestand aus kleinen Krystalldrusen. Nach mehrmaligem Umlösen aus warmem Isobutylacetat war der Schmelzpunkt auf 142—143° (korr. 144—145°) gestiegen, und die Krystalle bestanden jetzt aus hübsch ausgebildeten Prismen. Zur Analyse war bei 100° über Phosphorpentoxyd unter 15 mm Druck getrocknet.

0,1604 g gaben 0,3247 CO_2. — 0,1596 g gaben 0,3239 CO_2 und 0,0804 H_2O.

0,1656 g gaben 8,4 ccm Stickgas bei 23° und 755 mm Druck (über 33 prozent. Kalilauge).

Ber. für $C_{11}H_{13}O_5N$ (239,11). C 55,20, H 5,48, N 5,86.
Gef. „ 55,21, 55,35, „ 5,64, „ 5,71.

Das Phenylglycerinylglycin schmilzt bei 144—145° (korr.), es ist leicht löslich in Alkohol, Aceton und sehr schwer löslich in

[1]) E. Fischer und P. Blank, Liebigs Ann. d. Chem. **354**, 4 [1907] (*S. 407*); ferner H. D. Dakin, Zentralbl. **1909**, 1, 654.

Äther, Chloroform und Petroläther. In warmem Wasser ist es sehr leicht löslich und scheidet sich aus der konzentrierten Lösung in der Kälte langsam in ziemlich dicken, makroskopischen, häufig prismatischen, manchmal wie breite Platten ausgebildeten Krystallen ab. Versetzt man die mit Ammoniak neutralisierte, nicht zu verdünnte Lösung der Säure mit salpetersaurem Silber, so scheidet sich zumal beim Abkühlen auf 0° ein farbloser, krystallinischer Niederschlag ab. Er löst sich in der Wärme wieder leicht, und beim Abkühlen auf 0° krystallisieren farblose, mikroskopische, meist prismatisch ausgebildete Formen, die vielfach zu Büscheln oder Sternen verwachsen sind.

Reduktion der Phenylpropiolsäure.

Abweichend von Aronstein und Holleman, sowie von Liebermann und Trucksäß habe ich die Reduktion bei gewöhnlicher Temperatur mit Zinkstaub und verdünnter Essigsäure durchgeführt. Um aber hier eine ausgiebige Wasserstoffentwicklung zu erzielen, war es nötig, eine Spur Platinchlorid zuzufügen. Zu dem Zweck werden 2 g Phenylpropiolsäure in 40 ccm Essigsäure von 50 Proz. gelöst, mit 4 g Zinkstaub versetzt und ein Tropfen einer 10prozentigen Lösung von Platinchlorwasserstoffsäure zugegeben. Die Wasserstoffentwicklung trat sofort ein. Unter fortwährendem Schütteln wurde die Flüssigkeit $3^1/_2$ Stunden unter 20° gehalten, so daß aber stets Wasserstoffentwicklung stattfand. Nachdem jetzt die Flüssigkeit noch 2 Stunden in Eis gestanden hatte, wurde abgesaugt, das Filtrat mit dem vierfachen Volumen Wasser versetzt und auf 0° abgekühlt. Dabei schied sich Zimtsäure ab (0,41 g), die nach dem Umkrystallisieren aus Wasser den Schmelzp. 133° und die Zusammensetzung der Zimtsäure zeigte.

0,2004 g gaben 0,5381 CO_2 und 0,0993 H_2O.

Ber. für $C_9H_8O_2$ (148,06). C 72,94, H 5,45.

Gef. „ 73,23, „ 5,55.

Aus dem Zinkstaub wurden durch Behandlung mit verdünnter Salzsäure und Äther noch 0,01 g Zimtsäure gewonnen. Die essigsauren Mutterlaugen enthielten viel unveränderte Phenylpropiolsäure neben wenig Zimtsäure; sie wurden mit Äther extrahiert und nach dem Verdampfen des Äthers durch Wasser abgeschieden. Gesamtmenge 1,23 g. Daraus konnten 1 g reine Phenylpropiolsäure und 50 mg Zimtsäure isoliert werden. Dagegen wurde Allozimtsäure nicht beobachtet, wozu allerdings bemerkt werden muß, daß die Auffindung sehr kleiner Mengen derselben neben Phenylpropiolsäure und Zimtsäure Schwierigkeiten darbietet.

Bei einem zweiten Versuch, wo die Menge der Essigsäure nur halb so groß war und die Temperatur der Lösung bis 30° kam, war die Reduktion weiter gegangen, denn es wurde fast die doppelte Menge Zimtsäure isoliert.

Ich habe nun auch noch geprüft, ob die Zimtsäure bei diesem Versuch vielleicht aus primär gebildeter Allozimtsäure entstehe, und zu diesem Zweck reine Allozimtsäure, die ich der Güte des Herrn C. Liebermann verdanke, genau unter den gleichen Bedingungen wie bei dem ersten Versuch mit Zinkstaub, Essigsäure und Platin die gleiche Zeit lang in Berührung gelassen. Es zeigt sich, daß hierbei allerdings Zimtsäure entsteht, aber in so kleiner Menge (etwa 3 Proz. der angewandten Allozimtsäure), daß sie für die vorliegende Frage keine wesentliche Bedeutung hat. Ich komme also ebenso wie die Herren Aronstein und Holleman bzw. Liebermann und Trucksäß zum Schluß, daß die Reduktion der Phenylpropiolsäure durch Zinkstaub direkt zur Zimtsäure führt.

Schließlich sage ich den Herren Dr. W. Gluud und Dr. A. Göddertz besten Dank für die bei den Versuchen geleistete Hilfe.

74. Emil Fischer: Waldensche Umkehrung und Substitutionsvorgang. II.

Liebigs Annalen der Chemie **394**, 350 [1912].

(Eingegangen am 3. November 1912.)

Meine erste Abhandlung[1]) mit dem gleichen Titel ist von Hrn. E. Biilmann[2]) einer Kritik unterzogen worden, die darauf hinausläuft, daß mein „Erklärungsversuch" hinfällig sei.

Um dieses Urteil zu begründen, beschäftigt sich Hr. Biilmann nur mit dem Modell, das ich zur Veranschaulichung meiner Schlüsse gebrauchte, und mit der von mir als Beispiel gewählten Umwandlung der aktiven α-Brompropionsäure in Alanin.

Er begeht dabei zunächst den prinzipiellen Fehler, die Thermodynamik zur Grundlage seiner Betrachtungen zu machen, denn gerade das Kapitel der optischen Isomerie ist dadurch ausgezeichnet, daß die Thermodynamik versagt. Ich habe das in meiner ersten Abhandlung ausdrücklich auf folgende Art betont:

„Da optische Antipoden den gleichen Energieinhalt und mithin die gleiche Stabilität besitzen, so ist vom energetischen Standpunkt aus für die Entstehung der beiden Antipoden die gleiche Wahrscheinlichkeit vorhanden. Daß die optische Aktivität erhalten bleibt, können wir uns also nur durch sterische Betrachtungen veranschaulichen."

Den zweiten Fehler des Hrn. Biilmann erblicke ich in der Vorstellung, daß die Loslösung des Halogens vom Kohlenstoff und die Anlagerung des Amids bzw. des Ammoniaks zeitlich getrennte Vorgänge seien. Er spricht nämlich von der ersten „Phase dieser Umwandlung", ferner von dem „leeren Platze", der durch die Entfernung des Halogens entstehe, und von dem Radikal $CH_3 \cdot CH \cdot COONH_4$. Es zieht dann

[1]) Liebigs Ann. d. Chem. **381**, 123 [1911]. (*S. 736.*)
[2]) Liebigs Ann. d. Chem. **388**, 330 [1912].

weiter den Schluß, daß für die Wanderung der anderen Radikale an die Stelle des abgelösten Halogens kein Grund vorliege, weil ja dadurch nur ein Spiegelbild des vorhandenen Systems entstehe. Wenn aber eine solche Wanderung stattfinde, dann müsse sie zum Racemzustand führen.

Von der zeitlichen Trennung der Loslösung des Halogens und der Anlagerung des Amids habe ich nun in meiner Abhandlung gar nichts gesagt. Im Gegenteil, ich halte es für höchst wahrscheinlich, daß die beiden Vorgänge eng miteinander verknüpft sind und gleichzeitig verlaufen.

Der dritte Fehler von Biilmann ist die Behauptung, daß für die von mir gedachte Wanderung der Substituenten keine Ursache vorhanden sei. Er suchte diese Ursache allerdings vergebens in dem Modell, hat aber versäumt, den vorhergehenden Inhalt meiner Abhandlung sorgfältig zu lesen; denn nur im Zusammenhang damit ist das Modell zu betrachten.

Aus dem gesamten experimentellen Material habe ich folgende Schlüsse gezogen.

„Ich bin der Meinung, daß die Waldensche Umkehrung nicht als Umlagerung im gewöhnlichen Sinne aufgefaßt werden darf, sondern ein normaler Vorgang ist und im allgemeinen ebenso leicht erfolgen kann, wie ihr Gegenteil.

Ob die Konfiguration bei der Substitution die gleiche bleibt oder verändert wird, oder ob Racemisierung eintritt, ist einerseits durch das Wesen der benutzten Reaktion und andererseits durch die Natur der anderen am Kohlenstoff haftenden Gruppen bedingt."

Damit ist doch deutlich gesagt, wo nach meiner Meinung die Ursache für den sterischen Verlauf der Substitution zu suchen ist.

Das von mir vorgeschlagene Modell hat, wie ich ausdrücklich angab, nur den Zweck, meine Auffassung des Substitutionsprozesses zu veranschaulichen. Es soll ein Ersatz sein für das bisher übliche starre Modell, das den jetzigen Erfahrungen nicht mehr entspricht.

Hypothetisch ist allerdings die von mir angenommene Bildung von Polymolekülen, aber ich halte sie mit Kekulé, Michael u. a. aus allgemein chemischen Gründen für recht wahrscheinlich. Diese Polymoleküle sind nun meines Erachtens auch für die Erhaltung der Asymmetrie während der Substitution von Bedeutung. Bei obigem Beispiel habe ich der Einfachheit halber angenommen, daß das Ammoniak durch eine Nebenvalenz an den Kohlenstoff gebunden sei, und Hr. Biilmann muß zugeben, daß unter dieser Bedingung auch bei seiner Auffassung meines Modells die Asymmetrie erhalten werden kann. Aber die Anheftung an den Kohlenstoff ist, wie ich zufügte, keine wesentliche Voraussetzung. Man kann sich das Ammoniak auch an einen der vier Substituenten angelagert denken. Die Hauptsache ist, daß es zum Molekül gehört; denn dadurch ist es zu allen übrigen Teilen des Moleküls räumlich orientiert und befindet sich auch bereits innerhalb der Anziehungssphäre des zentralen Kohlenstoffatoms. Wenn später das Halogen sich vom Kohlenstoff ablöst, während gleichzeitig das schon im Molekül vorhandene Ammoniak sich an ihn anlagert, so wird dadurch, wie man sich leicht vorstellen kann, die Beweglichkeit der drei anderen Substituenten so weit beschränkt, daß die ursprüngliche Asymmetrie des Moleküls erhalten bleibt. Dagegen kann die Konfiguration wechseln, denn das Ammoniak wird an der für seine Lage günstigsten Stelle an den Kohlenstoff treten, und diese kann natürlich verschieden sein von der Stelle, die zuvor das Halogen inne hatte.

Alles das sind notwendige Folgerungen der Betrachtung, die ich in der ersten Abhandlung gab. Ich habe sie für selbstverständlich gehalten. Aber aus den Mißverständnissen des Hrn. Biilmann glaube ich doch den Schluß ziehen zu müssen, daß meine Darlegung vielleicht zu knapp gehalten war.

Aus diesen Gründen will ich jetzt auch noch zufügen, daß für die Stelle, welche das Ammoniak im Polymolekül einnimmt, die Natur der Substituenten von großem Einfluß sein könnte. Die Veränderung eines Substituenten, z. B. die Veresterung eines Carboxyls oder der Ersatz des Methyls durch andere Alkyle würde also auch eine andere Stellung des Ammoniaks zur Folge haben können. Mittelst des vorgeschlagenen Modells ist man also sehr wohl imstande, sich eine Vorstellung über den Verlauf einer Waldenschen Umkehrung zu machen. Damit ist aber sein Zweck erfüllt.

Über die wirkliche Ursache der Waldenschen Umkehrung kann allerdings das Modell keine Auskunft geben, weil wir überhaupt nichts Bestimmtes darüber wissen. War es doch zur Zeit, als meine erste Abhandlung erschien, nicht einmal möglich, für irgend eine Substitution mit Sicherheit anzugeben, ob sie mit oder ohne Konfigurationswechsel verläuft! Seitdem ist diese Aufgabe allerdings für einzelne Fälle, z. B für den Übergang von Dibrombernsteinsäure in Weinsäure gelöst (Mc. Kenzie). Damals aber war man ganz auf Hypothesen angewiesen, und das war der Grund, weshalb ich in der ersten Abhandlung die Frage nur gestreift habe.

A. Werner, der gleichzeitig mit mir aus ganz anderen tatsächlichen Beobachtungen bezüglich des sterischen Verlaufs der Substitution dieselben Schlüsse gezogen hat, ist etwas weiter gegangen durch Aufstellung einer Spezialhypothese[1]). Indem er bestimmte Wirkungsrich-

[1]) Berichte d. D. Chem. Gesellsch. **44**, 873 [1911], und Liebigs Ann. d. Chem. **386**, 65 [1911].

tungen des zentralen Kohlenstoffatoms, und zwar nach vier Tetraederflächen unterscheidet, kommt er zu dem Resultat, daß nur dann Waldensche Umkehrung eintritt, wenn die Anziehung des Kohlenstoffatoms nach derjenigen Fläche stattfindet, die dem austretenden Substituenten entgegengesetzt ist.

Viel gewonnen ist mit dieser Vorstellung allerdings nicht, solange man sie nicht zu den Tatsachen in bestimmte Beziehung bringen kann. Immerhin hat die Hypothese den Vorzug der Anschaulichkeit. Ich begreife deshalb den Beifall, den Herr Biilmann ihr spendet. Sie hat aber anderseits den Nachteil der Einseitigkeit, und ich glaube deshalb nicht, daß sie das Phänomen ganz umfaßt.

Außer der Anziehung des zentralen Kohlenstoffatoms können meines Erachtens noch folgende Momente mitwirken:

1. Die Anziehung, welche die vorhandenen Substituenten auf die neu eintretende Gruppe ausüben, und als deren Vorläufer man den eben angedeuteten Einfluß der Substituenten auf die Bildung und Konfiguration des Polymoleküls ansehen kann.

2. Die Raumerfüllung durch die vorhandenen Substituenten, die hier vielleicht eine ähnliche Rolle spielt, wie man sie bei der sogenannten sterischen Hinderung annimmt.

Ob alle drei Momente in Wirklichkeit vorhanden sind, und welches im einzelnen Falle den Ausschlag gibt, entzieht sich vor der Hand ganz unserem Urteil. Jedenfalls sieht man aus dieser Darstellung, wie verschieden die Gesichtspunkte sein können, von denen aus sich die Waldensche Umkehrung betrachten läßt. Die Zurückhaltung, welche ich früher in dieser Frage geübt habe, war deshalb gewiß nicht unberechtigt.

Hr. Biilmann hat auch noch in zwei anderen Punkten es für nötig gehalten, meine Darlegungen zu kritisieren, obschon sie mit der Waldenschen Umkehrung nichts zu tun haben.

Über die Verwandlung der α-Brompropionsäure in Alanin habe ich mich folgendermaßen geäußert:

„Wenn das Halogen vom Kohlenstoff abgelöst wird und in die ionisierte Form übergeht, so kann an seine Stelle entweder das Amid treten, wodurch die Konfiguration nicht geändert wird, oder es tritt einer der drei anderen Substituenten an die Stelle des Halogens und überläßt dafür seinen Platz dem Amid."

Hiergegen wendet Biilmann ein, daß auch tertiäre Amine dieselbe Reaktion geben und daß aus Analogiegründen keine Teilung des Ammoniaks in Wasserstoff und Amid angenommen werden dürfe.

Hr. Biilmann übersieht, daß unter den Bedingungen des Versuchs, bei dem überschüssiges Ammoniak angewendet wird, als wirkliches Produkt das Ammoniaksalz des Alanins und nicht bromwasserstoffsaures Alanin entsteht.

Ob dabei im ersten Moment der Substitution wirklich die Gruppe NH_3Br gebildet wird, ist eine strukturchemische Frage, die zu erörtern für mich gar kein Anlaß vorlag; denn es kam mir offensichtlich doch nur darauf an, den stereochemischen Vorgang, und zwar den Übergang von brompropionsaurem Ammoniak in Alaninammoniak schematisch darzustellen.

Im übrigen habe ich vorsichtigerweise nur von einer Ionisierung des Halogens gesprochen und ausdrücklich bemerkt, daß an meiner sterischen Betrachtung nichts geändert würde, wenn man den Substitutionsvorgang in der früher üblichen Weise so darstelle, daß Aminosäure und Halogenwasserstoff gebildet werden. Dadurch ist meines Erachtens schon gesagt, daß ich vom strukturchemischen Standpunkt aus die letztere Auffassung, also die Spaltung des Ammoniaks im Wasserstoff und Amid für veraltet halte.

Unter diesen Umständen glaube ich also sagen zu dürfen, daß die Belehrung des Hrn. Biilmann zwecklos war. Dasselbe gilt von seiner zweiten Bemerkung über die Dibromide der Hydrobromide von Asparaginsäure und ihren Estern, die von Raske und mir beschrieben wurden.

Er versucht, unsere Beobachtung als bedeutungslos darzustellen, denn „derartige Verbindungen seien in der anorganischen und organischen Chemie recht gewöhnlich und nicht nur bei Aminen bekannt", und es müsse angenommen werden, daß sämtliches Halogen in derartigen Verbindungen dem Anion zugehöre.

Ich entgegne darauf folgendes: Bei den aliphatischen Aminosäuren, die als hauptsächlichstes Versuchsmaterial über die Waldensche Umkehrung bisher gedient haben, sind solche Perbromide von uns zum ersten Mal bereitet worden. Ich habe auf ihre Existenz deshalb Gewicht gelegt, weil sie das erste isolierbare Zwischenprodukt bei dem Übergang von den Aminosäuren zu den Bromsäuren sind, und weil die Aufsuchung solcher Zwischenprodukte mir als eine wichtige Aufgabe des Experimentes erschien; daß ich aber die Lösung der Aufgabe keineswegs als beendet ansehe, beweist folgender Satz, den ich unmittelbar an die Erwähnung der Dibromide anschloß: „Aber damit ist nur ein Teil des wirklichen Vorganges bekannt, denn es werden sicherlich bei der nachträglichen Einwirkung von Nitrosylbromid noch weitere Zwischenprodukte gebildet, deren Isolierung bisher in keinem Falle gelungen ist."

Was Hr. Biilmann mit der Bemerkung, das Halogen gehöre ganz dem Anion an, in bezug auf den Substitutionsprozeß sagen will, ist mir nicht ganz klar. Soll vielleicht das Brom deshalb für den Substitutionsvorgang gar nicht in Betracht kommen? Wenn das die Meinung von Hrn. Biilmann sein sollte, so muß ich sie entschieden bestreiten. Bei aller Achtung vor der Theorie der elektrolytischen Dissoziation scheint es mir doch eine übertriebene Folgerung zu sein, daß die beiden Ionen in bezug auf Umwandlungen, die das eine erfährt, sich wie völlig getrennte und indifferente Massen verhalten sollen. Zudem spielt sich die Reaktion zwischen Aminosäure, Bromwasserstoff, Brom und Stickoxyd unter den üblichen Bedingungen in so konzentrierter Lösung ab, daß sicherlich nur ein Teil der Moleküle elektrolytisch dissoziiert ist.

Schließlich fühle ich mich verpflichtet, über den zweiten spekulativen Teil der Biilmannschen Abhandlung meinerseits eine kritische Bemerkung zu machen.

P. Walden hat 1898—1899 aus eigenen Beobachtungen den Schluß gezogen, daß die Verwandlung von aktiver Brombernsteinsäure in Äpfelsäure bei Anwendung von Alkalien normal, d. h. ohne Änderung der Konfiguration, dagegen bei Anwendung von Silberoxyd anormal verläuft.

Ich habe mich dieser Ansicht zuerst angeschlossen, bin aber später durch das vermehrte tatsächliche Material zu der Überzeugung gelangt, daß das Phänomen zu kompliziert ist und deshalb vor der Hand alle derartigen Schlüsse unsicher sind[1]). Hr. Biilmann hat sich dadurch nicht abhalten lassen, Betrachtungen ähnlicher Art mit ziemlich großer Bestimmtheit anzustellen, und er kommt dabei für die Verwandlung der α-Bromfettsäuren in Oxysäuren gerade zu dem umgekehrten Resultat wie Walden. Die Wirkung des Silberoxyds bzw. die Zersetzung des Silbersalzes soll ohne und diejenige der Alkalien mit Änderung der Konfiguration verlaufen. Mit den Ausnahmen von dieser Regel nimmt er es allerdings ziemlich leicht, wie folgende Fälle zeigen.

Daß Silberoxyd auf α-Brompropionsäure optisch umgekehrt wie auf α-Brompropionylglycin wirkt, erklärt er durch die verschiedene Entfernung des Carboxyls von dem Halogen. Da aber α-Bromisovaleriansäure und α-Bromisovalerylglycin von Silberoxyd in gleichem Sinne verwandelt werden, hier also der verschiedene Abstand zwischen Carboxyl und Brom keinen Einfluß ausübt, so nimmt er spezifische sterische Verhältnisse als Grund dafür in Anspruch. Dieses Moment muß auch herhalten für das gleichartige Verhalten der α-Bromisovaleriansäure gegen Alkali und Silberoxyd.

Als zweites Beispiel der letzten Art kann man wohl die aktive β-Chlorbuttersäure anführen, die sowohl mit heißem Wasser wie mit Silberoxyd dieselbe β-Oxybuttersäure liefert[2]), denn Wasser und Alkalien wirken in der Regel im gleichen Sinne.

---

[1]) Liebigs Ann. d. Chem. **381**, 134 [1911]. (*S. 744.*)

[2]) E. Fischer und H. Scheibler, Berichte d. D. Chem. Gesellsch. **42**, 1220 [1909]. (*S. 806.*)

Daß man hier aber wieder die größere Entfernung von Carboxyl und Halogen für die Ausnahme von der Regel verantwortlich machen könnte, so erwähne ich noch einen dritten Fall, wo auch diese Möglichkeit wegfällt, nämlich die Umwandlung der α-Chlorglutarsäure in Oxyglutarsäure, wo ebenfalls Alkali und Silberoxyd gleichartig wirken[1]. Und zwar würden beide hier einen Konfigurationswechsel bewirken müssen, wenn die weitere Annahme von Biilmann, daß salpetrige Säure und Nitrosylhalogen das nicht tun, richtig sein soll.

Ich sehe voraus, daß man auch für diese Ausnahme wieder eine sogenannte Erklärung, vielleicht in der leichten Bildung der Lactonsäure finden wird. Aber das alles sind so künstliche Konstruktionen, daß ich ihnen keinen Geschmack abgewinnen kann. Vielmehr scheint mir die Ähnlichkeit von Chlorbernsteinsäure und α-Chlorglutarsäure strukturchemisch so groß zu sein, daß man auch bei der Substitution ein ähnliches Verhalten erwarten sollte, wenn dieses von den Faktoren abhängig wäre, die Hr. Biilmann annimmt. Ich glaube deshalb nicht, daß seine Betrachtungen trotz des Beifalls, den G. Senter[2]) ihnen schenkt, für die Beurteilung der Waldenschen Umkehrung ein brauchbares Fundament geben.

Einen anderen Weg haben für diesen Zweck W. A. Noyes und R. S. Potter[3]) eingeschlagen bei der Umwandlung der aminodihydrocampholytischen Säure in die hydroxydihydrocampholytische Säure. Indem sie die Konfiguration der Säuren aus der verschiedenen Leichtigkeit der Anhydridbildung ableiten, kommen sie zum Schlusse, daß durch salpetrige Säure die cis-Aminoverbindung in trans-Hydroxyverbindung verwandelt wird. Damit wäre zum ersten Male auch für die Wirkung der salpetrigen Säure eine Waldensche Umkehrung nachgewiesen. Allerdings sind die beiden Säuren, um die es sich hier handelt, schon recht komplizierte Substanzen mit zwei asymmetrischen Kohlenstoffatomen, und es ist auch nicht möglich, die hier benutzte Methode der Konfigurationsbestimmung auf die einfachen Amino- und Oxysäuren, bei denen die Studien über die Waldensche Umkehrung bisher gemacht wurden, direkt zu übertragen. Immerhin halte ich die Resultate von Noyes und Potter für einen beachtenswerten Versuch auf diesem Gebiete; denn bisher waren nur die von Mc. Kenzie festgestellten Beziehungen zwischen den Dibrombernsteinsäuren und den Weinsäuren als einwandfreie Resultate zu betrachten.

---

[1]) E. Fischer und A. Moreschi, Berichte d. D. Chem. Gesellsch. **45**, 2447 [1912]. (*S. 852.*)

[2]) Berichte d. D. Chem. Gesellsch. **45**, 2318 [1912].

[3]) Americ. Chem. Soc. **34**, 1067 [1912].

Leider habe ich aus der Abhandlung von Noyes und Potter ersehen müssen, daß sie meine theoretischen Betrachtungen in einem Punkt nicht verstanden haben. Sie glauben nämlich, daß ich eine neue Hypothese über die Valenz des Kohlenstoffatoms einführen und diesen vorübergehend als fünfwertig ansehen wolle.

Ich habe allerdings, um das Polymolekül aus α-Brompropionsäure und Ammoniak am Modell darstellen zu können, der Einfachheit halber das Ammoniak durch eine Nebenvalenz an das Kohlenstoffatom treten lassen, aber ausdrücklich dazu bemerkt, daß das für die ganze Betrachtung unwesentlich sei. Es geht daraus deutlich hervor, daß ich nicht einen fünfwertigen Kohlenstoff im gewöhnlichen Sinne proklamieren wollte.

Der Einwand, den Noyes und Potter gegen diesen vermeintlichen Teil meiner Darlegung machen, wird dadurch erledigt. Im übrigen kann ich nicht sehen, daß diese Herren zu meiner allgemeinen Betrachtung irgend etwas Neues hinzugefügt haben.

Die Waldensche Umkehrung wird jetzt von verschiedenen Seiten mit mehr oder weniger Glück studiert. So hat neuerdings Hr. B. Holmberg[1]) geglaubt, die Frage behandeln zu müssen, ob bei der Verseifung einer am asymmetrischen Kohlenstoffatom haftenden Estergruppe Konfigurationswechsel erfolgen könne, und er kommt durch seine Beobachtung bei der *l*-Acetyläpfelsäure zu einem negativen Schluß. Es ist wohl Hrn. Holmberg entgangen, daß schon zahlreiche Beobachtungen dieser Art vorliegen bei den Acetylderivaten der Zucker und Glukoside, wo es sich sogar um mehrere asymmetrische Kohlenstoffatome handelt. Da in keinem Falle eine Konfigurationsänderung gefunden worden ist, so war die von Holmberg behandelte Frage längst entschieden.

Als Ergänzung des Nachtrags[2]) zu der ersten Abhandlung über Waldensche Umkehrung und Substitutionsvorgang will ich noch einige Beobachtungen über die Reduktion der Phenylpropiolsäure mitteilen.

Sie wird durch Wasserstoff und Palladium in Allozimtsäure, dagegen durch Zinkstaub und Essigsäure in gewöhnliche Zimtsäure verwandelt. Da die letzte Reaktion ohne intermediäre Bildung von Allozimtsäure vor sich geht, so habe ich den Schluß gezogen, daß die Addition von Wasserstoff in sterischer Beziehung ganz von den Versuchsbedingungen abhängt und daß die früher übliche sterische Interpretation der Umwandlung von Acetylen- in Äthylenkörper hier ebensowenig der Wirklichkeit entspricht, wie bei der Addition von Halogenen.

---

[1]) Berichte d. D. Chem. Gesellsch. **45**, 2997 [1912].
[2]) Liebigs Ann. d. Chem. **386**, 374 [1911]. (*S. 750.*)

Mir ist nun privatim der Einwand gemacht worden, daß bei der Reduktion mit Zinkstaub wahrscheinlich die Anwesenheit der freien Säure schuld sei an dem vermeintlich anormalen Verlauf der Reaktion. Die folgenden Versuche zeigen aber, daß auch in alkalischer und ammoniakalischer Lösung Zimtsäure gebildet wird.

3 g Phenylpropiolsäure wurden in 100 ccm n-Natronlauge (5 Mol.) gelöst und mit 6 g Zinkstaub 16 Stunden bei gewöhnlicher Temperatur geschüttelt. Die dann filtrierte und durch Nachwaschen mit Wasser auf 160 ccm verdünnte Flüssigkeit gab beim Übersättigen mit 25 ccm 5 n-Salzsäure und Abkühlen einen krystallinischen Niederschlag (2,3 g), der schon fast reine Zimtsäure war.

Der Schmelzpunkt lag bei 131° und stieg durch einmaliges Umkrystallisieren aus der 150fachen Menge heißem Wasser auf 133—134° (korr. 135—136°). Dieses letzte Präparat gab ferner mit reiner Zimtsäure keine Schmelzpunktsdepression und besaß auch die Zusammensetzung der Zimtsäure. (Gef. C 72,93, H 5,42; Ber. C 72,95, H 5,45.)

Aus den Mutterlaugen obiger 2,3 g wurden durch Ausäthern noch 0,6 g Säure erhalten, die allerdings etwa 15° niedriger schmolz, die aber sicherlich zum größeren Teil noch aus Zimtsäure bestand und vielleicht noch kleine Mengen unveränderter Phenylpropiolsäure enthielt.

Durch einen besonderen Versuch habe ich mich überzeugt, daß Allozimtsäure, wenn sie genau in der gleichen Weise mit Zinkstaub und Natronlauge behandelt wird, nicht in Zimtsäure übergeht, sondern unverändert bleibt.

In ammoniakalischer Lösung geht die Reduktion der Phenylpropiolsäure zu Zimtsäure langsamer vonstatten.

0,8 g Phenylpropiolsäure wurden in 30 ccm n-Ammoniak gelöst und mit 2 g Zinkstaub 22 Stunden geschüttelt, dann nach Zugabe der gleichen Menge Zinkstaub und Ammoniaklösung nochmals 43 Stunden geschüttelt. Die aus der filtrierten Flüssigkeit durch Salzsäure gefällte Zimtsäure schmolz direkt bei 132—133° und nach einmaligem Umkrystallisieren aus heißem Wasser bei 133—134° (korr. 135—136°). Sie gab mit Zimtsäure gemischt keine Schmelzpunktsdepression, dagegen eine sehr starke Depression nach dem Mischen mit Phenylpropiolsäure.

Um Mißverständnissen vorzubeugen, will ich übrigens nicht verschweigen, daß die neuesten Beobachtungen von Stoermer und Heymann[1]) über die Beziehungen der Allozimtsäure zum Cumarin auch mir ein ausreichender Beweis zu sein scheinen, daß sie die cis-Verbindung ist.

Dadurch wird aber mein Schluß, daß sowohl Substitutions- wie Additionsreaktionen vor der Hand für Konfigurationsbestimmungen im allgemeinen unbrauchbar sind, nicht berührt.

---

[1]) Berichte d. D. Chem. Gesellsch. **45**, 3099 [1912].

75. Emil Fischer: Zur Kenntnis der Waldenschen Umkehrung. I.*)

Berichte der Deutschen Chemischen Gesellschaft **40**, 489 [1907].

(Vorgetragen in der Sitzung vom Verfasser.)

Vor ungefähr 10 Jahren hat Hr. P. Walden unter dem Titel „Über die gegenseitige Umwandlung optischer Antipoden" fünf Abhandlungen[1]) veröffentlicht, in denen gezeigt wird, daß optisch-aktive Substanzen ohne den Umweg über die Racemkörper direkt in ihre Antipoden verwandelt werden können.

Diese Entdeckung war seit den grundlegenden Untersuchungen Pasteurs die überraschendste Beobachtung auf dem Gebiete der optisch-aktiven Substanzen. Wenn sie trotzdem seither kaum mehr Gegenstand der Diskussion oder experimentellen Forschung gewesen ist, so dürfte das wohl dem Eindruck zuzuschreiben sein, daß das Phänomen durch Walden eine erschöpfende Behandlung erfahren hat.

Seine Versuche erstrecken sich vorzugsweise auf die beiden aktiven Äpfelsäuren, die entsprechenden Halogenbernsteinsäuren und die eine aktive Asparaginsäure. Die wichtigsten Resultate hat Walden in folgendem Schema[2]) zusammengefaßt, in dem die Übergänge unter dem Einfluß des in Klammer gesetzten Agens durch Pfeile angedeutet sind:

```
┌──► (NOCl) ──► l-Chlorbernsteinsäure ◄── (PCl)5 ◄── d-Äpfelsäure
│                   ↓          │                        ▲     ▲
l-Asparaginsäure  (Ag2O)       └──────► (KOH) ──────────┘   (Ag2O)
│                   ↓                                         ▲
└──► (N2O3) ──► l-Äpfelsäure ──► (PCl5) ──► d-Chlorbernsteinsäure
                    ▲                                   │
                    └──────────────(KOH)────────────────┘
```

*) *Die Ziffer I fehlt im Original und ist erst in dieser Ausgabe zugefügt.*

[1]) Berichte d. D. Chem. Gesellsch. **29**, 133 [1896]; **30**, 2795, 3146 [1897]; **32**, 1833, 1855 [1899].

[2]) Berichte d. D. Chem. Gesellsch. **30**, 3151 [1897].

Man ersieht daraus einerseits die Möglichkeit eines Kreisprozesses zwischen den Äpfelsäuren und Chlorbernsteinsäuren, während die Asparaginsäure nur einseitig mit ihnen verknüpft ist. Andererseits erkennt man den Gegensatz zwischen der Wirkung des Kaliumhydroxyds und des Silberoxyds, der später bei einer großen Anzahl anderer Basen wiedergefunden wurde[1]).

Durch eine mustergültige Diskussion seiner Beobachtungen und anderer Erfahrungen der organischen Chemie, und auf Grund der herrschenden Anschauungen über die Natur der Lösungen, kommt Walden zu dem Schluß, daß wahrscheinlich Kaliumhydroxyd und Phosphorpentachlorid optisch normal, d. h. ohne Änderung der Konfiguration wirken, daß aber das Gegenteil für Silberoxyd anzunehmen sei. Selbstverständlich muß dann die Wirkung von salpetriger Säure und Nitrosylchlorid optisch in entgegengesetztem Sinne erfolgen. Die Frage, welche von diesen beiden Reaktionen normal sei, läßt Walden[2]) aber offen.

Auch bezüglich des Phosphorpentachlorids und Silberoxyds ist er wohl nicht der Ansicht gewesen, daß die Frage, an welcher Stelle des Kreisprozesses die sterische Umwandlung stattfindet, bereits durch seine Beobachtungen endgültig entschieden sei.

Schon die Annahme, daß Silberoxyd in wäßriger Lösung bei verhältnismäßig niederer Temperatur anormal wirke, im Gegensatz zur Kalilauge, von der man auch viele strukturchemische Umlagerungen kennt, dürfte manchem organischen Chemiker befremdend erscheinen. Noch mehr gilt das aber von der Voraussetzung, daß salpetrige Säure und Nitrosylchlorid in entgegengesetztem Sinne reagieren.

Durch das praktische Bedürfnis, aktive Halogenfettsäuren für den Aufbau der Polypeptide zu benutzen, und durch den Wunsch, eine sichere experimentelle Grundlage für ein einheitliches sterisches System der natürlichen aktiven, aliphatischen Verbindungen zu schaffen, bin ich veranlaßt worden, die Versuche Waldens fortzusetzen.

In Gemeinschaft mit O. Warburg konnte ich schon vor $1^1/_2$ Jahren zeigen[3]), daß die einfachste optisch-aktive Aminosäure, das Alanin, nicht allein unter dem Einfluß des Nitrosylbromids in aktive α-Brompropionsäure übergeht, sondern daß diese auch leicht in aktives Alanin zurückverwandelt werden kann, und daß hierbei der gleiche Wechsel der Konfiguration eintritt, den ich der Kürze halber als „Waldensche Umkehrung" bezeichnet habe[4]).

---

[1]) Walden, Berichte d. D. Chem. Gesellsch. **32**, 1833 und 1855 [1899].
[2]) Berichte d. D. Chem. Gesellsch. **32**, 1862 [1899].
[3]) Liebigs Ann. d. Chem. **340**, 171 [1905]. (*Proteine I, S. 500.*)
[4]) Berichte d. D. Chem. Gesellsch. **39**, 2895 [1906]. (*S. 324.*)

Aus den Beobachtungen, die später auch auf das Leucin[1]) und Phenylalanin[2]) ausgedehnt wurden, ergibt sich ein Kreisprozeß, der dem von Walden für Äpfelsäure und Halogenbernsteinsäure studierten an die Seite gestellt werden kann, wie folgendes Schema zeigt:

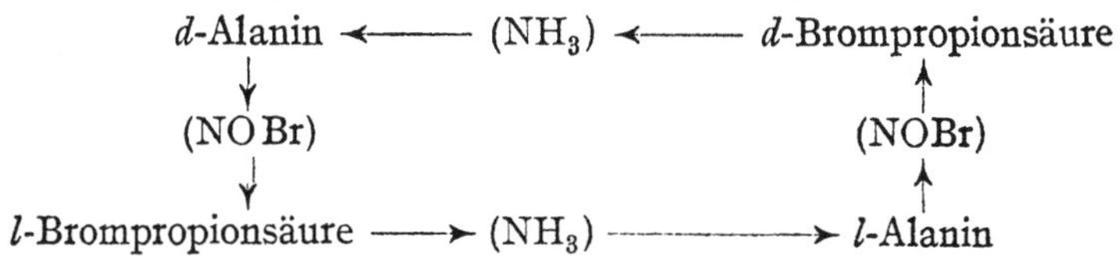

Man sieht, daß auch hier zwei Möglichkeiten vorhanden sind. Der Wechsel der Konfiguration erfolgt entweder bei der Wirkung des Nitrosylbromids oder bei der Wirkung des Ammoniaks. Der Fall unterscheidet sich von demjenigen der Asparaginsäure dadurch, daß die Rückverwandlung der Bromfettsäure in Aminosäure sehr leicht stattfindet, während diese Reaktion bei der Halogenbernsteinsäure von Walden[3]) vergebens versucht wurde.

Damit waren der experimentellen Behandlung des Phänomens neue Möglichkeiten eröffnet. Zunächst habe ich mich bemüht, die Wirkung des Ammoniaks auf die α-Brompropionsäure einer genauen Prüfung zu unterziehen. Sie hat ergeben, daß die Rückverwandlung in Aminosäure stets im gleichen Sinne erfolgt, einerlei, ob die aktive Brompropionsäure oder ihr Ester mit einer wäßrigen Lösung von Ammoniak oder mit reinem, flüssigen Ammoniak behandelt wird. Endlich blieb das Resultat auch dasselbe, als der *l*-Brompropionsäureäthylester mit Phthalimidkalium erhitzt wurde. Es entstand dabei ein aktiver Phthalyl-alaninäthylester, der als Derivat des *l*-Alanins charakterisiert werden konnte. Allerdings findet bei allen diesen Reaktionen mehr oder weniger Racemisierung statt, aber das ist nicht auffallend, da sie bei Substitutionen am asymmetrischen Kohlenstoffatom nur sehr selten ganz vermieden werden kann.

In gleicher Weise habe ich die experimentellen Bedingungen für die Wirkung des Nitrosylbromids variiert, bin aber hier bald zu einem anderen überraschenden Resultat gelangt; denn der Äthylester des Alanins verhält sich gerade umgekehrt wie die freie Aminosäure. Aus *d*-Alaninäthylester entsteht nämlich in ziemlich reichlicher Menge der Ester der *d*-Brompropionsäure. Wir haben also folgende beide Übergänge:

d-Alanin ——→ (NOBr) ——→ *l*-Brompropionsäure,

d-Alaninester ——→ (NOBr) ——→ *d*-Brompropionsäureester

---

[1]) Berichte d. D. Chem. Gesellsch. **39**, 2895 [1906]. (*S. 324.*)

[2]) Nach Versuchen von Dr. Schöller, die später veröffentlicht werden. (*Vergl. S. 473.*)

[3]) Berichte d. D. Chem. Gesellsch. **32**, 1862 [1899].

und es liegt auf der Hand, daß bei einem derselben eine Umkehrung der Konfiguration stattfinden muß. Hält man das zusammen mit den obigen Beobachtungen über die Rückverwandlung der Halogensäure in Aminosäure, die unter allen Umständen im selben sterischen Sinne erfolgt, so kommt man zu dem Schlusse, daß die Waldensche Umkehrung bei der Wirkung des Nitrosylbromids eintritt.

Das gleiche Resultat habe ich bei dem *l*-Leucinester gefunden, und nach Versuchen, die ich gemeinschaftlich mit Dr. Raske anstellte, die aber erst später veröffentlicht werden sollen, gilt es auch für den Äthylester der *l*-Asparaginsäure. Es handelt sich also offenbar um eine allgemeine Erscheinung.

Das prinzipiell Neue an meiner Beobachtung ist die Feststellung, daß dasselbe Reagens (Nitrosylbromid) bei sehr ähnlichen Körpern, wie Säure und Ester, einmal optisch-normal und das andere Mal anormal wirken kann.

Ich komme jetzt zu dem anderen, von Walden besonders studierten optischen Kreisprozeß zwischen Halogen- und Oxysäure. Hier erfolgt die Umkehrung entweder bei der Wirkung des Silberoxyds oder bei der Wirkung des Kaliumhydroxyds, beziehungsweise des Phosphorpentachlorids.

Da das letzte nach den Beobachtungen Waldens sowohl mit den freien Oxysäuren, wie mit deren Estern im gleichen optischen Sinne reagiert und die Ester nach meiner Erfahrung weniger geneigt zu optischen Umkehrungen sind, so gewinnt schon dadurch die Ansicht Waldens, daß es sich hier um eine Normalreaktion handle, an Wahrscheinlichkeit. Trotzdem schien mir eine neue experimentelle Prüfung der Verhältnisse erwünscht. Aus besonderen Gründen habe ich sie bei den Derivaten der Propionsäure durchgeführt.

Beziehungen der aktiven Milchsäuren zu den Halogen- und Aminopropionsäuren sind schon bekannt. Walden hat die *d*-Milchsäure (Fleischmilchsäure) in *d*-Chlor- beziehungsweise *d*-Brompropionsäure oder deren Ester übergeführt[1]). Umgekehrt liefert die *d*-Chlorpropionsäure mit Silberoxyd in wäßriger Lösung nach Purdie und Williamson *l*-Milchsäure[2]). Ferner wird das natürliche *d*-Alanin durch salpetrige Säure in *d*-Milchsäure verwandelt[3]).

Ich habe diese Beobachtungen durch die folgenden ergänzt: *d*-Brompropionsäure wird analog der Chlorverbindung, aber leichter und bei niedrigerer Temperatur, durch Silberoxyd bezw. Silbercarbonat

[1]) Berichte d. D. Chem. Gesellsch. **28**, 1293 [1895].

[2]) Journ. Chem. Soc. **69**, 837 [1896].

[3]) E. Fischer u. A. Skita, Zeitschr. f. physiol. Chem. **33**, 190 [1901]. (*Proteine I, S. 644.*)

in *l*-Milchsäure, dagegen durch verdünnte Kalilauge bei etwas höherer Temperatur in *d*-Milchsäure übergeführt, sodaß also hier derselbe Gegensatz zwischen Silberoxyd und Alkali besteht, den Walden bei den Halogenbernsteinsäuren beobachtet hat. Von der Ansicht Waldens geleitet, daß wahrscheinlich beim Silberoxyd die Umkehrung erfolgt, habe ich weiter versucht, sie durch Abänderung der Bedingungen, ähnlich wie beim Alanin, zu verhindern. Die Versuche mit dem Ester sind leider ebenso wie diejenigen von Purdie und Williamson[1]) mit Chlorpropionsäureester und von Walden[2]) mit Halogenbernsteinsäureester fehlgeschlagen, weil beim Schütteln des Esters mit Wasser und Silberoxyd in der Kälte kaum eine Einwirkung stattfindet, während bei höherer Temperatur durch partielle Verseifung komplizierte Verhältnisse entstehen. Ich habe deshalb ein anderes Derivat der α-Brompropionsäure, und zwar die Verbindung mit dem Glykokoll, die mir von den Polypeptidsynthesen her wohl bekannt ist, für diesen Zweck benutzt.

Die Vorversuche wurden mit dem inaktiven α-Brompropionylglycin, $CH_3CHBr \cdot CO \cdot NHCH_2COOH$, ausgeführt. In wäßriger Lösung mit Silbercarbonat versetzt, bildet es zuerst ein schwer lösliches, farbloses Silbersalz, das aber beim längeren Stehen mit der Flüssigkeit und überschüssigem Silbercarbonat bei 37° das Halogen vollständig verliert und sich in eine krystallisierte Substanz, $C_5H_9O_4N$, verwandelt. Diese darf man als das inaktive Lactylglycin, $CH_3 \cdot CH(OH) \cdot CO \cdot NH \cdot CH_2 \cdot COOH$, betrachten, da sie bei der Hydrolyse Milchsäure liefert.

Bei der Übertragung der Reaktion auf das aktive *l*-Brompropionylglycin resultierte ein ähnliches Produkt, das bisher allerdings nur als Sirup erhalten wurde, und durch Hydrolyse mit verdünnter Schwefelsäure entstand daraus optisch ziemlich reine *l*-Milchsäure.

Man hat also wiederum folgende beide Übergänge:

$$l\text{-Brompropionsäure} \rightarrow (Ag_2O) \rightarrow d\text{-Milchsäure.}$$

$$l\text{-Brompropionylglycin} \rightarrow \left\{\begin{matrix} Ag_2O \text{ u.} \\ \text{Hydrolyse} \end{matrix}\right\} \rightarrow l\text{-Milchsäure.}$$

Damit ist für Silbercarbonat, bezw. Silberoxyd, genau so wie für Nitrosylbromid der Beweis geliefert, daß es optisch anormal wirken kann, und aus denselben Gründen, die oben für Nitrosylbromid dargelegt sind, muß man auch hier annehmen, daß die Umkehrung der Konfiguration bei der Brompropionsäure eintritt, wie es Walden schon für die Halogenbernsteinsäuren angenommen hat.

Aus diesen Beobachtungen ergeben sich bezüglich der Waldenschen Umkehrung für die bisher studierten Fälle folgende Schlüsse:

---

[1]) Journ. Chem. Soc. **69**, 837 [1896].

[2]) Berichte d. D. Chem. Gesellsch. **32**, 1852 [1899].

1. Sie ist beschränkt auf die Wechselwirkung zwischen Halogennitrosyl und der Aminogruppe oder zwischen Halogenfettsäuren und Silberoxyd (beziehungsweise den analog wirkenden Basen).

2. Sie ist bedingt durch die Anwesenheit des Carboxyls.

Ob die α-Stellung des letzteren auch wesentlich ist, wie ich vermute, müssen weitere Beobachtungen entscheiden.

Durch diese Erkenntnis ist zunächst die große Unsicherheit beseitigt, welche die Möglichkeit der Umkehrung bei praktischen Konfigurationsbestimmungen mit sich brachte. Besonders gilt das für die Wirkung der salpetrigen Säure, die zur Verknüpfung der wichtigen Aminosäuren mit den Oxysäuren dient, und die man jetzt wieder ohne Bedenken als optisch normale Reaktion ansehen kann.

Ferner erinnert mich der Einfluß, den das Carboxyl hier ausübt und der durch die Veresterung oder durch die amidartige Verkupplung mit dem Glykokoll verloren geht, an die Erfahrungen bei den Säuren der Zuckergruppe, wo die sterische Umlagerung beim Erhitzen mit Chinolin oder Pyridin auch nur an dem mit Carboxyl unmittelbar verbundenen asymmetrischen Kohlenstoffatom erfolgt.

Einen ähnlichen Einfluß hat hier die Aldehydgruppe, denn bei der Wirkung von warmem Alkali auf die Zucker selbst findet auch eine sterische Umlagerung an dem α-Kohlenstoffatom statt. Voraussichtlich wird man die gleiche Erscheinung bei anderen negativen Gruppen, z. B. dem Cyan, der Keto- oder Nitrogruppe usw., wiederfinden.

Eine derartige Erweiterung der Erfahrungen scheint mir nicht allein sehr wünschenswert im Interesse der praktischen Konfigurationsbestimmungen, sondern auch durchaus notwendig, um einen besseren Einblick in das Wesen der Waldenschen Umkehrung zu gewinnen; denn die bisherigen Erklärungsversuche entbehren noch der sicheren Grundlage. Der erste rührt von H. E. Armstrong[1]) her, hat aber keine Bedeutung mehr, da er sich auf die Wechselwirkung zwischen Phosphorpentachlorid und den Oxysäuren bezieht, bei der wir keine Konfigurationsänderung mehr anzunehmen haben. Ich glaubte, ihn aber doch anführen zu müssen, da er wahrscheinlich einen richtigen Grundgedanken, nämlich die Annahme eines Zwischenproduktes, enthält. Viel phantastischer ist ein zweiter Versuch von Winther[2]), der sich auf die gleiche Reaktion bezieht und außerdem nur für die Äpfelsäure gelten würde.

Ungleich größere Bedeutung haben die Betrachtungen von Walden über die anormale Wirkung des Silberoxyds. Er vermutet, daß bei der Einwirkung von Silberoxyd oder dem ähnlich reagierenden Quecksilberoxyd auf die Halogensäuren „lockere intermediäre Additionsprodukte“

---

[1]) Journ. Chem. Soc. **69**, 1399 [1896].

[2]) Chem. Centralbl. **1896**, II, 22.

entstehen, und daß bei deren Zerfall „intramolekulare Umgruppierungsreaktionen" eintreten, welche die Umkehrung der Konfiguration zur Folge haben[1]).

Ob von den verschiedenen Schematas, die er hierfür als Möglichkeiten anführt, eines der Wirklichkeit entspricht, läßt sich allerdings nicht sagen. Ich bin mit Walden der Ansicht, daß die Annahme von Additionsprodukten dem jetzigen Stand unserer Kenntnisse am besten entspricht, denn es bricht sich immer mehr die Überzeugung Bahn, daß allgemein, auch bei den gewöhnlichen Substitutionsvorgängen, vorübergehende Additionen stattfinden, wie es schon Kekulé u. a. für wahrscheinlich erklärt haben.

Ein solches Zwischenprodukt habe ich nun tatsächlich beobachtet, wie im experimentellen Teil angeführt ist, bei der Einwirkung von Brom auf die Ester der Aminosäuren. Bei dem Asparaginsäureester ist es sogar schön krystallisiert und hat nach den Analysen von Dr. Raske die Formel $C_8H_{15}O_4NHBr \cdot Br_2$.

Diese Additionsprodukte erfahren bei der Behandlung mit Stickoxyd die Verwandlung in Bromfettsäureester. Wie das vor sich geht, ist allerdings noch unklar, aber ich halte es für sehr wahrscheinlich, daß hierbei ein zweites Zwischenprodukt gebildet wird. Bei den freien Aminosäuren liegen die Verhältnisse ähnlich, denn bei der Asparaginsäure läßt sich auch ein krystallisiertes Bromadditionsprodukt isolieren. Wenn man sich nun vorstellt, daß dieses addierte Brom sich in der Wirkungssphäre des asymmetrischen Kohlenstoffatoms befindet etwa in der Art, wie es von A. Werner in den sterischen Koordinationsformeln angenommen wird, so läßt sich ein Schema konstruieren, bei dem die Waldensche Umkehrung keinen Platzwechsel zwischen Gruppen am asymmetrischen Kohlenstoffatom verlangt, sondern bei Ablösung der Stickstoffgruppe nur eine gleitartige Verschiebung des Carboxyls an seine Stelle stattfindet.

Allerdings kann dieselbe Änderung der Konfiguration auch bei Abwesenheit von freiem Brom durch Natriumnitrit und Bromwasserstoffsäure bewirkt werden, wie Versuche von Dr. Schoeller beim Phenylalanin ergeben haben. Indessen ist es wohl möglich, daß hier der Bromwasserstoff eine ähnliche Rolle spielt, wie in den anderen Fällen das freie Brom.

Die genauere Darlegung dieser ganzen Betrachtung will ich aufschieben, bis das experimentelle Material vollkommener geworden ist. Ich glaube aber, die Hoffnung aussprechen zu dürfen, daß ein genaueres Studium der Veränderungen am asymmetrischen Kohlenstoffatom uns

---

[1]) Berichte d. D. Chem. Gesellsch. **32**, 1850 [1899].

einen besseren Einblick in den Verlauf der gewöhnlichen Substitutionsvorgänge verschaffen wird. Schon die bisher bekannten Tatsachen führen z. B. zu der Überzeugung, daß Anschauungen, wie sie Hr. Nef[1]) über den Verlauf der Hofmannschen Darstellung der Amine geäußert hat, für die Halogenfettsäuren ganz unhaltbar sind, und deshalb auch für andere Fälle sehr an Wahrscheinlichkeit verlieren.

Fände nämlich bei der Einwirkung des Ammoniaks auf die aktive Brompropionsäure zuerst eine Dissoziation der letzteren in Bromwasserstoff und die Gruppe $CH_3 . \underset{\wedge}{C} . COOH$ statt, so könnte die spätere Anlagerung von Ammoniak nur unter Verlust der optischen Aktivität erfolgen, was der Erfahrung widerspricht.

l-Brompropionsäure-äthylester und flüssiges Ammoniak.

Ein klares Gemisch von 2 g des Esters und ungefähr 10 g flüssigem, trocknem Ammoniak blieb im verschlossenen Rohr 4 Tage bei 25° stehen. Dann wurde das Rohr geöffnet und das Ammoniak verdunstet. Der Rückstand war ein Gemenge von Krystallen mit einer dicken Flüssigkeit und löste sich klar in Wasser. Behufs Zerstörung des zu erwartenden Alaninamids wurde die Flüssigkeit mit überschüssigem Bromwasserstoff versetzt und auf dem Wasserbade verdampft. Der Rückstand löste sich klar in heißem Alkohol, und als diese Lösung mit überschüssigem alkoholischem Ammoniak versetzt und tüchtig gekocht wurde, schied sich das Alanin krystallinisch ab. Nach zweimaligem Fällen aus konzentrierter, wäßriger Lösung mit Alkohol besaß das Präparat alle Eigenschaften des Alanins, und nach der optischen Untersuchung des Hydrochlorats bestand es zum größeren Teil aus der *l*-Verbindung.

0,2603 g Sbst. gelöst in 3,3 ccm *n*-Salzsäure. Gesamtgewicht der Lösung 3,7440 g, $d^{20} = 1,03$. Drehung im 1 dcm-Rohr bei 20° und Natriumlicht 0,68° ± 0,02° nach links. Mithin für das Hydrochlorat

$$[\alpha]_D^{20} = -6,7^\circ (\pm 0,3^\circ) .$$

l-Brom-propionsäure und flüssiges Ammoniak.

Der Versuch wurde genau so wie der vorhergehende ausgeführt. Auch hier war das isolierte Alanin zum größeren Teil *l*-Verbindung. Für das salzsaure Salz wurde gefunden

$$[\alpha]_D^{20} = -5,7^\circ .$$

[1]) Liebigs Ann. d. Chem. **298**, 269 [1897].

Verwandlung des *l*-Brompropionsäure-äthylesters in Phthalyl-*l*-alaninäthylester.

Die Reaktion ist bei dem inaktiven Brompropionsäureester schon von S. Gabriel und Colman[1]) durch Erhitzen mit Phthalimidkalium auf 150—160° ausgeführt worden. Um Racemisierung möglichst zu vermeiden, schien es mir ratsam, bei der aktiven Substanz die Temperatur niedriger zu halten.

Dementsprechend wurden 5 g *l*-Brompropionsäureäthylester mit dem Drehungswinkel — 37,4° mit 6 g (1,2 Mol.) fein gepulvertem und gesiebtem, scharf getrocknetem Phthalimidkalium sorgfältig gemischt und im Ölbade 5 Stunden auf 125° erhitzt. Die anfangs ziemlich feste Masse hatte zum Schluß eine honigartige Konsistenz. Bei der Behandlung der Schmelze mit heißem Wasser blieb ein bräunliches Öl ungelöst, das beim Abkühlen und öfteren Reiben nach einigen Stunden erstarrte.

Die Krystallisation tritt sehr rasch ein, wenn man impfen kann. Die krystallinische Masse wurde filtriert, im Vakuumexsiccator getrocknet und mit ungefähr 75 ccm Ligroin (Spd. 80—100°) sorgfältig ausgekocht, wobei ein reichlicher Rückstand blieb. Aus dem Filtrat schied sich in der Kälte der Phthalyl-alaninester in Krystallen ab. Die Ausbeute betrug nur 1,9 g. Man kann sie durch Steigern der Temperatur und längeres Erhitzen erhöhen, läuft aber dabei Gefahr, noch eine größere Racemisierung zu bewirken. Zur völligen Reinigung wurde das Produkt aus etwa 8 Volumteilen kochendem Ligroin unter Zusatz von etwas Tierkohle umkrystallisiert. Das farblose Präparat zeigte dann nach dem Trocknen im Vakuum über Phosphorpentoxyd den Schmp. 58—60°.

0,1818 g Sbst.: 8,9 ccm N (18°, 764 mm). — 0,1727 g Sbst.: 0,4010 g CO_2, 0,0803 g H_2O.

$C_{13}H_{13}O_4N$ (247). Ber. C 63,16, H 5,26, N 5,67.
Gef. „ 63,32, „ 5,20, „ 5,70.

Von dem reinen Racemkörper unterscheidet es sich durch den etwas niedrigeren Schmelzpunkt und die größere Löslichkeit, besonders in Ligroin. Es ist aber selbst keineswegs einheitlich, sondern wie der Vergleich mit dem auf anderem Wege gewonnenen Antipoden zeigt, ziemlich stark durch Racemkörper verunreinigt.

Für die optische Bestimmung dienten zwei Präparate, die von verschiedenen Operationen herrührten.

0,3075 g Sbst., gelöst in absolutem Alkohol. Gesamtgewicht der Lösung 3,0563 g. $d^{20} = 0,8221$. Drehung im 1 dcm-Rohr bei 20° und Natriumlicht 0,55° (± 0,02°) nach rechts. Mithin

$$[\alpha]_D^{20} = +\ 6,65°\ (\pm\ 0,2°)\,.$$

---

[1]) Berichte d. D. Chem. Gesellsch. **33**, 988 [1900]; vergl. auch R. Andreasch, Monatsh. f. Chem. **25**, 774 [1904].

Für die zweite Bestimmung wurde das aus Ligroin umkrystallisierte Produkt so gereinigt, daß die zuerst ausgeschiedenen Krystalle bei etwa 35° abfiltriert wurden und das aus der Mutterlauge in der Kälte ausgeschiedene Produkt für die optische Bestimmung diente.

0,3192 g Sbst., gelöst in absolutem Alkohol. Gesamtgewicht der Lösung 3,1272. $d^{20} = 0{,}822$. Drehung im 1 dcm-Rohr bei 20° und Natriumlicht 0,60° (± 0,02°) nach rechts. Mithin

$$[\alpha]_D^{20} = +7{,}15° (\pm 0{,}2°).$$

Da bei dem optischen Antipoden unter denselben Bedingungen die spezifische Drehung — 12,46° gefunden wurde, so enthielt das Präparat mindestens 42% Racemverbindung.

Phthalyl-*d*-alanin.

Daß racemisches Alanin sich leicht mit Phthalsäureanhydrid beim Erhitzen auf 150—170° verbindet, ist von R. Andreasch[1]) und später auch von S. Gabriel[2]) gezeigt worden. Aus denselben Gründen wie beim vorigen Versuch wurde die Temperatur bei der aktiven Aminosäure niedriger gehalten.

5 g *d*-Alanin (für Hydrochlorat $[\alpha]_D^{20} = +9{,}6°$) wurden mit 9 g Phthalsäureanhydrid sorgfältig gemischt und im Ölbade 7 Stunden auf 120—125° erhitzt. Das Entweichen von Wasserdampf war zum Schluß kaum mehr bemerkbar. Die hornartige Schmelze wurde zunächst mit etwa 20 ccm heißem Wasser behandelt, dann abgekühlt und fleißig gerieben, wobei sie bald krystallinisch erstarrte. Sie wurde filtriert und dann mit ungefähr 200 ccm Wasser tüchtig ausgekocht. Aus dem Filtrat fiel beim Erkalten zuerst ein Öl aus, das beim Abkühlen bald erstarrte. Die Ausbeute betrug 9 g oder 68% der Theorie. Zur Reinigung wurde das Produkt zweimal aus der 22-fachen Menge kochendem Wasser umkrystallisiert. Nach dem Trocknen im Vakuum über Phosphorpentoxyd zeigte es dann die Zusammensetzung des Phthalylalanins.

0,1666 g Sbst.: 0,3676 g CO_2, 0,0606 g H_2O. — 0,1728 g Sbst.: 9,6 ccm N (18°, 748 mm).

$C_{11}H_9O_4N$ (219). Ber. C 60,27, H 4,11, N 6,39.
Gef. „ 60,18, „ 4,07, „ 6,33.

Im Capillarrohr fing die Substanz gegen 139° an weich zu werden und schmolz völlig bei 150—151° (korr.). Nach dem Schmelzpunkt ist ihre Homogenität mir etwas zweifelhaft; ich halte es vielmehr für wahrscheinlich, daß sie etwas Racemkörper enthielt, dessen Entstehung bei

1) Monatsh. f. Chem. **25**, 779 [1904].
2) Berichte d. D. Chem. Gesellsch. **38**, 634 [1905].

der verhältnismäßig hohen Temperatur der Reaktion wohl kaum zu vermeiden ist. Das Präparat war leicht löslich in Alkohol, Äther, Aceton, dagegen sehr schwer in Ligroin. Aus heißem Wasser fiel es immer zuerst ölig aus und krystallisierte später in kleinen, meist vierseitigen, schiefen Blättchen.

Zur optischen Bestimmung diente eine Lösung in absolutem Alkohol.

I. 0,2992 g Sbst., gelöst in absolutem Alkohol. Gesamtgewicht der Lösung 3,0438. $d^{20} = 0,8267$. Drehung im 1 dcm-Rohr bei 20° und Natriumlicht 1,45° (± 0,02°) nach links. Mithin

$$[\alpha]_D^{20} = -17,84^\circ (\pm 0,2^\circ).$$

II. 0,3355 g Sbst., gelöst in absolutem Alkohol. Gesamtgewicht der Lösung 3,3260 g. $d^1 = 0,8270$. Drehung im 1 dcm-Rohr bei 20° und Natriumlicht 1,47° (± 0,02°) nach links. Mithin

$$[\alpha]_D^{20} = -17,62^\circ (\pm 0,2^\circ).$$

Daß die Verbindung wirklich ein Derivat des *d*-Alanins, aus dem sie bereitet wurde, ist und auch keine großen Mengen Racemkörper enthält, geht aus der Rückverwandlung in *d*-Alanin hervor.

Zu dem Zweck wurden 3 g mit 15 ccm 20-prozentiger Salzsäure drei Stunden am Rückflußkühler gekocht. Nach etwa $^3/_4$ Stunden trat klare Lösung ein, und gegen Schluß der Operation erfolgte schon in der Hitze die Krystallisation von Phthalsäure. Sie wurde nach gutem Abkühlen der Lösung abfiltriert, die Mutterlauge auf dem Wasserbade zur Trockne verdampft und aus dem Rückstand das salzsaure Alanin mit wenig eiskaltem Wasser ausgelaugt. Das Filtrat wurde abermals unter Zusatz von einigen Tropfen Salzsäure eingedampft, der Rückstand mit warmem Alkohol und einigen Tropfen alkoholischer Salzsäure gelöst und durch Äther das salzsaure Alanin krystallinisch gefällt. Seine Menge betrug 1,5 g (berechnet 1,7 g), und das Präparat zeigte die spezifische Drehung $[\alpha]_D^{20} = +8,7^\circ$, während ganz reines salzsaures Alanin $+10,3^\circ$ hat.

Phthalyl-*d*-alaninäthylester.

Zur Veresterung wurde eine Lösung von 2 g des zuvor beschriebenen Phthalyl-*d*-alanins in 20 ccm absolutem Alkohol ohne Kühlung mit gasförmiger Salzsäure gesättigt, die Flüssigkeit noch 2 Stunden bei gewöhnlicher Temperatur aufbewahrt, dann in Eiswasser eingegossen, das abgeschiedene Öl ausgeäthert, die ätherische Schicht abgehoben, mit Sodalösung gewaschen und schließlich mit festem Kaliumcarbonat getrocknet. Nachdem der Äther verdampft und der Rückstand mit ca. 20 ccm Ligroin versetzt war, schied sich beim starken Abkühlen und Reiben der Phthalyl-*d*-alaninester bald krystallinisch ab. Er wurde filtriert und aus 3 Volumteilen heißem Ligroin (80—100°) umkrystallisiert.

Die Substanz schmolz bei 54—56° (korr.), also erheblich niedriger wie der Racemkörper, und wurde für die Analyse im Vakuum über Phosphorpentoxyd getrocknet.

0,1707 g Sbst.: 0,3954 g CO_2, 0,0801 g H_2O. — 0,1689 g Sbst.: 8,5 ccm N (18°, 750 mm).

$C_{13}H_{13}O_4N$ (247). Ber. C 63,16, H 5,26, N 5,67.
Gef. „ 63,17, „ 5,25, „ 5,75.

I. 0,3113 g Sbst., gelöst in absolutem Alkohol. Gesamtgewicht der Lösung 3,0609 g. $d^{20} = 0,8217$. Drehung im 1 dcm-Rohr bei 20° und Natriumlicht 1,03° (± 0,02°) nach links. Mithin

$$[\alpha]_D^{20} = -12,33° (\pm 0,2°).$$

II. 0,3273 g Sbst., gelöst in absolutem Alkohol. Gesamtgewicht der Lösung 3,1944 g. $d^{20} = 0,8223$. Drehung im 1 dcm-Rohr bei 20° und Natriumlicht 1,05° (± 0,02°) nach links. Mithin

$$[\alpha]_D^{20} = -12,46° (\pm 0,2°).$$

Ob das Präparat optisch ganz rein war, ist schwer zu sagen, aber daß es erhebliche Mengen des Racemkörpers enthielt, ist unwahrscheinlich, denn das als Ausgangsmaterial dienende Phthalyl-*d*-alanin war optisch verhältnismäßig rein, und bei der Veresterung unter den angewandten Bedingungen tritt nach meinen Erfahrungen keine erhebliche Racemisierung ein.

Ich bemerke übrigens, daß diese Substanz nur zum Vergleich mit dem oben beschriebenen optischen Antipoden, der aus *l*-Brompropionsäureäthylester entsteht, bereitet wurde, und daß es hierfür auf absolute optische Reinheit ankam.

Einwirkung von Brom und Stickoxyd auf *d*-Alaninester.

Als Lösungsmittel diente wäßrige Bromwasserstoffsäure von 20%, von der aber so wenig zur Anwendung kam, daß sie nicht ganz zur Bildung des Bromhydrats ausreichte. Dagegen schien ein Überschuß von Brom notwendig zu sein. Dementsprechend wurden 26 ccm Bromwasserstoffsäure (20%) mit 14 g Brom versetzt, die sich nur teilweise lösten, dann in einer Kältemischung stark abgekühlt und nun allmählich unter Umschütteln 10 g *d*-Alaninäthylester[1]), der aus ganz reinem *d*-Alanin bereitet war, zugefügt. Hierbei bildet sich allem Anschein nach zuerst ein Additionsprodukt von Ester und Brom, wie es später beim Leucinester genauer beschrieben ist. Die Masse besteht aus

[1]) Der reine Ester hat ein sehr schwaches Drehungsvermögen. Im 2-dcm-Rohr betrug die Drehung bei 18° nur 0,30° nach links.

2 Schichten, von denen die untere dunkelrote in der Kälte fast völlig erstarrt. Nun wurde unter häufigem Umschütteln ein ziemlich starker Strom von Stickoxyd eingeleitet und nach $1^1/_2$ Stunden noch 6 g Brom zugefügt. Nach weiterem $2^1/_2$-stündigen Einleiten von Stickoxyd war die feste Masse ganz verschwunden und an ihre Stelle ein dickes, braunes Öl getreten. Dieses wurde ausgeäthert, die ätherische Lösung mit einer verdünnten wäßrigen Lösung von schwefliger Säure zur völligen Entfernung des Broms und dann mit einer Lösung von Bicarbonat 20 Minuten durchgeschüttelt. Die ätherische Lösung hinterließ nach dem Trocknen mit Natriumsulfat beim Verdunsten ein hellgelbes Öl. Beim Destillieren unter 11 mm Druck ging zwischen 55° und 65° der Brompropionsäureester über. Seine Menge betrug 4,3 g. Der Rückstand (4,1 g) destillierte unter 0,04 mm Druck bei ungefähr 60°. Er reagierte sehr stark sauer und bestand wohl zum Teil aus Brompropionsäure, die aber nach der Analyse, welche 8,5% Brom zu viel gab, noch einen bromreicheren Körper enthalten mußte. Die Säure drehte schwach nach rechts, worauf man aber bei der Unreinheit des Körpers kein besonderes Gewicht legen kann.

Der Ester zeigt den Bromgehalt des Brompropionsäureäthylesters.

0,1801 g Sbst.: 0,1878 g AgBr.

$C_5H_9O_2Br$ (181). Ber. Br 44,20. Gef. Br 44,37.

Er drehte bei 20° im 1 dcm-Rohr 25,4° nach rechts. Die Angaben über das Drehungsvermögen des aktiven Brompropionsäureäthylesters schwanken je nach der Darstellung. Bei einem eigenen Präparate wurden bei 20° 37,4° gefunden; Ramberg[1]) beobachtete bei einem Präparat, das aus optisch nicht ganz reiner Säure bereitet war, 36,35° und kommt durch Rechnung für den reinen Ester auf etwa 46°. Legt man diesen Wert zugrunde, so würde der obige, aus *d*-Alanin erhaltene, rechtsdrehende Ester ungefähr 55% *d*-α-Brompropionsäureester enthalten haben.

Die Wirkung des Nitrosylbromids auf den Alaninester ist also keineswegs ein glatter Vorgang. Ein nicht unerheblicher Teil wird bei dem langen Verweilen in der sauren Flüssigkeit verseift und bei dem Teile, der in Brompropionsäureester übergeht, findet auch noch eine auf ungefähr 45% geschätzte Racemisation statt. Aber der Versuch verliert dadurch nicht an prinzipieller Bedeutung, da von einer Waldenschen Umkehrung hier nicht die Rede sein kann.

Um das Resultat völlig sicher zu stellen, verwandelte ich den Ester noch in derselben Weise, wie es vorher ausführlicher für den optischen Antipoden beschrieben ist, durch Behandlung mit flüssigem Ammoniak

[1]) Liebigs Ann. d. Chem. **349**, 331 [1906].

in Alanin. Sein salzsaures Salz zeigte eine spezifische Drehung von $[\alpha]_D^{20} = + 4,8°$, enthielt also neben racemischem Alanin ungefähr 45% *d*-Alanin.

Einwirkung von Brom und Stickoxyd auf *l*-Leucinester.

Der Versuch wurde in derselben Weise durchgeführt wie beim Alaninester, nur war die Menge des Bromwasserstoffs absichtlich hier größer gewählt.

Trägt man 5 g *l*-Leucinester in 25 ccm Bromwasserstoffsäure von 20%, die in einer Kältemischung gekühlt ist, allmählich ein, so entsteht eine klare, farblose Lösung. Fügt man hierzu Brom, so scheidet sich sofort ein dickes Öl ab, das eine hellgelbrote Farbe hat und wahrscheinlich ein Perbromid des Esters bezw. seines Bromhydrats ist. Steigert man die Menge des Broms auf 5 g, so wird die Farbe des Öls dunkler, da das Brom dann im Überschuß ist. In dies Gemisch wurde nun unter häufigem Schütteln und dauernder starker Kühlung ein Strom von Stickoxyd eine Stunde eingeleitet, dann nochmals 2,5 g Brom zugefügt und das Einleiten des Stickoxyds noch $1^1/_2$ Stunde fortgesetzt. Das freie Brom war jetzt größtenteils verschwunden, da eine verhältnismäßig kleine Menge von schwefliger Säure genügte, um das Öl ziemlich vollständig zu entfärben. Es wurde nun ausgeäthert und die abgehobene ätherische Schicht zuerst mit einer verdünnten, kalten Lösung von Natriumcarbonat, dann mit reinem Wasser gewaschen und schließlich mit Natriumsulfat getrocknet.

Die Menge des bei dem Verdampfen des Äthers zurückbleibenden sehr wenig gefärbten Öls betrug 4,7 g. Davon destillierten 4 g unter 0,2—0,4 mm Druck zwischen 45° und 55°. Das ist ungefähr der Siedepunkt des α-Bromisocapronsäure-äthylesters. Damit stimmt auch der Bromgehalt leidlich überein.

Ber. Br 35,87. Gef. Br 34,76.

Das Öl drehte bei 20° im 1 dcm-Rohr 14° nach rechts.

Zum Vergleich wurde der bisher unbekannte

l-α-Bromisocapronsäure-äthylester

dargestellt, und zwar aus einer Bromisocapronsäure, die aus *l*-Leucin mit Nitrosylbromid hergestellt war. Die Säure hatte die spezifische Drehung $[\alpha]_D^{20} = - 41,6°$. Da die reinste *l*-Bromisocapronsäure $[\alpha]_D^{20} = - 49,2°$ zeigte, so enthielt also die benutzte Säure mindestens 8% des Antipoden.

5 g der Säure wurden mit 10 g Alkohol und 1 g konzentrierter Schwefelsäure $2^1/_2$ Stunden gekocht, dann der Ester mit Wasser ge-

fällt, ausgeäthert, die ätherische Lösung mit Soda und Wasser gewaschen und mit Natriumsulfat getrocknet.

Unter 0,5—0,6 mm Druck lag sein Siedepunkt bei 49—54°, und die Ausbeute betrug 4,7 g. Dieser Ester drehte bei 20° im 1 dcm-Rohr 52,6° nach links. Da das spezifische Gewicht 1,22 betrug, so berechnet sich die spezifische Drehung $[\alpha]_D^{20} = -43,1°$. Der Wert ist aber jedenfalls zu gering, da schon die angewandte Säure zu etwa 16% racemisiert war, und da bei der Veresterung eine weitere Racemisation eintreten kann. Die Zahlen genügen aber zum Vergleich mit dem Bromisocapronsäureäthylester, der aus *l*-Leucinester gewonnen war. Er drehte nur 14° nach rechts. Die Rechnung ergibt also, daß er nur etwa 20% *d*-Bromisocapronsäureäthylester im Überschuß enthielt, während der übrige Teil inaktiv war.

Die Umwandlung des *l*-Leucinäthylesters in Bromisocapronsäureester erfolgt also unter starker Racemisierung, aber die Reaktion findet optisch im umgekehrten Sinne statt wie die Einwirkung des Nitrosylbromids auf das Leucin selbst. Im Einklang damit steht die Rückverwandlung des *d*-Bromisocapronsäureesters, der aus *l*-Leucinester gewonnen war, in *l*-Leucin. Sie wurde genau so wie beim *l*-Brompropionsäureester mit flüssigem Ammoniak ausgeführt und gab ein Leucin, für das in salzsaurer Lösung $[\alpha]_D^{20°} = +2,1°$ betrug. Da die spezifische Drehung des reinen *l*-Leucins in Salzsäure ungefähr + 16° ist, so beweist der kleine Wert für obiges Präparat ebenfalls die starke Racemisation.

Verwandlung von *l*-Brom-propionsäure in *d*-Milchsäure durch Silbercarbonat und in *l*-Milchsäure durch Kalilauge.

I. Zu einer Lösung von 3 g *l*-Brompropionsäure ($[\alpha]_D^{20} = -45,2°$)[1]) in 30 ccm Wasser wurden bei 0° allmählich 6 g Silbercarbonat, das mit Wasser fein aufgeschlämmt war, zugegeben. Beim jedesmaligen Eintragen und Umschütteln fand starke Entwicklung von Kohlensäure und sofortige Bildung von Bromsilber statt. Das Gemisch wurde im Dunkeln bei gewöhnlicher Temperatur erst eine halbe Stunde geschüttelt und nach weiterem einstündigem Stehen filtriert. Die Lösung enthielt jetzt nur noch eine sehr kleine Menge von Brom. Ohne darauf Rücksicht zu nehmen, fällte man das gelöste Silber durch einen geringen Überschuß von Salzsäure, dampfte das Filtrat unter einem Druck von 10—15 mm auf etwa 5 ccm ein und extrahierte dann 5-mal mit

[1]) Ich mache darauf aufmerksam, daß diese Säure ebenso wie die aktive α-Bromisocapronsäure und α-Bromhydrozimtsäure schon bei gewöhnlicher Temperatur eine langsame Racemisierung erfahren. Wochenlanges Aufbewahren dieser Präparate ist deshalb nicht zu empfehlen.

etwa der zehnfachen Menge Äther. Beim Verdampfen der filtrierten ätherischen Lösung blieb ein gelblicher Sirup (1,8 g), der zum großen Teil aus Milchsäure bestand. Sie wurde in der üblichen Weise in das krystallisierte Zinksalz verwandelt. Seine Menge betrug nach dem Trocknen bei 115° 1,24 g.

0,3076 g Sbst., gelöst in Wasser. Gesamtgewicht der Lösung 7,7856 g. $d^{20} = 1,01$. Drehung im 2 dcm-Rohr bei 20° und Natriumlicht 0,25° ($\pm$ 0,02°) nach links. Mithin

$$[\alpha]_D^{20} = = 3,1°\,(\pm 0,25°)\,.$$

Ein zweiter Versuch gab genau dasselbe Resultat.

0,2994 g Sbst., gelöst in Wasser. Gesamtgewicht der Lösung 7,6509 g. $d^{20} = 1,01$. Drehung im 2 dcm-Rohr bei 20° und Natriumlicht 0,24° ($\pm$ 0,02°) nach links. Mithin

$$[\alpha]_D^{20} = -\,3,04°\,(\pm 0,25°)\,.$$

Das Produkt war also ein Gemisch von *d*-milchsaurem Zink, dessen spezifische Drehung — 8,6° beträgt, und inaktivem Salz.

II. 3 g *l*-Brompropionsäure wurden in 60 ccm *n*-Kalilauge, die auf 0° abgekühlt war, langsam eingetragen, dann die klare Lösung 3 Tage bei 24° aufbewahrt und zum Schluß noch ca. 20 Minuten auf dem Wasserbade erwärmt, bis nahezu alles organisch gebundene Brom abgespalten war. Nachdem das überschüssige Alkali durch 4 ccm verdünnter Schwefelsäure abgestumpft war, wurde die Lösung unter geringem Druck auf ca. 10 ccm eingedampft, dann mit 9 ccm verdünnter Schwefelsäure stark angesäuert und nun wie oben wiederholt ausgeäthert. Die Menge der rohen Milchsäure, die beim Verdampfen des Äthers blieb, betrug 1,5 g.

Die erste Krystallisation des Zinksalzes zeigte eine ziemlich schwache Drehung.

0,3466 g Sbst., gelöst in Wasser. Gesamtgewicht der Lösung 8,8710 g. $d^{20} = 1,01$. Drehung im 1 dcm-Rohr bei 20° und Natriumlicht 0,07° ($\pm$ 0,02°) nach rechts. Mithin

$$[\alpha]_D^{20} = +\,1,8°\,(\pm 0,5°)\,.$$

Die zweite Krystallisation, deren Menge allerdings viel kleiner war, hatte eine höhere Drehung.

0,0498 g Sbst., gelöst in Wasser. Gesamtgewicht der Lösung 1,3498 g. $d^{20} = 1,01$. Drehung im 1 dcm-Rohr bei 20° und Natriumlicht 0,14° ($\pm$ 0,02°) nach rechts. Mithin

$$[\alpha]_D^{20} = +\,3,7°\,(\pm 0,5°)\,.$$

Das Produkt war also hier *l*-Milchsäure, gemischt mit inaktiver Verbindung.

Bessere Resultate wird man wahrscheinlich in methylalkoholischer Lösung erhalten, wie es Walden für die Umwandlung der aktiven Chlorbernsteinsäuren in die Äpfelsäuren feststellte. Ich habe den Versuch nicht ausgeführt, da es mir nur auf die prinzipielle Frage der Drehungsrichtung ankam.

Überführung der *d*-Brompropionsäure in *l*- und *d*-Milchsäure.

Die Ausführung der Versuche war ganz die gleiche wie beim optischen Antipoden, und in den Resultaten zeigten sich auch nur ganz kleine quantitative Unterschiede in bezug auf Ausbeute und spezifische Drehung der Produkte.

Aus 4 g *d*-Brompropionsäure wurden mit Silbercarbonat 1,8 g *l*-milchsaures Zink mit der Drehung $[\alpha]_D^{20} = + 3,13°$ erhalten.

Dieselbe Menge *d*-Brompropionsäure gab mit Kalilauge 1,6 g milchsaures Zink von $[\alpha]_D^{20} = - 2,65°$.

Von dem letzten Salz wurde eine Zinkbestimmung ausgeführt.

0.2984 g Sbst.: 0.0984 g ZnO.

$C_6H_{10}O_6Zn$ (243.4). Ber. Zn 36.86. Gef. Zn. 26.54.

dl-Lactyl-glycin, $CH_3 . CH(OH) . CO . NH . CH_2 . COOH$.

10 g inaktives α-Brompropionylglycin wurden in 400 ccm Wasser gelöst und allmählich mit frisch gefälltem Silbercarbonat in der Kälte versetzt. Anfangs löste sich das Carbonat, aber nach kurzer Zeit fiel ein farbloses Silbersalz aus, das in Salpetersäure noch leicht löslich war und offenbar dem Brompropionylglycin zugehörte. Von Silbercarbonat wurde so viel eingetragen, bis auch nach längerem Schütteln die gelbe Farbe des unlöslichen Teiles einen Überschuß anzeigte. Flüssigkeit und Niederschlag blieben jetzt in einem locker verschlossenen Gefäß 36 Stunden bei 37° stehen und wurden während der Zeit mehrmals tüchtig umgeschüttelt. Die Zersetzung des Brompropionylglycinsilbers war dann so vollständig, daß die Flüssigkeit nur noch Spuren von Brom, dagegen in großer Menge das Silbersalz einer organischen Säure enthielt. Sie wurde nun filtriert, das Silber genau mit Salzsäure ausgefällt und das Filtrat unter stark vermindertem Druck verdampft. Es blieb ein saurer, dicker Sirup, der viermal mit etwa 50 ccm lauwarmem Essigäther ausgelaugt wurde und dabei zum größten Teil in Lösung ging. Als diese Flüssigkeit unter vermindertem Druck auf etwa ein Viertel konzentriert war und dann mit ziemlich viel Äther versetzt wurde, fiel ein Sirup aus, der im Laufe von 12 Stdn. fast vollständig krystallinisch erstarrte. Wenn man impfen kann, geht die Krystallisation sogar ziemlich rasch von statten. Die Ausbeute an diesem Prä-

parat betrug 4,1 g oder 60% der Theorie. Es war aber noch nicht ganz rein. Für die Analyse wurde deshalb aus Äther umkrystallisiert, worin es aber recht schwer löslich ist. Als 1 g des Rohproduktes mit 600 ccm Äther ausgekocht wurde, blieb noch ein Rückstand, der etwas klebrig war. Aber aus dem Filtrat schied sich nach dem Einengen und starken Abkühlen die Substanz als harte, krystallinische Masse aus (0,5 g), die nach dem Trocknen im Vakuum über Phosphorpentoxyd scharf bei 108—109° (korr. 108,5—109,5°) schmolz und folgende Zahlen gab:

0,1388 g Sbst.: 0,2078 g CO_2, 0,0745 g H_2O. — 0,1608 g Sbst.: 13 ccm N (17°, 766 mm).

$C_5H_9O_4N$ (147). Ber. C 40,82, H 6,12, N 9,52.
Gef. „ 40,83, „ 6,00, „ 9,48.

Die Substanz löst sich leicht in Alkohol schon in der Kälte, auch in warmem Essigäther ist sie leicht löslich und läßt sich daraus durch Abkühlung oder durch Zusatz von Äther ohne Schwierigkeit krystallisieren. In Chloroform und Äther ist sie auch in der Hitze schwer löslich. In Wasser ist sie leicht löslich und reagiert ziemlich stark sauer.

Bildung von *l*-Milchsäure aus *l*-Brompropionyl-glycin mit Silbercarbonat.

Die Behandlung des *l*-Brompropionyl-glycins, dessen Bereitung unten beschrieben ist, mit Wasser und Silbercarbonat geschah in der gleichen Weise wie beim inaktiven Produkt. Auch hier bildet sich zuerst ein in feinen, farblosen Nadeln krystallisierendes Silbersalz. Die Reaktion war nach 36 Stunden im Brutraum so gut wie beendet. Beim Verdampfen der wäßrigen, von Silber befreiten Lösung hinterblieb wieder ein Sirup, der offenbar das aktive Lactylglycin enthält. Er konnte aber bisher nicht zur Krystallisation gebracht werden. Die wäßrige Lösung des Sirups nahm beim Erwärmen reichliche Mengen von Silberoxyd und Kupferoxyd auf. Die Kupferlösung war hellblau gefärbt und hinterließ beim Verdampfen eine amorphe Masse, die sich beim Verreiben und Erwärmen mit Alkohol in ein hellblaues Pulver verwandelte.

Die wäßrige Lösung des Sirups drehte das polarisierte Licht ziemlich stark nach rechts (1,8° in ungefähr 10-prozentiger Lösung). Leider läßt sich nicht sagen, wie weit diese Beobachtung für das reine Lactylglycin zutrifft.

Die Hydrolyse des sirupösen aktiven Lactyl-glycins wurde durch zweieinhalbstündiges Erhitzen mit der dreifachen Menge zehnprozentiger Schwefelsäure auf 100° bewerkstelligt. Die gebildete Milchsäure konnte dann der schwefelsauren Lösung durch Ausäthern fast vollständig entzogen werden. Dazu war allerdings zwölfmaliges

Ausschütteln, jedesmal mit dem zehnfachen Volumen, nötig. Die beim Verdampfen des Äthers bleibende Säure wurde in der üblichen Weise in das Zinksalz verwandelt und dieses durch einmaliges Umkrystallisieren aus Wasser gereinigt.

Für die Analyse und die optische Bestimmung diente das bei 115° getrocknete Präparat.

0,2318 g Sbst.: 0,0758 g ZnO.

$C_6H_{10}O_6Zn$. Ber. Zn 26,86. Gef. Zn 26,28.

0,3110 g Sbst., gelöst in Wasser. Gesamtgewicht der Lösung 8,1751 g. $d^{20} = 1,01$. Drehung im 2 dcm-Rohr bei 20° und Natriumlicht 0,47° (± 0,02°) nach rechts. Mithin

$$[\alpha]_D^{20} = + 6,12° (\pm 0,25°) .$$

Bei einem zweiten Versuch, der im ganzen besser verlief, war die spezifische Drehung des Zinksalzes noch höher und zwar $[\alpha]_D^{20} = + 6,52°$.

Da das reine aktive Zinklactat den Wert + 8,6° hat, so ergibt sich, daß das zweite Präparat ungefähr 87,6% *l*-milchsaures Zink und 12,4% des Antipoden enthielt. Die Umwandlung des Bromkörpers durch Silbercarbonat geht also ohne starke Racemisation von statten. Die Ausbeute an reinem Zinksalz war allerdings ziemlich gering, denn sie betrug nur 40% der Theorie, berechnet auf das angewandte Brompropionylglycin. Der Verlust ist sicherlich zum Teil durch die große Löslichkeit des aktiven milchsauren Zinks verursacht. Vielleicht finden auch bei der Wirkung des Silbercarbonats und bei der späteren Hydrolyse Nebenreaktionen statt. Aber der Versuch verliert dadurch nicht an prinzipieller Bedeutung, da es nur auf das Drehungsvermögen der Milchsäure ankommt.

l-Brompropionyl-glycin.

Die Verbindung ist schon früher von O. Warburg und mir[1]) aus ihrem Ester dargestellt, aber nicht näher beschrieben worden. Sie läßt sich bequemer direkt aus Glykokoll und *l*-Brompropionylchlorid bereiten.

Man löst 3 g Glykokoll in 40 ccm *n*-Natronlauge, kühlt stark in einer Kältemischung und fügt unter kräftigem Schütteln abwechselnd und in kleinen Mengen 6,8 g *l*-Brompropionylchlorid und 60 ccm *n*-Natronlauge hinzu. Dann wird mit 12 ccm fünffachnorm. Salzsäure angesäuert, die Lösung unter geringem Druck zur Trockne verdampft, der Rückstand wiederholt mit warmem Äther ausgelaugt und die konzentrierte, ätherische Lösung mit Petroläther gefällt. Die Ausbeute betrug 6,8 g oder 85% der Theorie.

---

[1]) Liebigs Ann. d. Chem. **340**, 165. (*Proteine I, S. 496.*)

Zur Reinigung löst man in der zehnfachen Menge warmem Essigäther und fügt bis zur Trübung Petroläther zu. Beim Abkühlen fällt dann die Substanz in großen, oft sternförmig verwachsenen Prismen aus, die für die Analyse im Vakuum über Phosphorpentoxyd getrocknet wurden.

0,1837 g Sbst.: 0,1644 g AgBr.

$C_5H_8O_3NBr$ (210). Ber. Br 38,10. Gef. Br 38,08.

Die Verbindung schmilzt bei 119° (korr. 120°), also 16° höher als das inaktive Produkt[1]). Sie löst sich leicht in Wasser, Alkohol und warmem Essigäther. Das Rohprodukt ist in warmem Äther verhältnismäßig leicht löslich, dagegen löst sich die reine, krystallisierte Substanz darin ziemlich schwer. Aus der ätherischen Lösung scheidet sie sich beim längeren Stehen in zentimeterlangen, wasserklaren, schön ausgebildeten Krystallen ab, die vielfach wie Prismen mit abgeschrägten Enden erscheinen.

Das Drehungsvermögen ist in Wasser und Alkohol ziemlich verschieden.

0,3212 g Sbst., gelöst in Wasser. Gesamtgewicht der Lösung 3,9608 g. $d^{20} = 1,035$. Drehung im 1 dcm-Rohr bei 20° und Natriumlicht 2,96° (± 0,02°) nach links. Mithin

$$[\alpha]_D^{20} = -35,27 (\pm 0,25°).$$

0,3181 g Sbst., gelöst in Alkohol. Gesamtgewicht der Lösung 3,1070 g. $d^{20} = 0,8385$. Drehung im 1 dcm-Rohr bei 20° und Natriumlicht 4,00° (± 0,02°) nach links. Mithin

$$[\alpha]_D^{20} = -46,6° (\pm 0,2°).$$

Das Brompropionyl-glycin ist nach dem Resultat der Titration mit Natronlauge einbasisch. Versetzt man die nicht zu verdünnte Lösung des Natriumsalzes mit Silbernitrat, so fällt das Silbersalz als dicker, aus äußerst feinen Nädelchen bestehender Niederschlag aus, der trotz seines schönen Aussehens bei der Analyse keine scharfen Zahlen gab; denn der Gehalt an Silber wurde einige Prozent höher gefunden, als die Formel $C_5H_7O_3NBrAg$ verlangt.

0,1757 g Sbst.: 0,1137 g AgBr. — 0,1520 g Sbst.: 0,0966 g AgBr.

Ber. Ag 34,07. Gef. Ag 37,17, 36,51.

Bei obigen Versuchen habe ich mich der eifrigen und geschickten Hilfe des Hrn. Dr. Hans Tappen erfreut, wofür ich ihm auch an dieser Stelle besten Dank sage.

---

[1]) Ann. d. Chem. **340**, 128. (*Proteine I, S. 467.*)

76. Emil Fischer und Helmuth Scheibler: Zur Kenntnis der Waldenschen Umkehrung. II.

Berichte der Deutschen Chemischen Gesellschaft **41**, 889 [1908].

(Eingeg. am 11. März 1908; vorgetragen in der Sitzung von Hrn. E. Fischer.)

In der ersten Mitteilung[1]) ist gezeigt worden, daß bei der Verwandlung von aktiven Aminosäuren in die entsprechenden aktiven Bromfettsäuren durch die Wirkung von Nitrosylbromid höchstwahrscheinlich eine Umkehrung der Konfiguration stattfindet, daß diese aber ausbleibt, wenn an Stelle der Aminosäure ihr Ester verwendet wird. Die Beobachtungen erstreckten sich auf *d*-Alanin, *l*-Leucin, *l*-Phenylalanin und *l*-Asparaginsäure. Man hätte danach erwarten sollen, daß die Reaktion im gleichen Sinne bei allen gewöhnlichen α-Aminosäuren sich abspielen werde. Wie wenig man aber auf diesem Gebiete voraussagen kann, zeigt das Verhalten des aktiven Valins (α-Amino-isovaleriansäure). Zwar geht hier die Umwandlung der aktiven Aminosäure in aktive Bromvaleriansäure recht gut von statten, aber diese Bromverbindung liefert bei der Behandlung mit Ammoniak nicht den optischen Antipoden, sondern das gleiche Valin, welches als Ausgangsmaterial gedient hat. Will man nicht die ziemlich unwahrscheinliche Annahme machen, daß hier zweimal eine Waldensche Umkehrung stattfindet, so muß man schließen, daß die Bildung der Bromisovaleriansäure aus dem Valin ohne Änderung der Konfiguration verläuft. Diese überraschende Ausnahmestellung des Valins scheint durch die Wirkung der Isopropylgruppe bedingt zu sein. Vergleicht man nämlich die Strukturformel von Valin $(CH_3)_2CH.CH(NH_2).COOH$ und Leucin $(CH_3)_2CH.CH_2.CH(NH_2).COOH$, so sieht man, daß bei dem Valin die das asymmetrische Kohlenstoffatom enthaltende Gruppe $CH.NH_2$ unmittelbar mit dem Isopropyl verbunden ist, während bei dem Leucin noch eine Methylengruppe dazwischen steht.

---

[1]) E. Fischer, Berichte d. D. Chem. Gesellsch. **40**, 489 [1907]. (*S. 769.*)

Diese Beobachtung erinnert an andere Wirkungen der Isopropylgruppe, die vielleicht in das Kapitel der sog. sterischen Hinderungen einzureihen sind. Hierhin gehört die Erfahrung von E. Fischer und A. Dilthey[1]), daß sich in den Malonester unter den üblichen Bedingungen nur eine Isopropylgruppe einführen läßt. Ferner findet nach unseren Versuchen die Einwirkung des wäßrigen Ammoniaks auf α-Bromisovaleriansäure bei 25—37° viel langsamer statt als bei der α-Bromisocapronsäure, und das Gleiche gilt für α-Bromisovalerylglycin[2]). Wir machen endlich aufmerksam auf folgende Erfahrungen anderer Forscher. Franchimont und Friedmann[3]) erwähnen bei Beschreibung ihrer erfolglosen Bemühungen, den Harnstoff des Tetramethylpiperidins zu gewinnen, daß nach älteren Versuchen von van der Zande beim Diisopropylamin die gleiche Schwierigkeit sich gezeigt habe, und sie glauben, daß es sich hier um sterische Verhältnisse handeln könne. Dann haben F. Sachs und W. Weigert[4]) gefunden, daß bei der Darstellung des Diisopropyl-dimethylaminophenylmethans die Ausbeute erheblich kleiner ist als bei den Homologen. Möglicherweise stehen auch manche anormalen Erscheinungen bei den Terpenen in Zusammenhang mit der Anwesenheit der Isopropylgruppe, deren spezifischem Einfluß man unseres Erachtens größere Aufmerksamkeit schenken sollte.

Eine zweite Art von Waldenscher Umkehrung ist bekannt für die Verwandlung der Halogensäuren in Oxysäuren durch Silberoxyd, während bei Anwendung von Alkalien der Vorgang optisch normal ist.

Nach einem vorläufigen Versuch scheint die aktive Bromisovaleriansäure sich hier den übrigen Bromfettsäuren gleich zu verhalten, denn die Calciumsalze der beiden Oxysäuren, die einerseits durch Silberoxyd und andererseits durch Kalilauge bereitet waren, drehen verschieden. Wir wollen aber diesem Resultat noch keine entscheidende Bedeutung beimessen, weil die Calciumsalze nicht die Garantie der Reinheit bieten und wir für die Untersuchung der besser krystallisierenden Zinksalze noch kein genügendes Material hatten.

Verwandlung des *l*-Valins in aktive α-Brom-isovaleriansäure.

Entsprechend der Vorschrift für die Darstellung der aktiven α-Bromisocapronsäure aus Leucin[5]) kann man für den Versuch an Stelle des freien Valins seine Formylverbindung anwenden.

---

[1]) Liebigs Ann. d. Chem. **335**, 337 [1904].
[2]) Liebigs Ann. d. Chem. **354**, 14.
[3]) Rec. trav. chim. Pays-Bas **24**, 410 [1905].
[4]) Berichte d. D. Chem. Gesellsch. **40**, 4362 [1907].
[5]) E. Fischer, Berichte d. D. Chem. Gesellsch. **39**, 2929 [1906]. (*S. 360.*)

20 g Formyl-*l*-valin[1]) werden mit 200 ccm wäßriger Bromwasserstoffsäure von 10% am Rückflußkühler 1 Stunde gekocht, dann die Lösung unter stark vermindertem Druck fast zur Trockne verdampft und das zurückbleibende bromwasserstoffsaure Valin in 60 ccm warmem Wasser gelöst. Nach dem Erkalten fügt man 30 ccm 49-prozentige Bromwasserstoffsäure zu, kühlt im Gemisch von Salz und Eis und läßt unter starkem Turbinieren allmählich 6,5 ccm Brom zutropfen, während gleichzeitig ein ziemlich kräftiger Strom von Stickoxyd in die Flüssigkeit eingeleitet wird. Nach 2 Stunden fügt man abermals 2,5 ccm Brom langsam zu und setzt das Einleiten des Stickoxyds noch 1 Stunde fort. Bei gut geleiteter Operation muß die Stickstoffentwicklung jetzt beendigt sein. Um den größten Teil des überschüssigen Broms zu entfernen, saugt man nun einen kräftigen Luftstrom durch die Flüssigkeit und reduziert schließlich den Rest des Broms durch wäßrige, schweflige Säure, wobei die ölig abgeschiedene Bromisovaleriansäure, falls die Temperatur der Flüssigkeit niedrig ist, erstarrt. Sie wird ausgeäthert, die ätherische Lösung mit wenig Wasser gewaschen, dann mit Chlorcalcium am besten unter Schütteln getrocknet, der Äther verdunstet und die Bromsäure unter einem Druck von ungefähr 0,5 mm destilliert. Hierbei ist es nötig, das Erstarren der Säure im Abzugsrohr des Destillationskolbens durch mäßiges Erwärmen zu verhindern. Nach einem geringen Vorlauf, der zu entfernen ist, siedet die Säure unter 0,5 mm Druck zwischen 85° und 90°, bei 2 mm wurde der Siedepunkt zwischen 95° und 100° beobachtet. Die Ausbeute an fraktionierter Säure beträgt nahezu ebenso viel wie das angewandte Formylvalin, das entspricht etwa 80% der Theorie.

Zur völligen Reinigung ist gerade so wie beim Racemkörper Krystallisation aus Petroläther nötig. Man löst zu dem Zweck 10 g der Säure in 5 ccm Petroläther unter gelindem Erwärmen, kühlt in der Kältemischung, wobei sofort Krystallisation eintritt, saugt rasch auf einem abgekühlten Filter ab und wäscht mit etwa 2 ccm sehr kaltem Petroläther nach. Dabei verliert man ungefähr 35% der Rohsäure, die aber aus den Mutterlaugen leicht zurückzugewinnen ist.

Die zweimal in dieser Weise umkrystallisierte Säure wird nach 12-stündigem Aufbewahren über Phosphorpentoxyd im Vakuumexsiccator bei 42° weich und schmilzt vollständig bei 43,5° (korr.).

Die Brombestimmungen, die nach Carius ausgeführt wurden, fielen etwas zu niedrig aus.

0,1000 g Sbst.: 0,1022 g AgBr. — 0,1370 g Sbst.: 0,1407 g AgBr.

$C_5H_9O_2Br$ (181,03). Ber. Br 44,17. Gef. Br 43,49, 43,71.

---

[1]) Berichte d. D. Chem. Gesellsch. **39**, 2323 [1906]. (*S. 56.*)

Für die optische Bestimmung wurde die Säure in thiophenfreiem Benzol gelöst.

0,3015 g Sbst. Gesamtgewicht der Lösung 3,0044 g. $d^{20} = 0,9187$. Drehung im 1-dm-Rohr bei 20° und Natriumlicht 2,08° nach rechts. Mithin:

$$[\alpha]_D^{20} = + 22,6° (\pm 0,2°) .$$

Nach nochmaligem Umkrystallisieren war die Drehung kaum verändert.

0,1507 g Substanz. Gesamtgewicht der Lösung 1,4996. $d^{20} = 0,9187$. Drehung im 1-dm-Rohr bei 20° und Natriumlicht 2,10° nach rechts. Mithin:

$$[\alpha]_D^{20} = + 22,8° (\pm 0,2°) .$$

Dagegen zeigte das Rohprodukt vor dem Umkrystallisieren aus Petroläther eine erheblich geringere Drehung und zwar $[\alpha]_D^{20} = +19,5°$. Dementsprechend ist es auch bei gewöhnlicher Temperatur nicht vollständig fest.

In Wasser ist die Säure bei gewöhnlicher Temperatur schwer löslich, denn sie verlangt davon ungefähr 70—80 Teile. Sie dreht auch in dieser Lösung nach rechts.

0,0926 g Substanz. Gesamtgewicht der Lösung 9,2791. $d^{20}=1,0024$. Drehung im 2-dm-Rohr bei 20° und Natriumlicht 0,18° nach rechts. Mithin

$$[\alpha]_D^{20} = + 9,0° (\pm 1°) .$$

Rückverwandlung
der rechtsdrehenden α-Brom-isovaleriansäure in *l*-Valin.

Die Bromfettsäure wurde in der 5-fachen Menge wäßrigem Ammoniak von 25% gelöst und diese Lösung im verschlossenen Rohr 1½ Stunden auf 100° erhitzt. Die Abspaltung des Broms war dann vollständig. Nachdem die wäßrige Lösung unter vermindertem Druck zur Trockne verdampft war, wurde das Bromammonium durch Auskochen mit Alkohol entfernt. Die Ausbeute betrug 65—70% der Theorie. Die rohe Aminosäure diente direkt für die optische Bestimmung.

0,2126 g Substanz, gelöst in 20-prozentiger Salzsäure. Gesamtgewicht der Lösung 8,4450 g. $d^{20} = 1,0991$. Drehung im 2-dm-Rohr bei 20° und Natriumlicht 1,33° nach links. Mithin

$$[\alpha]_D^{20} = - 24,0° (\pm 0,4°) .$$

Nachdem das Präparat durch Umkrystallisieren aus heißem Wasser gereinigt war, betrug die spezifische Drehung unter denselben Verhältnissen — 27,0°.

Dasselbe Präparat diente für die Analyse.

0,1625 g Sbst.: 0,3045 g CO_2, 0,1427 g H_2O.

$C_5H_{11}O_2N$ (117,09). Ber. C 51,24, H 9,47.
Gef. „ 51,11, „ 9,82.

Das gleiche Resultat wurde bei mehrmaliger Wiederholung des Versuches erhalten.

Schließlich haben wir die Umwandlung in die Aminosäure auch noch mit flüssigem Ammoniak bei gewöhnlicher Temperatur ausgeführt. Zu dem Zweck wurden 1,5 g der aktiven α-Bromisovaleriansäure mit ungefähr 7 ccm flüssigem Ammoniak im geschlossenen Rohr gelöst und 5 Tage bei 25° aufbewahrt. Nach dem Verdunsten des Ammoniaks wurde die Aminosäure ebenfalls vom Bromammonium durch heißen Alkohol befreit und direkt für die optische Bestimmung benutzt.

0,2056 g Substanz, gelöst in 20-prozentiger Salzsäure. Gesamtgewicht der Lösung 8,4682 g. $d^{20} = 1,0991$. Drehung im 2-dm-Rohr bei 20° und Natriumlicht 1,31° nach links. Mithin

$$[\alpha]_D^{20} = -24,6^\circ (\pm 0,4^\circ) .$$

Wir beabsichtigen, diese Versuche auch auf die Ester des Valins, ferner auf das ähnlich konstituierte Isoleucin auszudehnen, und werden im Zusammenhange damit die aktiven α-Oxyisovaleriansäuren, die aus der Bromverbindung durch Silberoxyd bezw. Kalilauge entstehen, genau studieren.

77. Emil Fischer und Helmuth Scheibler: Zur Kenntnis der Waldenschen Umkehrung. III[1]).

Berichte der Deutschen Chemischen Gesellschaft **41**, 2891 [1908].

(Eingegangen am 11. August 1908.)

Während bei der Umwandlung der gewöhnlichen α-Aminosäuren in die Bromfettsäuren und deren Rückverwandlung in Aminoverbindungen eine Umkehrung der Konfiguration stattfindet, zeigt das Valin (α-Amino-isovaleriansäure) ein abweichendes Verhalten, denn seine optische Eigenschaft wird bei dieser doppelten Transformation nicht geändert. Man muß also annehmen, daß hier entweder gar keine oder eine doppelte Waldensche Umkehrung stattfindet. Obschon die letzte Annahme die kompliziertere ist und deshalb von uns früher als die weniger wahrscheinliche bezeichnet wurde, so verdient sie doch nach unseren neueren Beobachtungen vielleicht den Vorzug.

Kuppelt man nämlich die aus dem Valin entstehende aktive α-Brom-isovaleriansäure zunächst mit Glykokoll oder auch mit Valin und läßt dann Ammoniak einwirken, so entstehen Dipeptide, die nicht dasselbe Valin, welches als Ausgangsmaterial gedient hat, enthalten, sondern seinen Antipoden. Zur Erläuterung dienen folgende Beispiele:

d-Valin gibt *l*-α-Brom-isovaleriansäure, und deren Kupplungsprodukt mit *d*-Valin liefert bei der Behandlung mit Ammoniak *l*-Valyl-*d*-valin. Den Beweis für die Konfiguration des Dipeptids fanden wir in zwei Verwandlungen. Bei seiner totalen Hydrolyse entsteht ausschließlich racemisches Valin, und das aus dem Ester hergestellte Valinanhydrid war ebenfalls völlig inaktiv, gehörte also der *trans*-Reihe an. Eine bequemere Übersicht über diese Verwandlungen gibt folgendes Schema:

---

[1]) Vergl. frühere Mitteilungen, Berichte d. D. Chem. Gesellsch. **40**, 489 [1907]; (*S. 769.*) **41**, 889 [1908]. (*S. 789.*)

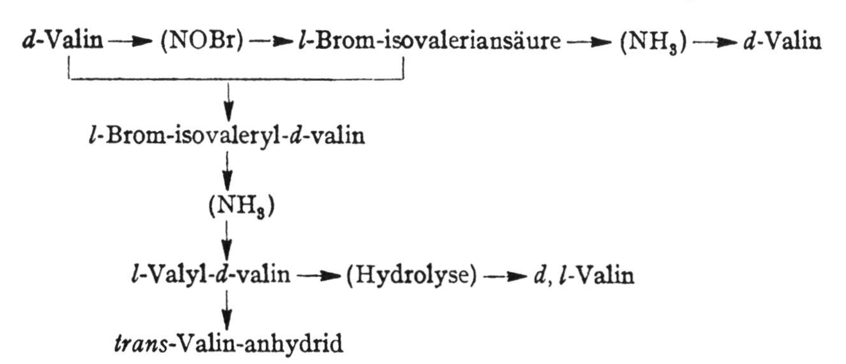

Ferner liefert *l*-Valin bei der Behandlung mit Nitrosylbromid die nach rechts drehende *d*-α-Brom-isovaleriansäure, und durch deren Kupplung mit Glykokoll und nachfolgende Amidierung entsteht *d*-Valyl-glycin. Die Konfiguration dieses Endproduktes ergibt sich aus dem Resultat der Hydrolyse. Der Bequemlichkeit halber geben wir wieder eine schematische Zusammenstellung der Reaktionen.

l-Valin → (NOBr) → *d*-Brom-isovaleriansäure.

d-Brom-isovalerylchlorid → (Glykokoll) → *d*-Brom-isovaleryl-glycin.

d-Brom-isovaleryl-glycin → (NH_3) → *d*-Valyl-glycin.

d-Valyl-glycin → (Hydrolyse) → *d*-Valin.

Wie man sieht, besteht also ein Gegensatz bei der Amidierung zwischen der aktiven Brom-isovaleriansäure und ihren Kupplungsprodukten, z. B.:

d-Brom-isovaleriansäure → (NH_3) → *l*-Valin.

d-Brom-isovaleryl-glycin → (NH_3 u. Hydrolyse) → *d*-Valin.

In einem von diesen beiden Fällen muß mithin eine Waldensche Umkehrung stattfinden. Da nun im allgemeinen, wie in der Abhandlung I*) auseinandergesetzt wurde, die Anwesenheit des Carboxyls den Eintritt des Konfigurationswechsels zu befördern scheint, so wird man auch in diesem Falle einen solchen Wechsel bei der Brom-isovaleriansäure selbst für wahrscheinlicher ansehen.

Bis zu einem gewissen Grade spricht auch die Veränderung des Drehungsvermögens beim Übergang von dem in der Natur vorkommenden rechtsdrehenden *d*-Valin zu linksdrehender *l*-Brom-isovaleriansäure für diese Ansicht, weil dann volle Analogie mit der gleichen Veränderung beim natürlichen Alanin, Leucin, Phenyl-alanin und der Asparaginsäure, die alle linksdrehende Bromsäuren geben, besteht.

*) *Vergl. S. 774.*

Endlich haben wir noch den Ester der *d*-α-Brom-isovaleriansäure mit Ammoniak behandelt, in der Hoffnung, hier das gleiche Resultat wie bei dem Kupplungsprodukt mit Glycin zu erhalten. Wir haben auch eine Aminosäure bekommen, die in der Tat *d*-Valin zu sein scheint. Leider war ihre Menge infolge eines komplexen Verlaufes der Reaktion so gering, daß wir dem Versuch keine große Beweiskraft zuschreiben können.

Die Sonderstellung der aktiven Brom-isovaleriansäure gibt sich aber nicht allein in ihrem Verhalten zum Ammoniak kund, sondern tritt vielleicht noch überraschender in der Wechselwirkung mit Silberoxyd und Alkali hervor. Bei den gewöhnlichen aktiven α-Bromfettsäuren besteht ein Gegensatz in der Wirkung dieser beiden Agenzien, der von Walden für die Brom-bernsteinsäure und von Purdie und Williamson[1]), sowie von E. Fischer[2]) für die Chlor- bezw. Brompropionsäure festgestellt wurde.

Bei der Brom-isovaleriansäure liefern aber beide Basen die gleiche Oxysäure.

Wir haben die Versuche mit der *d*-Verbindung durchgeführt, und sowohl mit Silberoxyd wie mit Kalilauge dieselbe aktive α-Oxyisovaleriansäure erhalten, die in alkalischer Lösung nach rechts dreht. Wir haben ferner das Kupplungsprodukt derselben *d*-Brom-isovaleriansäure mit Glykokoll, also das *d*-Brom-isovaleryl-glycin mit Silberoxyd zersetzt und dabei ein stark aktives Oxyprodukt erhalten, das bei der Hydrolyse eine Oxy-isovaleriansäure mit der gleichen Rechtsdrehung in alkalischer Lösung liefert.

Nach diesen Beobachtungen scheint es, als ob bei der Wirkung von Silberoxyd und Kalilauge in keinem dieser drei Fälle eine Waldensche Umkehrung stattgefunden habe. Der Schluß würde uns ziemlich wahrscheinlich vorkommen, wenn er nicht in einem gewissen Gegensatz zu der Wirkung der salpetrigen Säure auf aktives Valin stände. Aus *l*-Valin entsteht nämlich mit salpetriger Säure dieselbe in alkalischer Lösung nach rechts drehende Oxyverbindung, die auch bei dem Umweg über die Bromverbindung resultiert. Nimmt man an, daß bei der Wirkung des Nitrosylbromids eine Umkehrung stattfindet und bei der Behandlung mit Silberoxyd nicht, so würde die Wirkung der salpetrigen Säure wieder mit einer Umkehrung verbunden sein müssen, während das beim Alanin und der Asparaginsäure nach den früheren Beobachtungen nicht der Fall zu sein scheint.

Aus dieser Darstellung ersieht man, daß bei dem Valin und der entsprechenden Brom-isovaleriansäure in Bezug auf Waldensche Um-

---

[1]) Journ. Chem. Soc. **69**, 837 [1896].

[2]) Berichte d. D. Chem. Gesellsch. **40**, 489 [1907]. (*S. 769.*)

kehrung nahezu alles umgekehrt ist, als bei den bestuntersuchten anderen Aminosäuren, daß mit anderen Worten die Waldensche Umkehrung ein sehr kompliziertes Phänomen ist. Nur ein ganz breites experimentelles Material kann uns einen tieferen Einblick in dasselbe verschaffen, und alle Schlüsse, die man bei Substitution am asymmetrischen Kohlenstoffatom in Bezug auf die Konfiguration der neu entstandenen Körper zieht, sind vorläufig mit größter Vorsicht aufzunehmen.

Im nachfolgenden experimentellen Teil sind nur die Versuche über die Verwandlung der Brom-isovaleriansäure und ihres Kupplungsproduktes mit Glycin durch Silberoxyd und Alkali sowie die Wirkung der salpetrigen Säure auf Valin beschrieben, während die Schilderung der zuvor erwähnten Dipeptide einer besonderen Abhandlung[1]) in der Reihe der Polypeptid-Synthesen vorbehalten bleibt.

Verwandlung der *d*-α-Brom-isovaleriansäure in aktive α-Oxy-isovaleriansäure.

a) Durch Silberoxyd. 3 g Brom-isovaleriansäure wurden in 30 ccm Wasser suspendiert und dazu ein Überschuß von Silberoxyd, das aus 10 g Silbernitrat bereitet war, unter kräftigem Schütteln in mehreren Portionen zugefügt. Dabei war die Bildung eines farblosen, schwer löslichen Silbersalzes bemerkbar. Die Mischung wurde nun drei Tage bei 37° geschüttelt, und die Abspaltung des Broms war dann vollendet. Nachdem nun durch Zusatz von 10 ccm 5-*n*. Salzsäure alles Silber in das Chlorid verwandelt war, wurde das Gemisch fünfmal mit je 60 ccm Äther ausgezogen. Beim Verdampfen des Äthers blieb ein dickes Öl, das die Oxysäure enthielt, für deren Isolierung das Zinksalz diente. Um es zu bereiten, haben wir das Öl mit 100 ccm Wasser und 3 g feingepulvertem Zinkcarbonat 15 Minuten am Rückflußkühler gekocht, dann filtriert, den Rückstand nochmals mit Wasser gründlich ausgekocht und die vereinigten wäßrigen Lösungen unter vermindertem Druck eingedampft, bis eine reichliche Menge des Zinksalzes sich krystallinisch abgeschieden hatte. Es wurde nach längerem Stehen bei 0° filtriert und die Mutterlauge weiter eingeengt. Die gesamte Ausbeute betrug 1,68 g oder 60% der Theorie.

Für die Analyse diente die erste Krystallisation. Im lufttrocknen Zustand enthält das Salz 2 Mol. Krystallwasser, die bei dreistündigem Erhitzen über Phosphorpentoxyd auf 100° unter 15—20 mm Druck völlig entweichen.

---

[1]) Sie wird in nächster Zeit in Liebigs Ann. d. Chem. erscheinen. (*Vergl. S. 794.*)

0,2124 g lufttrockne Sbst. verloren unter 15—20 mm Druck bei 100° über Phosphorpentoxyd 0,0228 g. — 0,1647 g lufttrockne Sbst. verloren 0,0176 g. — 0,1869 g wasserfreie Sbst.: 0,0509 g ZnO. — 0,1430 g wasserfreie Sbst.: 0.2094 g CO_2, 0,0773 g H_2O.

$C_{10}H_{18}O_6Zn + 2\,H_2O$ (335,57). Ber. H_2O 10,74. Gef. H_2O 10,73, 10,69.
$C_{10}H_{18}O_6Zn$ (299,54). Ber. Zn 21,83, C 40,06, H 6,06.
Gef. „ 21,88, „ 39,94, „ 6,05.

Das Salz ist dem längst bekannten Racemkörper sowohl in der Zusammensetzung wie in den äußeren Eigenschaften recht ähnlich. Es löst sich selbst in heißem Wasser ziemlich schwer und krystallisiert daraus beim Einengen am besten unter vermindertem Druck in farblosen dünnen Blättchen. Da das Salz in kaltem Wasser zu schwer löslich ist, so wurde es für die optische Untersuchung in überschüssiger *n*-Natronlauge gelöst. Die dabei erhaltenen Zahlen gelten also für oxyisovaleriansaures Zink in alkalischer Lösung.

0,1702 g wasserfreie Sbst., gelöst in *n*-Natronlauge. Gesamtgewicht der Lösung 7,5396 g. $d^{20} = 1{,}048$. Drehung im 2-dm-Rohr bei 20° und Natriumlicht 0,56° (± 0,02°) nach rechts. Mithin

$$[\alpha]_D^{20} = +\,11{,}8^\circ\,(\pm 0{,}4^\circ)\,.$$

Das durch Eindampfen der Mutterlauge erhaltene leichter lösliche Salz besaß eine geringere Drehung.

0,0586 g wasserfreie Sbst., Gesamtgewicht der Lösung 2,6932 g, $d^{20} = 1{,}048$. Drehung im 1-dm-Rohr bei 20° und Natriumlicht 0,22° (± 0,02°) nach rechts. Mithin

$$[\alpha]_D^{20} = +\,9{,}7^\circ\,(\pm 0{,}8^\circ)\,.$$

Bei der Wiederholung des ganzen Versuchs wurde das gleiche Resultat erhalten.

b) Durch Kalilauge. Läßt man eine Lösung von 3 g *d*-α-Bromisovaleriansäure in 150 ccm *n*-Kalilauge (3 Mol.) 3 Tage bei 37° stehen, so ist die Abspaltung des Broms nahezu vollendet. Wir haben dann das überschüssige Alkali mit 4 ccm 5-*n*. Schwefelsäure abgestumpft, die Flüssigkeit unter vermindertem Druck stark eingeengt, nun mit 7 ccm 5-*n*. Schwefelsäure übersättigt und wiederholt ausgeäthert. Der ätherische Auszug wurde in der zuvor beschriebenen Weise auf Zinksalz verarbeitet. Die Gesamtausbeute von drei Krystallisationen betrug 1,86 g oder 67% der Theorie. Das Salz hatte nicht allein dieselbe Zusammensetzung, sondern auch das gleiche Drehungsvermögen wie das mit Silberoxyd bereitete Präparat.

0,1974 g lufttrockne Sbst. verloren unter 15—20 mm bei 100° über Phosphorpentoxyd 0,0208 g. — 0,1732 g wasserfreie Sbst.: 0,0474 g ZnO.

$C_{10}H_{18}O_6Zn + 2\,H_2O$ (335,57). Ber. H_2O 10,74. Gef. H_2O 10,54.
$C_{10}H_{18}O_6Zn$ (299,54). Ber. Zn 21,83. Gef. Zn 21,99.

Zur optischen Untersuchung dienten die ersten beiden der vorhin erwähnten Krystallisationen.

0,1704 g wasserfreie Sbst., gelöst in *n*-Natronlauge. Gesamtgewicht der Lösung 7,5457 g, $d^{20} = 1{,}048$. Drehung im 2-dm-Rohr bei 20° und Natriumlicht 0,57° (± 0,02°) nach rechts. Mithin

$$[\alpha]_D^{20} = +\,12{,}0^\circ\,(\pm\,0{,}4^\circ)\,.$$

0,1933 g wasserfreie Sbst., Gesamtgewicht der Lösung 8,2333 g, $d^{20} = 1{,}048$. Drehung im 2-dm-Rohr bei 20° und Natriumlicht 0,52° (± 0,02°) nach rechts. Mithin

$$[\alpha]_D^{20} = +\,10{,}6^\circ\,(\pm\,0{,}4^\circ)\,.$$

Das gleiche Resultat wurde bei der Wiederholung des Versuches erhalten.

Für die genaue Untersuchung der freien aktiven Oxy-isovaleriansäure fehlte uns das Material; wir müssen uns deshalb mit folgenden Angaben begnügen. Sie läßt sich aus dem Zinksalz durch Übergießen mit Schwefelsäure und Ausäthern leicht bereiten. Das beim Verdampfen des Äthers bleibende Öl erstarrt beim längeren Stehen im Exsiccator krystallinisch. Das Präparat schmolz niedriger als der Racemkörper. Da aber der Schmelzpunkt nicht konstant war, so sind wir nicht sicher, die Säure optisch rein gehabt zu haben; vielleicht war sie partiell racemisiert. Das gereinigte Präparat ist in Wasser leicht löslich. Die rohe Säure enthält aber manchmal in kleiner Menge einen schwer löslichen Stoff, der durch Behandlung der wäßrigen Lösung mit Tierkohle entfernt werden kann. In Alkohol und Aceton ist sie leicht löslich. In Acetonlösung dreht sie nach links. Wir geben zur vorläufigen Orientierung nachfolgende Bestimmung, ohne aber auf das Resultat besonderen Wert zu legen.

0,1163 g Sbst., gelöst in reinem Aceton. Gesamtgewicht der Lösung 1,3238 g, $d^{25} = 0{,}816$. Drehung im 1-dm-Rohr bei 25° und Natriumlicht 0,27° (± 0,02°) nach links. Mithin

$$[\alpha]_D^{25} = -\,3{,}8^\circ\,(\pm\,0{,}2^\circ)\,.$$

In wäßriger Lösung ist das Drehungsvermögen etwas geringer.

0,0500 g Sbst., gelöst in Wasser, Gesamtgewicht der Lösung 0,3644 g. Drehung im $^1/_2$-dm-Rohr bei 20° und weißem Licht 0,18° (± 0,02°) nach links. Mithin

$$[\alpha]^{20} \text{ etwa } -\,2{,}5^\circ\,.$$

Verwandlung des *l*-Valins in aktive α-Oxy-isovaleriansäure durch salpetrige Säure.

1 g *l*-Valin ($[\alpha]_D^{20} = -\,26^\circ$ in Salzsäure) wurde in 16 ccm *n*-Schwefelsäure gelöst und in die auf 0° abgekühlte Flüssigkeit eine konzentrierte,

wäßrige Lösung von 0,9 g Natriumnitrit im Laufe von einer Stunde unter öfterem Umschütteln eingetropft. Während der Operation fand eine langsame Gasentwicklung statt. Sie war nahezu beendet, nachdem die Flüssigkeit noch drei Stunden bei 0° und dann zwei Stunden bei Zimmertemperatur gestanden hatte. Zur Isolierung der Oxysäure wurde, nachdem die Flüssigkeit nochmals mit wenig Schwefelsäure übersättigt war, wiederholt ausgeäthert und das beim Verdampfen des Äthers bleibende Öl in der vorher beschriebenen Weise in Zinksalz verwandelt. Die Ausbeute an diesem betrug 0,97 g oder etwa 70% der Theorie.

Zur Analyse und optischen Untersuchung diente die erste Krystallisation des Zinksalzes.

0,1660 g lufttrockne Sbst. verloren bei 100° unter 15—20 mm Druck über Phosphorpentoxyd 0,0176 g. — 0,2236 g lufttrockne Sbst. verloren 0,0236 g. — 0,1685 g lufttrockne Sbst. verloren 0,0180 g.

$C_{10}H_{18}O_6Zn + 2 H_2O$ (335,57). Ber. H_2O 10,74. Gef. H_2O 10,60, 10,56, 10,68.

0,1958 g wasserfreie Sbst.: 0,0531 g ZnO.

$C_{10}H_{18}O_6Zn$ (299,54). Ber. Zn 21,83. Gef. Zn 21,79.

Für die optische Untersuchung diente die Lösung in *n*-Natronlauge.

0,1485 g wasserfreie Sbst., Gesamtgewicht der Lösung 7,4486 g, $d^{20} = 1,047$ g. Drehung im 2-dm-Rohr bei 20° und Natriumlicht 0,51° (± 0,2°) nach rechts. Mithin

$$[\alpha]_D^{20} = +12,2° (\pm 0,5°).$$

Derselbe Versuch wurde nochmals mit *l*-Valin ($[\alpha]_D^{20} = -23°$ in Salzsäure) ausgeführt und das erhaltene Zinksalz optisch untersucht.

0,1424 g wasserfreie Sbst., gelöst in *n*-Natronlauge. Gesamtgewicht der Lösung 6,8352 g. $d^{20} = 1,047$. Drehung im 2-dm-Rohr bei 20° und Natriumlicht 0,41° (± 0,02°) nach rechts. Mithin

$$[\alpha]_D^{20} = +9,4° (\pm 0,4°).$$

d-α-Brom-isovalerylchlorid, $C_3H_7 \cdot CHBr \cdot COCl$.

Es wurde in derselben Weise wie das inaktive Chlorid[1]) durch Einwirkung von Thionylchlorid auf *d*-α-Brom-isovaleriansäure (aus *l*-Valin)[2]) bereitet. Den Siedepunkt beobachteten wir unter 13 mm Druck bei 54—55° (korr.), also etwas niedriger als der früher für die inaktive Substanz angegebene Wert (59° bei ungefähr 15 mm). Es erstarrt in einer Mischung von Eis und Salz. Die Ausbeute war fast quantitativ.

d-α-Bromisovaleryl-glycin, $C_3H_7 \cdot CHBr \cdot CO \cdot NHCH_2CO_2H$.

Um das wertvolle Chlorid möglichst auszunutzen, verwendet man am besten einen Überschuß von Glykokoll. Dementsprechend werden

[1]) E. Fischer und J. Schenkel, Liebigs Ann. d. Chem. **354**, 14. (*S. 412*).

[2]) E. Fischer und H. Scheibler, Berichte d. D. Chem. Gesellsch. **41**, 890 [1908]. (*S. 790.*)

6,8 g Glykokoll (1,5 Mol.) in 45,3 ccm 2-*n.* Natronlauge gelöst, stark gekühlt und unter starkem Schütteln und dauernder guter Kühlung abwechselnd in acht Portionen einerseits 12 g *d*-α-Bromisovalerylchlorid (1 Mol.) und 36 ccm 2-*n.* Natronlauge (1,2 Mol.) zugegeben. Nachdem der Geruch des Säurechlorids ganz verschwunden ist, übersättigt man mit 15 ccm 5-*n.* Salzsäure. Dabei fällt das Kupplungsprodukt zunächst als farbloses Öl aus, erstarrt aber sehr bald krystallinisch und scheidet sich aus der Lösung außerdem noch in feinen langen Nadeln ab, die schließlich die ganze Flüssigkeit erfüllen. Nach mehrstündigem Stehen bei 0° wird filtriert und mit kaltem Wasser gewaschen. Die erste Krystallisation beträgt etwa 12 g. Aus der Mutterlauge gewinnt man durch vorsichtiges Einengen unter geringem Druck eine zweite Krystallisation von etwa 1,5 g, und der letzte Rest von 0,5 g läßt sich der Flüssigkeit mit Äther entziehen. Die Gesamtausbeute ist infolgedessen fast quantitativ, berechnet auf das angewandte Chlorid. Zur Reinigung wurde die Substanz in der fünffachen Menge heißem Wasser rasch gelöst und sofort wieder auf 0° abgekühlt. Hierbei fällt ungefähr $^2/_3$ der Substanz krystallinisch aus. Beim langsamen Verdunsten der Mutterlauge entstehen ziemlich große, schön ausgebildete, vielfach zentrisch verwachsene Prismen. Für die Analyse wurde im Vakuumexsiccator über Phosphorpentoxyd getrocknet.

0,1101 g Sbst.: 0,1431 g CO_2, 0,0453 g H_2O. — 0,1531 g Sbst.: 8,0 ccm N (25°, 763 mm). — 0,2258 g Sbst.: 0,1794 g AgBr.

$C_7H_{12}O_3NBr$ (238,06). Ber. C 35,28, H 5,08, N 5,89, Br 33,59.
Gef. „ 35,45, „ 4,60, „ 5,89, „ 33,81.

Im Capillarrohr erhitzt, beginnt die Substanz gegen 115° (korr.) zu sintern und schmilzt zwischen 119 und 120° (korr.) zu einer farblosen Flüssigkeit. Sie ist leicht löslich in Alkohol, Essigäther und Aceton, weniger löslich in Äther und Benzol und fast unlöslich in Petroläther.

Für die optische Untersuchung diente die Lösung in absolutem Alkohol. Die 3 Bestimmungen entsprechen nacheinander der einmal, zweimal und dreimal aus Wasser umkrystallisierten Substanz.

0,1608 g Sbst. Gesamtgewicht der Lösung 1,5860 g. $d^{20} = 0,835$. Drehung im 1-dm-Rohr bei 20° und Natriumlicht 4,02° (± 0,02°) nach rechts. Mithin

$$[\alpha]_D^{20} = +47,5° (\pm 0,2°).$$

0,1672 g Sbst. Gesamtgewicht der Lösung 1,6736 g. $d^{20} = 0,835$. Drehung im 1-dm-Rohr bei 20° und Natriumlicht 3,93° (± 0,02°) nach rechts. Mithin

$$[\alpha]_D^{20} = +47,1° (\pm 0,2°).$$

0,1682 g Sbst. Gesamtgewicht der Lösung 1,6803 g. $d^{20} = 0,835$. Drehung im 1-dm-Rohr bei 20° und Natriumlicht 3,93° (± 0,02°) nach rechts. Mithin

$$[\alpha]_D^{20} = + 47,0° (\pm 0,2°) .$$

Man sieht, daß das Drehungsvermögen beim Umkrystallisieren aus Wasser etwas fällt, was vielleicht auf eine Beimengung von Racemkörper zurückzuführen ist, der sich beim Umkrystallisieren anreichert.

Zersetzung des *d*-α-Bromisovaleryl-glycins durch Silberoxyd.

Eine Lösung von 3 g Bromverbindung in 200 ccm Wasser wurde mit Silberoxyd, das aus 10 g Nitrat bereitet war, versetzt und das Gemisch 5 Tage bei 37° geschüttelt. Die Abspaltung des Halogens war dann nahezu beendet. Man fügte nun zu der Mischung 12 ccm 5-*n*. Salzsäure, um alles Silber zu fällen. Die filtrierte Flüssigkeit hinterließ beim Verdampfen unter 12—15 mm Druck einen Sirup, aus dem sich beim längeren Stehen eine kleine Menge von Krystallen (0,24 g) abschied. Über die Natur dieses Körpers können wir nicht viel sagen. Er enthält kein Chlor, läßt sich aus Essigäther umkrystallisieren, reagiert sauer und dreht nur schwach nach rechts. Der Sirup, welcher bei weitem die Hauptmenge des Rohproduktes ausmacht, ist in kaltem Wasser leicht löslich und bildet ein krystallisiertes Zinksalz, das unten näher beschrieben ist.

Wir haben den Sirup direkt durch dreistündiges Kochen mit der vierfachen Menge 10-prozentiger Schwefelsäure am Rückflußkühler hydrolysiert und die hierbei gebildete Oxy-isovaleriansäure aus der erkalteten Flüssigkeit ausgeäthert und schließlich in das Zinksalz verwandelt. Dieses zeigte die Zusammensetzung des oxyisovaleriansauren Zinks.

0,1712 g lufttrockne Sbst. verloren unter 15—20 mm Druck bei 100° über Phosphorpentoxyd 0,0184 g.

$C_{10}H_{18}O_6Zn + 2 H_2O$ (335,57). Ber. H_2O 10,74. Gef. H_2O 10,75.

0,1471 g wasserfreie Sbst.: 0,0401 g ZnO.

$C_{10}H_{18}O_6Zn$ (299,54). Ber. Zn 21,83. Gef. Zn 21,90.

Für die optische Untersuchung diente die erste Krystallisation des Salzes.

0,1450 g wasserfreier Sbst., gelöst in *n*-Natronlauge, Gesamtgewicht der Lösung 7,3384 g. $d^{25} = 1,047$. Drehung im 2-dm-Rohr bei 25° und Natriumlicht 0,49° (± 0,02°) nach rechts. Mithin

$$[\alpha]_D^{25} = + 11,8° (\pm 0,4°) .$$

Zinksalz des aktiven α-Oxy-isovaleryl-glycins.

Wie zuvor erwähnt, bildet die sirupöse, aus dem *d*-α-Brom-isovaleryl-glycin entstehende Oxyverbindung ein krystallisiertes Zinksalz. Für seine Bereitung wurde der aus 3 g Bromverbindung gewonnene Sirup, der nur noch sehr wenig Salzsäure enthielt, in 100 ccm Wasser gelöst, eine halbe Stunde mit 3 g aufgeschlämmtem Zinkoxyd gekocht, dann zur Zerstörung von etwa gebildetem basischem Salz etwa 15 Minuten durch die warme Flüssigkeit ein Strom von Kohlensäure geleitet und die schließlich filtrierte Lösung unter vermindertem Druck eingedampft und zuletzt über Schwefelsäure im Exsiccator verdunstet. Der Rückstand war ein Gemisch von krystallisiertem Zinksalz und einer glasigen Masse, die sich durch Verreiben mit wenig kaltem Wasser und Auswaschen leicht entfernen ließ. Die Menge des Zinksalzes betrug 1,45 g, das entspricht 46% der Theorie, wenn man den Krystallwassergehalt des Salzes berücksichtigt. Aus der verhältnismäßig kleinen Ausbeute darf man schließen, daß außer der Bildung der Oxyverbindung noch eine andere Reaktion stattfindet, deren Produkt wahrscheinlich in der glasigen Masse enthalten ist. Das krystallisierte Zinksalz ist schon in 10 Teilen Wasser von gewöhnlicher Temperatur löslich und unterscheidet sich dadurch von dem viel schwerer löslichen Salze der α-Oxyisovaleriansäure. Zur Reinigung wurden 1,5 g in heißem Wasser gelöst, bis auf etwa 3 ccm eingeengt und dann die Flüssigkeit nach Einimpfen eines Krystalls eine Stunde bei 0° aufbewahrt, wobei $^3/_4$ der Menge wieder auskrystallisierte. Das lufttrockne Salz, welches silberglänzende, häufig viereckige Platten bildet, die beim langsamen Verdunsten 1—2 mm groß sind, enthält 5 Mol. Wasser, die beim Trocknen über Phosphorpentoxyd unter 15—20 mm bei 100° nach 3 Stunden entwichen sind.

0,1707 g lufttrockne Sbst. verloren unter 15—20 mm Druck bei 100° über Phosphorpentoxyd 0,0303 g. — 0,2002 g lufttrockne Sbst. verloren 0,0355 g.

$(C_7H_{12}O_4N)_2Zn + 5\ H_2O$ (503,68). Ber. H_2O 17,88. Gef. H_2O 17,75, 17,73.

0,1567 g wasserfreie Sbst.: 0,0312 g ZnO. — 0,1165 g Sbst.: 0,1749 g CO_2, 0,0595 g H_2O.

$(C_7H_{12}O_4N)_2Zn$ (413,60). Ber. Zn 15,81, C 40,62, H 5,85.
Gef. „ 16,00, „ 40,94, „ 5,71.

Zur optischen Untersuchung diente die wäßrige Lösung.

0,1168 g wasserfreie Substanz (angewandt wurde wasserhaltiges Salz). Gesamtgewicht der Lösung 1,6280 g. $d^{20} = 1,034$. Drehung im 1-dm-Rohr bei 20° und Natriumlicht 3,61° (± 0,02°) nach rechts. Mithin

$$[\alpha]_D^{20} = +48,7^\circ\ (\pm 0,3^\circ).$$

Nachdem das Präparat nochmals aus Wasser umkrystallisiert war, wurde die spezifische Drehung nur wenig höher gefunden.

0,0546 g wasserfreie Substanz. Gesamtgewicht der Lösung 1,5342 g. $d^{20} = 1,020$. Drehung im 1-dm-Rohr bei 20° und Natriumlicht 1,79° (± 0,02°) nach rechts. Mithin

$$[\alpha]_D^{20} = +49,3° (\pm 0,5°).$$

Außerdem wurde noch die Lösung des Zinksalzes in *n*-Salzsäure optisch untersucht.

0,1232 g wasserfreie Substanz ($[\alpha]_D^{20} = +48,7°$ in Wasser). Gesamtgewicht der Lösung in *n*-Salzsäure 1,6389 g. $d^{20} = 1,040$. Drehung im 1-dm-Rohr bei 20° und Natriumlicht 2,82° (± 0,02°) nach rechts. Mithin

$$[\alpha]_D^{20} = +36,1° (\pm 0,2°).$$

Hieraus berechnet sich die spezifische Drehung des freien Oxyisovaleryl-glycins bei Gegenwart von Zinkchlorid und Salzsäure zu +42,6° (± 0,3°). Selbstverständlich kann die Drehung der Oxysäure in reinem Wasser einen erheblich anderen Wert haben, aber es ist doch sehr wahrscheinlich, daß der Sinn der Drehung derselbe bleibt.

Hydrolyse des Zinksalzes.

Um das Resultat, welches die Hydrolyse der rohen Säure geliefert hatte, zu kontrollieren, wurde auch das reine Zinksalz durch 6-stündiges Kochen mit der 10-fachen Menge 10-prozentiger Schwefelsäure gespalten und die dabei entstandene Oxy-isovaleriansäure nach dem Ausäthern in das Zinksalz verwandelt. Für die optische Untersuchung diente die erste Krystallisation, deren Menge 36% der Theorie betrug.

0,0630 g wasserfreie Substanz, gelöst in *n*-Natronlauge. Gesamtgewicht der Lösung 1,6486 g. $d^{20} = 1,050$. Drehung im 1-dm-Rohr bei 20° und Natriumlicht 0,52° (± 0,02°) nach rechts. Mithin

$$[\alpha]_D^{20} = +13,0° (\pm 0,5°).$$

Schließlich mag noch erwähnt sein, daß wir auch die Wirkung der salpetrigen Säure und des Nitrosylbromids auf aktiven Valinäthylester, sowie von Ammoniak auf aktiven α-Brom-isovaleriansäureäthylester untersucht haben, aber noch zu keinem abschließenden Resultat gelangt sind.

78. Emil Fischer und Helmuth Scheibler: Zur Kenntnis der Waldenschen Umkehrung. IV[1]).

Berichte der Deutschen Chemischen Gesellschaft **42**, 1219 [1909].

(Eingegangen am 24. März 1909.)

Alle bisherigen Versuche über die Veränderung der Konfiguration bei Substitution am asymmetrischen Kohlenstoffatom wurden mit α-Derivaten von Säuren ausgeführt, weil sie besonders leicht zugänglich und auch reaktionsfähiger sind als ihre Isomeren. Für die theoretische Deutung der Waldenschen Umkehrung scheint es aber wichtig, zu wissen, ob die unmittelbare Haftung des Carboxyls am asymmetrischen Kohlenstoffatom eine Bedingung dafür ist. Die Entscheidung dieser Frage darf man von einer Untersuchung der β-substituierten Fettsäuren erwarten und wir haben dafür die Derivate der Buttersäure gewählt, weil hier die Oxyverbindung schon in der optisch aktiven Form bekannt ist. Sie findet sich im Harn von Diabetikern zuweilen in recht erheblicher Menge und ihr Ester läßt sich daraus nach dem später beschriebenen Verfahren verhältnismäßig leicht gewinnen. Wir haben nun auf diese β-Oxybuttersäure einen Teil der Reaktionen angewandt, durch welche Walden bei der Äpfelsäure die Umkehrung der Konfiguration fand[2]).

Wird β-Oxybuttersäure-methylester mit Phosphorpentachlorid bei niedriger Temperatur behandelt, so entsteht in erheblicher Menge der aktive β-Chlorbuttersäure-methylester, der sich durch konzentrierte, wäßrige Salzsäure zu aktiver, stark rechtsdrehender β-Chlorbuttersäure verseifen läßt. Dieselbe Säure entsteht, allerdings in viel geringerer Ausbeute, durch Wirkung von Phosphor-

---

[1]) Vgl. frühere Mitteilungen, Berichte d. D. Chem. Gesellsch. **40**, 489 [1907]; (*S. 769*) **41**, 889, 2891 [1908]. (*S. 789 und 794.*)

[2]) P. Walden, Berichte d. D. Chem. Gesellsch. **29**, 133 [1896].

pentachlorid auf die freie β-Oxybuttersäure. Wird die aktive β-Chlorbuttersäure mit Wasser und Silberoxyd im Brutraum mehrere Tage geschüttelt, so wird neben Crotonsäure eine erhebliche Menge von β-Oxybuttersäure zurückgebildet. Diese besitzt qualitativ dasselbe Drehungsvermögen, wie die als Ausgangsmaterial dienende, natürliche Oxyverbindung, quantitativ ist es dagegen viel geringer, mit anderen Worten, es findet bei den beiden Reaktionen eine starke Racemisation statt. Ähnlich, aber unter geringerer Racemisation, verläuft die Wirkung von kochendem Wasser auf die Chlor-säure oder ihren Methylester. Mithin bestehen zwischen Oxy- und Chlorbuttersäure folgende Beziehungen:

l, β-Oxybuttersäure $\xrightarrow{(PCl_5)}$ β-Chlorbuttersäure (rechtsdrehend)
$\xrightarrow{Ag_2O \text{ oder } H_2O}$ *l*, β-Oxybuttersäure.

Eine Waldensche Umkehrung ist also hier nicht nachweisbar. Selbstverständlich kann man die Möglichkeit a priori nicht ausschließen, daß sie zweimal erfolgt. Da aber Säure und Ester bei der Wirkung des Phosphorpentachlorids sich gleich verhalten, so ist diese Annahme, vorläufig wenigstens, nicht wahrscheinlich.

Außer Silberoxyd und Wasser haben wir noch Natronlauge und Natriumcarbonatlösung auf die aktive β-Chlorbuttersäure einwirken lassen, aber kein entscheidendes Resultat erhalten, denn hierbei verschwindet die optische Aktivität gänzlich. Das Hauptprodukt ist Crotonsäure und daneben entsteht nur in kleiner Menge inaktive Oxysäure. Sobald uns mehr Material zur Verfügung steht, werden wir die Versuche auf die β-Aminobuttersäure ausdehnen.

l, β-Oxybuttersäure-methylester.

Für die Gewinnung der *l*, β-Oxybuttersäure, beziehungsweise ihres Esters haben wir den Urin von Diabetikern benutzt, den wir der freundlichen Hilfe der HHrn. Professoren P. Bergell-Berlin, Mohr-Halle und Rosenfeld-Breslau verdanken und sind dabei zunächst der Vorschrift von A. Magnus-Levy gefolgt[1]), aber nur bis zur Isolierung der Rohsäure, welche beim Verdampfen der ätherischen Auszüge zurückbleibt. Die von Magnus-Levy benutzte Reinigung durch Krystallisation des Natriumsalzes schien uns nämlich bei unserem Material zu mühsam und verlustreich. Wir haben deshalb zunächst die Destillation als Reinigungsmethode versucht. Bei 1 mm Druck läßt sich die Säure in der Tat ziemlich gut destillieren und siedet gegen 112°, aber das so dargestellte Präparat ist auch noch gelb gefärbt und ziemlich unrein. Außerdem enthält es, wie die Titration zeigte, ein anhydridartiges Pro-

---

[1]) A. Magnus-Levy, Arch. exp. Path. und Pharm. **45**, 390 [1901].

dukt, dessen Bildung schon McKenzie beim Erhitzen der β-Oxybuttersäure auf 100° beobachtet hat[1]).

Ungleich wirksamer ist als Reinigungsmethode die Verwandlung in den Methylester, der unter geringem Druck ganz ohne Zersetzung siedet, von den übrigen Bestandteilen der Rohsäure leicht zu trennen ist und sich auch ohne Schwierigkeit in die Säure beziehungsweise ihr Natriumsalz zurückverwandeln läßt. Allerdings gibt die Veresterung mit Methylalkohol und Salzsäure bei der rohen β-Oxybuttersäure, die noch Wasser und andere Produkte enthält, zunächst eine ziemlich schlechte Ausbeute. Wird aber die Operation mit den Rückständen mehrmals wiederholt, so läßt sich der größere Teil der Oxysäure in den Ester verwandeln. Dem entspricht folgende Vorschrift.

25 g Rohsäure werden mit 125 ccm Methylalkohol vermischt und unter Kühlung mit Eis gasförmige Salzsäure bis zur Sättigung eingeleitet. Nach 24-stündigem Stehen wird die Mischung unter 15—20 mm Druck bei gut gekühlter Vorlage aus einem Bade von 20—25° verdampft. Den Rückstand verdünnt man mit dem doppelten Volumen Äther, filtriert vom ungelösten, wasserhaltigen Teil, trocknet dann die ätherische Lösung 12 Stunden mit Natriumsulfat, verdampft den Äther unter vermindertem Druck und destilliert den Rückstand bei etwa 13 mm Druck aus einem Bade, dessen Temperatur bis 85° gesteigert wird. Der Ester destilliert unter diesen Bedingungen zwischen 66° und 70° und bildet eine schwach grünlich gefärbte Flüssigkeit. Die Ausbeute betrug bei unserem Material 7,4 g und der im Destillationskolben zurückbleibende braune Sirup wog 15 g. Mit ihm wird die Veresterung und Destillation noch zweimal wiederholt, wodurch dann der größte Teil der Oxybuttersäure in Ester verwandelt wird. Für die völlige Reinigung des Esters wird er nochmals mit Natriumsulfat und einer ganz kleinen Menge Silbercarbonat 12 Stunden geschüttelt und von neuem destilliert, wobei der Verlust sehr unbedeutend ist.

Der reine Ester ist farblos und hat einen schwachen Geruch. Er ist in Wasser, Alkohol, Äther, Benzol leicht löslich, erheblich schwerer in Petroläther. Unter 13 mm Druck siedet er bei 67—68,5°. Für Analyse und optische Bestimmung war das Präparat zum dritten Mal getrocknet und destilliert.

0,1651 g Sbst.: 0,3071 g CO_2, 0,1250 g H_2O.

$C_5H_{10}O_3$ (118,08). Ber. C 50,81, H 8,53.

Gef. „ 50,73, „ 8,47.

$d^{20} = 1,058$. — Drehung im 1-dm-Rohr bei 20° und Natriumlicht 22,31° (± 0,02°) nach links. Mithin

$$[\alpha]_D^{20} = -21,09°\ (\pm 0,02°).$$

---

[1]) McKenzie, Journ. Chem. Soc. 81, 1411 [1902].

Die bei der zweiten und dritten Veresterung erhaltenen Präparate zeigten Drehungen, die um 1—2° niedriger als obiger Wert lagen.

Zum Vergleich haben wir auf ähnliche Art den Methylester der inaktiven β-Oxybuttersäure, die aus dem Acetessigester leicht zu bereiten[1]) ist, dargestellt, indem wir das Natriumsalz mit Methylalkohol und Salzsäure behandelten. Er gleicht der aktiven Verbindung sehr. Den Siedepunkt fanden wir unter 12—13 mm Druck bei 67—68°.

0,1570 g Sbst.: 0,2920 g CO_2, 0,1198 g H_2O.

$C_5H_{10}O_3$ (118,08). Ber. C 50,81, H 8,53.
Gef. „ 50,72, „ 8,54.

Verseifung des aktiven Esters. 1 g wurde mit wenig Alkohol vermischt, unter Kühlung 25,5 ccm alkoholische $^n/_2$-Natronlauge (1,5 Mol.) zugegeben und 12 Stunden bei Zimmertemperatur aufbewahrt, dann zur Neutralisation der überschüssigen Natronlauge 4,25 ccm *n.* Schwefelsäure zugefügt und das ausgeschiedene Natriumsulfat abfiltriert. Beim Verdampfen der Mutterlauge blieb das Natriumsalz der *l*, β-Oxybuttersäure zurück und wurde zur Entfernung des darin enthaltenen Wassers in einer Platinschale mit Alkohol mehrmals abgedampft, dann wieder in warmem Alkohol gelöst und die auf etwa 5 ccm konzentrierte Flüssigkeit unter Schütteln allmählich mit 20 ccm Äther versetzt. Dabei fiel das Natriumsalz als eine gallertähnliche Masse. Es wurde nach einiger Zeit abfiltriert, durch Abpressen zwischen gehärtetem Filtrierpapier von der Mutterlauge möglichst befreit und im Exsiccator aufbewahrt. Für die Analyse und optische Bestimmung war unter 15—20 mm Druck bei 100° über Phosphorpentoxyd getrocknet.

0,1463 g Sbst.: 0,0827 g Na_2SO_4.

$C_4H_7O_3Na$ (126,10). Ber. Na 18,28. Gef. Na 18,33.

0,3397 g Sbst., gelöst in Wasser. Gesamtgewicht der Lösung 1,7580 g (C = 5,2). d^{20} = 1,089. — Drehung im 1-dm-Rohr bei 20° und Natriumlicht 2,97° (± 0,02°) nach links. Mithin

$$[\alpha]_D^{20} = -14{,}1^\circ (\pm 0{,}1^\circ)$$

Mc Kenzie fand die spezifische Drehung des synthetischen Produktes zu — 14,3° (C = 3,4) und Magnus Levy gibt — 14,2° (C = 4,9) an.

Unter der Voraussetzung, daß ein Natriumsalz von dieser Drehung optisch rein ist, darf man annehmen, daß auch der von uns verarbeitete Ester mit dem oben angegebenen Drehungsvermögen keine erhebliche Menge von Racemkörper enthielt.

---

[1]) J. Wislicenus, Liebigs Ann. d. Chem. **149**, 205 [1869].

Rechtsdrehender β-Chlorbuttersäure-methylester.

Zu 5 g reinem, trocknem *l*, β-Oxybuttersäure-methylester, der in einer Kältemischung gekühlt ist, fügt man unter Schütteln in etwa 10 Portionen 11,0 g rasch gepulvertes Phosphorpentachlorid (1,25 Mol.) im Laufe von $^1/_2$ Stunde zu, wobei lebhafte Entwicklung von Salzsäure erfolgt. Nachdem die Mischung noch 1 Stunde in der Kälte gestanden hat, wird sie mit etwa 30 ccm trocknem Äther verdünnt, von unverändertem Phosphorpentachlorid abgegossen und nun unter Umschütteln und Kühlung allmählich mit etwa 5 ccm Wasser versetzt, um das Phosphoroxychlorid zu zerstören. Schließlich fügt man zur Bindung aller Säure ebenfalls in mehreren Portionen einen Überschuß von Natriumbicarbonat zu, bis keine Kohlensäureentwicklung mehr stattfindet und die Salzmasse neutral reagiert. Der hierbei verdampfende Äther muß ersetzt werden. Man gießt nun die ätherische Lösung ab, trocknet mit Natriumsulfat und verdampft den Äther. Hierbei ist es vorteilhaft, einen Fraktionieraufsatz anzuwenden, um die Verflüchtigung der Chlorverbindung möglichst zu verhindern. Schließlich wurde der Rückstand unter etwa 13 mm Druck fraktioniert, wobei der β-Chlorbuttersäure-methylester zwischen 45—55° überging. Die Ausbeute betrug 3,4 g oder 59% der Theorie. Als Nebenprodukt entsteht ein Körper, der unter 13 mm Druck von 115—125° siedet, Chlor und Phosphor enthält und nicht näher untersucht wurde.

Nach abermaligem Trocknen mit Natriumsulfat wurde der β-Chlorbuttersäure-methylester nochmals fraktioniert. Er ging dann unter 13 mm Druck von 48—51° über.

0,1664 g Sbst.: 0,2695 g CO_2, 0,0974 g H_2O.

$C_5H_9O_2Cl$ (136,52). Ber. C 43,95, H 6,64.
Gef. „ 44,17, „ 6,55.

Das für die optische Bestimmung dienende Präparat war aus *l*, β-Oxybuttersäure-methylester von $[\alpha]_D^{20} = -21,09°$ hergestellt.

$d^{20} = 1,077$. Drehung im 1-dm-Rohr bei 20° und Natriumlicht 25,73° (± 0,02°) nach rechts. Mithin

$$[\alpha]_D^{20} = +23,89° (\pm 0,02°).$$

Ein zweites Präparat, das aus einem *l*, β-Oxybuttersäure-methylester von nur $[\alpha]_D^{20} = -19,56°$ bereitet war, drehte im 1-dm-Rohr bei 20° und Natriumlicht 23,65° (± 0,02°) nach rechts. Mithin

$$[\alpha]_D^{20} = +21,96° (\pm 0,02°).$$

Man sieht, daß die Differenz im Drehungsvermögen der Chlorkörper ungefähr ebenso groß ist, wie bei den als Ausgangsmaterial dienenden Oxyverbindungen.

Rechtsdrehende β-Chlorbuttersäure.

Die Verseifung des Esters durch Alkalien liefert hauptsächlich Crotonsäure. Viel bessere Resultate gibt die Verseifung mit Salzsäure.

2 g Ester werden mit 20 ccm rauchender Salzsäure (spez. Gew. 1,19) kurze Zeit bis zur klaren Lösung geschüttelt. Bei Zimmertemperatur geht die Verseifung langsam vonstatten und ist nach mehreren Tagen noch nicht vollendet. Rascher kommt man zum Ziel bei 37°. Die Verseifung ist dann nach 3 Tagen so gut wie beendet. Man verdünnt mit Wasser und extrahiert die β-Chlorbuttersäure durch Äther. Die ätherische Lösung wird mit Natriumsulfat getrocknet, dann verdampft und der Rückstand fraktioniert. Unter 13 mm Druck geht die β-Chlorbuttersäure zwischen 100° und 105° über. Die Ausbeute betrug 1,6 g oder etwa 90% der Theorie. Nach zweimaliger Fraktionierung lag der Siedepunkt unter 13 mm Druck bei 99—100°. Das stimmt überein mit dem bekannten Siedepunkt der inaktiven β-Chlorbuttersäure: 98,5—99,5° unter 12 mm Druck[1]). Die aktive Säure wird bei gewöhnlicher Temperatur fest. Wir haben leider nicht Material genug gehabt, um sie durch Krystallisation zu reinigen, sondern für die Analyse das destillierte Präparat verwendet.

0,1984 g Sbst.: 0,2275 g AgCl.

$C_4H_7O_2Cl$ (122,50). Ber. Cl 28,94. Gef. Cl 28,35.

Für die optische Bestimmung diente die Lösung in der für das neutrale Salz berechneten Menge *n*. Natronlauge.

0,0966 g Sbst. gelöst in *n*. Natronlauge (1 Mol.). Gesamtgewicht der Lösung 0,9144 g. $d^{20} = 1,060$. Drehung im $^1/_2$-dm-Rohr bei 20° und Natriumlicht 1,52° (± 0,02°) nach rechts. Mithin

$$[\alpha]_D^{20} = +27,1^\circ (\pm 0,4^\circ).$$

Die Drehung der Lösung nimmt bei 12-stündigem Aufbewahren nur sehr wenig ab. Diese Zahl kann auf große Genauigkeit keinen Anspruch machen, da das Präparat, wie aus der Chlorbestimmung hervorgeht, nicht ganz rein war. In der Tat haben wir bei einem anderen Präparat, das durch 2-tägiges Stehen der salzsauren Lösung des Esters bei gewöhnlicher Temperatur bereitet war, unter den gleichen Bedingungen den höheren Wert $[\alpha]_D^{20} = +29,8^\circ$ (± 0,2°) gefunden. Aber infolge von unvollständiger Verseifung war hier die Ausbeute erheblich schlechter. Auch dieser höhere Wert kann noch keinen Anspruch auf Zuverlässigkeit machen. Um das zu erreichen, müßte man die aktive Säure durch Krystallisation reinigen, wozu unser Material nicht ausreichte. Übrigens ist es für die Lösung der Frage, die wir uns gestellt

[1]) A. M. Cloves, Liebigs Ann. d. Chem. **319**, 358 [1901].

haben, gleichgültig, ob die Materialien eine geringere oder größere Menge von Racemkörper enthalten.

Wir haben auch noch das Drehungsvermögen der β-Chlorbuttersäure in Wasser geprüft, konnten aber wegen der geringen Löslichkeit nur eine recht verdünnte Flüssigkeit untersuchen.

0,0416 g Sbst., gelöst in Wasser. Gesamtgewicht der Lösung 3,0510 g. $d^{20} = 1{,}004$. Drehung im 1-dm-Rohr bei 20° und Natriumlicht 0,58° (± 0,02°) nach rechts. Mithin

$$[\alpha]_D^{20} = +42^\circ (\pm 1{,}5^\circ).$$

Selbstverständlich betrachten wir auch diesen Wert nur als approximativ.

Die aktive β-Chlorbuttersäure kann auch direkt aus der unter 1 mm Druck destillierten *l*-β-Oxybuttersäure durch Phosphorpentachlorid bei sorgfältiger Kühlung in einer Kältemischung bereitet werden; aber das so gewonnene Produkt war viel stärker racemisiert, denn in der berechneten Menge *n.* Natronlauge gelöst zeigte es nur $[\alpha]_D^{20} = +12{,}7$ Da ferner bei dieser Reaktion erhebliche Mengen von Crotonsäure entstehen, so ist die Ausbeute ebenfalls recht schlecht und deshalb das Verfahren für die Praxis nicht geeignet. Immerhin ist es bemerkenswert, daß die freie β-Oxybuttersäure ebenso wie der Ester die rechtsdrehende β-Chlorbuttersäure liefert. Für die Trennung der Crotonsäure von β-Chlorbuttersäure haben wir bei dieser Gelegenheit ein ziemlich einfaches Verfahren gefunden. Man läßt das Gemisch im Vakuumexsiccator über Kali oder Natronkalk unter zeitweiligem Zusatz von wenig Wasser stehen. Dabei verflüchtigt sich der allergrößte Teil der Crotonsäure.

Verwandlung des rechtsdrehenden β-Chlorbuttersäuremethylesters in *l*-β-Oxybuttersäure durch Wasser.

Wird 1 g aktiver Ester ($[\alpha]_D^{20}$ = etwa + 22°) mit der 15-fachen Menge Wasser 40 Stunden am Rückflußkühler gekocht, so löst sich das Öl allmählich auf, und es findet nicht allein die Verseifung der Estergruppe, sondern auch die vollständige Ablösung des Chlors statt. Als Hauptprodukt entsteht dabei β-Oxybuttersäure, welche zum Teil noch optisch-aktiv, und zwar linksdrehend, ist. Bei der Verdünnung auf 19 ccm fanden wir die Drehung der Flüssigkeit im 1-dm-Rohr 0,33° nach links. Zur Isolierung der Oxysäure wurde mit *n.* Natronlauge neutralisiert, unter vermindertem Druck stark eingedampft, dann mit 3 ccm 5-*n.* Schwefelsäure angesäuert, ein Überschuß von trocknem Natriumsulfat zugefügt und die fast trockne Masse im Soxhlet-Apparat ausgeäthert. Beim Verdampfen des Äthers hinterblieb ein

Sirup, den wir 12 Stunden im Vakuumexsiccator über Ätzkali aufbewahrten, um etwa beigemengte Crotonsäure, welche unter diesen Bedingungen leicht verdampft, zu entfernen. Dann wurde der Sirup mit *n.* Natronlauge neutralisiert, wozu 5,8 ccm erforderlich waren, die filtrierte Lösung in einer Platinschale auf dem Wasserbade verdampft und das Natriumsalz durch mehrmaliges Eindampfen mit Alkohol entwässert. Zum Schluß haben wir in heißem absolutem Alkohol gelöst und nach starkem Einengen durch Abkühlung 0,35 g krystallisiertes Natriumsalz gewonnen. Das weiter eingeengte Filtrat gab auf Zusatz von Äther einen zweiten halbgallertigen Niederschlag des Natriumsalzes (0,22 g). Die Gesamtausbeute betrug also 0,57 g Natriumsalz oder 62% der Theorie. Die erste Krystallisation zeigte den Metallgehalt des *β*-oxybuttersauren Natriums, war aber in überwiegender Menge racemisch. Getrocknet war unter 15—20 mm Druck bei 100° über Phosphorpentoxyd.

0,1070 g Sbst.: 0,0611 g Na_2SO_4.

$C_4H_7O_3Na$ (126,10). Ber. Na 18,28. Gef. Na 18,52.

0,3340 g Sbst., gelöst in Wasser. Gesamtgewicht der Lösung 1,6243 g. $d^{20} = 1{,}089$. Drehung im 1-dm-Rohr bei 20° und Natriumlicht 0,78° (± 0,02°) nach links. Mithin

$$[\alpha]_D^{20} = -3{,}5° (\pm 0{,}1°).$$

Die zweite, durch Äther abgeschiedene Menge des Natriumsalzes besaß ein doppelt so starkes Drehungsvermögen.

0,1805 g Sbst., gelöst in Wasser. Gesamtgewicht der Lösung 0,8469 g. $d^{20} = 1{,}089$. Drehung im $^1/_2$-dm-Rohr bei 20° und Natriumlicht 0,86° (± 0,02°) nach links. Mithin

$$[\alpha]_D^{20} = -7{,}4° (\pm 0{,}2°).$$

Da die höchste Drehung des *l*-*β*-oxybuttersauren Natriums bei derselben Konzentration $[\alpha]_D^{20} = -14{,}4°$ beträgt, so bestand unser Präparat zur guten Hälfte aus aktivem Salz.

An Stelle des Esters kann man für die Verseifung mit Wasser die freie aktive *β*-Chlorbuttersäure verwenden, und wir haben uns durch einen optischen Versuch überzeugt, daß die ursprünglich rechtsdrehende Flüssigkeit nach längerem Kochen linksdrehend wurde. Die folgenden Zahlen sprechen sogar dafür, daß diese Umwandlung im optischen Sinne glatter vonstatten geht als die Zersetzung des Esters.

0,2171 g *β*-Chlorbuttersäure ($[\alpha]_D^{20} = +42°$ in wäßriger Lösung) wurden mit Wasser in einem kleinen Rohr eingeschmolzen, so daß das Gesamtgewicht der Flüssigkeit 1,8095 g betrug, dann im Wasserbade erhitzt, wobei erst nach einigen Stunden klare Lösung erfolgte, und die Lösung von Zeit zu Zeit mikropolarimetrisch untersucht. Anfangs war starke Rechtsdrehung vorhanden. Wir führen nur die drei letzten Beobachtungen an. Drehung im $^1/_2$-dm-Rohr:

nach 18 Stunden 0,05° nach rechts,
„ 30 „ 0,79° „ links,
„ 44 „ 0,68° „ „ .

Wäre die Chlorsäure optisch ganz rein gewesen, und hätte die Umwandlung in aktive Oxysäure, für die nach Magnus - Levy in wäßriger, etwa 10-prozentiger Lösung $[\alpha]_D^{21} = -24,23°$ ist, glatt stattgefunden, so hätte die Flüssigkeit 1,24° im $^1/_2$-dm-Rohr drehen müssen.

Zersetzung der β - Chlorbuttersäure durch Silberoxyd.

Da das Silbersalz der β-Chlorbuttersäure sehr schwer löslich ist, so schien es zweckmäßig, die Reaktion in starker Verdünnung auszuführen.

0,5 g β-Chlorbuttersäure ($[\alpha]_D^{20} = +27,1°$, in 1 Mol. *n*. Natronlauge gelöst) wurden in 50 ccm Wasser gelöst und nach Zusatz von Silberoxyd, das aus 2,8 g Nitrat (4 Mol.) frisch bereitet war, 3 Tage im Brutraum geschüttelt. Die Flüssigkeit enthielt dann kein Chlor mehr. Nun wurde die gesamte Mischung mit einem Überschuß von *n*. Salzsäure versetzt, durchgeschüttelt, die filtrierte Flüssigkeit mit *n*. Natronlauge neutralisiert und die Oxysäure in der zuvor beschriebenen Weise mit Äther isoliert. Beim Verdampfen des Äthers blieb ein Sirup von 0,28 g, der, in 2,3 ccm Wasser gelöst, im 1-dm-Rohr 0,68° nach links drehte. Die Säure wurde ebenfalls auf die vorhin beschriebene Weise in das Natriumsalz verwandelt und 0,12 g eines Präparats isoliert, das $[\alpha]_D^{20} = -4,6°$ zeigte und auch annähernd den richtigen Natriumgehalt besaß.

0,0690 g Sbst.: 0,0406 g Na_2SO_4.
$C_4H_7O_3Na$ (126,10). Ber. Na 18,28. Gef. Na 19,08.

Obschon der Versuch mit so kleiner Menge ausgeführt werden mußte, so scheint uns doch das Resultat nicht zweifelhaft zu sein. Bei der Wirkung des Silberoxyds findet zwar starke Racemisierung statt, aber der aktiv gebliebene Rest ist die linksdrehende β-Oxybuttersäure.

Im Anschluß an diesen Versuch haben wir noch das Verhalten des neutralen, aktiven β-chlorbuttersauren Natriums in heißer, wäßriger Lösung geprüft. Die Hoffnung, unter diesen Bedingungen eine Umwandlung in die aktive β-Oxybuttersäure zu erreichen, hat sich aber nicht erfüllt, denn die Reaktion verläuft in anderem Sinne. Erhitzt man die 10-prozentige Lösung im zugeschmolzenen Rohr auf 100°, so beobachtet man bald eine Gasentwicklung; gleichzeitig trübt sich die Flüssigkeit, und schon nach $^1/_2$ Stunde ist eine erhebliche Menge eines ziemlich leicht flüchtigen, esterartig riechenden Öls entstanden. Wir beabsichtigen, diesen merkwürdigen Vorgang genauer zu untersuchen.

79. Emil Fischer, Helmuth Scheibler und Reinhart Groh: Zur Kenntnis der Waldenschen Umkehrung. V. Optisch-aktive β-Amino-β-phenyl-propionsäure.

Berichte der Deutschen Chemischen Gesellschaft **43**, 2020 [1910].

(Eingegangen am 24. Juni 1910.)

In der letzten Mitteilung[1]) wurde die wechselseitige Umwandlung von aktiver β-Oxybuttersäure in β-Chlorbuttersäure geschildert. Da bei diesen Vorgängen keine Waldensche Umkehrung nachweisbar war, so sprachen wir die Absicht aus, die Versuche auf die β-Aminobuttersäure auszudehnen. Da aber die Herstellung der aktiven Formen dieser Aminosäure einige Schwierigkeiten machte, die wir erst in der letzten Zeit durch Spaltung des Methylesters mit Camphersulfosäure überwinden konnten, so haben wir es vorgezogen, zunächst die β-Amino-β-phenyl-propionsäure*) im gleichen Sinne zu untersuchen. Sie ist bisher nur in der racemischen Form bekannt; aber sie läßt sich als Formylverbindung durch Chinidin und Chinin leicht in die optisch-aktiven Formen spalten. Wir glauben, beide in reinem Zustande isoliert zu haben, und unterscheiden sie, wie in früheren Fällen, nach der Drehung der wäßrigen Lösung als *d*- und *l*-Verbindung. Von ihren Verwandlungen haben wir bisher nur die Überführung in Oxysäure durch Behandlung mit salpetriger Säure, die für den Racemkörper schon von Posner[2]) beschrieben wurde, studieren können. Dabei findet, gerade so wie bei der Phenylaminoessigsäure[3]), starke Racemisierung statt, die offenbar durch die unmittelbare Bindung des Phenyls an das asymmetrische Kohlenstoffatom bedingt ist; aber es bleibt noch ein genügender Teil der Aktivität erhalten, um die Beziehungen der beiden Aminosäuren zu den beiden Oxysäuren, die kürzlich von Mc Kenzie und

---

[1]) E. Fischer und H. Scheibler, Berichte d. D. Chem. Gesellsch. **42**, 1219 [1909]. (S. *805*.)

*) *Im Original steht hier β-Amino-β-phenyl-buttersäure. Herr Prof. H. Scheibler hat den Herausgeber auch darauf aufmerksam gemacht, daß es anstelle von „.... buttersäure" „.... propionsäure" heißen muß.*

[2]) Posner, Berichte d. D. Chem. Gesellsch. **36**, 4313 [1903].

[3]) E. Fischer und O. Weichhold, Berichte d. D. Chem. Gesellsch. **41**, 1293 [1908] (*S. 93*); vergl. auch Mc Kenzie und Clough, Journ. Chem. Soc. **95**, 777 [1909].

Humphries[1]) durch Spaltung des Racemkörpers gewonnen wurden, feststellen zu lassen.

Die *d*-β-Amino-β-phenyl-propionsäure geht bei dieser Reaktion in *l*-β-Oxy-β-phenylpropionsäure über. Wir haben dann noch dieselbe Reaktion auf den Äthylester der Aminosäure übertragen. Hier ist die Racemisierung etwas geringer, und die entstehende Oxysäure hat dieselbe Drehungsrichtung. Daraus folgt, daß eine Waldensche Umkehrung bei der Wirkung der salpetrigen Säure vorläufig nicht nachweisbar und, wie wir wohl hinzufügen dürfen, auch nicht sehr wahrscheinlich ist.

Formyl-*dl*-β-amino-β-phenylpropionsäure, $C_6H_5 \cdot CH(NH \cdot CHO) \cdot CH_2 \cdot COOH$.

Die Formylierung der β-Amino-β-phenylpropionsäure, die nach dem Verfahren von Posner[2]) aus Zimtsäure bequem darzustellen ist, gelingt ebenso leicht, wie bei der α-Verbindung[3]). Beim Verreiben mit wenig kaltem Wasser krystallisiert das Produkt sofort, und die Ausbeute beträgt etwa 85% der Theorie. Zur Reinigung wird aus der $2^1/_2$-fachen Menge kochendem Wasser umkrystallisiert. Beim Erkalten scheidet es sich sofort und zum größten Teil in gut ausgebildeten Prismen ab.

Zur Analyse war im Vakuumexsiccator über Schwefelsäure getrocknet.

0,2044 g Sbst.: 0,4668 g CO_2, 0,1084 g H_2O. — 0,1647 g Sbst.: 10,4 ccm N über 33-prozentiger Kalilauge (17°, 754 mm).

$C_{10}H_{11}O_3N$ (193,1). Ber. C 62,14, H 5,74, N 7,25.
Gef. „ 62,28, „ 5,93, „ 7,29.

Die Substanz schmilzt nicht scharf; sie wird bei 125° (korr.) weich und schmilzt bei 128—129° (korr.) zu einer farblosen Flüssigkeit. Aus warmem Wasser krystallisiert sie in langen, konzentrisch verwachsenen Prismen, die bei langsamer Ausscheidung meßbare Größe erreichen. In Methyl- und Äthylalkohol, Essigester und Aceton ist sie zumal in der Wärme leicht löslich, dagegen schwer löslich in Äther und Benzol, so gut wie unlöslich in Petroläther.

Formyl-*d*-β-Amino-β-phenyl-propionsäure.

Die Spaltung des Racemkörpers gelingt mit Hilfe von Chinidin und Chinin, und zwar liefert das Chinidinsalz die rechtsdrehende und

---

[1]) Journ. Chem. Soc. **97**, 121 [1910].
[2]) Berichte d. D. Chem. Gesellsch **38**, 2320 [1905].
[3]) E. Fischer und W. Schöller, Liebigs Ann. d. Chem. **357**, 2 [1907]. (*S. 474.*)

das Chininsalz die linksdrehende Komponente. Es ist vorteilhaft, zuerst das Chinidinsalz herzustellen und als Lösungsmittel Methylalkohol zu verwenden.

50 g Racemkörper werden mit 94 g krystallalkoholhaltigem Chinidin ($C_{22}H_{24}N_2O_2 + C_2H_5 \cdot OH$) in 400 ccm kochendem Methylalkohol gelöst. Beim Erkalten scheidet sich bald das Salz in langen Nadeln ab, die nach 15-stündigem Stehen bei 0° abgesaugt und mit kaltem Methylalkohol gewaschen werden. Ausbeute 61 g. Eine Probe des Salzes gab eine Formylverbindung, die in 10-prozentiger alkoholischer Lösung $[\alpha]_D^{20} = +110{,}1°$ zeigte. Jetzt wurde das Chinidinsalz noch zweimal aus der 7-fachen Gewichtsmenge Methylalkohol umkrystallisiert. Dabei stieg die Drehung der Formylverbindung auf + 114,4° beziehungsweise + 115,2°. Bei diesem zweimaligen Umlösen ging etwa $^1/_3$ des Chinidinsalzes verloren. Weiteres Umkrystallisieren hat wenig Zweck mehr.

Zur Gewinnung der freien Formylverbindung wurden 40 g Chinidinsalz in etwa 200 ccm Äthylalkohol warm gelöst, abgekühlt, 80 ccm wäßrige *n.* Natronlauge zugegeben und der Alkohol unter vermindertem Druck bei etwa 20° abgedampft. Die etwa 40 ccm betragende Lösung wurde von dem ausgeschiedenen Chinidin abfiltriert und mit 19 ccm 5-*n.* Salzsäure angesäuert. Die Formylverbindung krystallisierte bald und wurde nach 1-stündigem Stehen bei 0° abgesaugt. Die Ausbeute betrug 13,3 g oder 53% der Theorie.

Zur Reinigung wurde aus der dreifachen Menge siedendem Wasser umkrystallisiert, wobei nach guter Kühlung 90% ausfielen. Dieses Präparat diente nach dem Trocknen im Vakuumexsiccator über Schwefelsäure für Analyse und optische Bestimmung.

0,2060 g Sbst.: 0,4685 g CO_2, 0,1077 g H_2O. — 0,1746 g Sbst.: 10,6 ccm N über 33-prozentiger Kalilauge (12°, 768 mm).

$C_{10}H_{11}O_3N$ (193,1). Ber. C 62,14, H 5,74, N 7,25.
Gef. „ 62,03, „ 5,85, „ 7,29.

Die Substanz erweicht bei 138° (korr.) und schmilzt bei 142—143° (korr.). Die Löslichkeitsverhältnisse sind ähnlich wie beim Racemkörper; in Wasser ist sie etwas schwerer löslich. Beim Erkalten der gesättigten, wäßrigen Lösung fällt sie in kugeligen Krystallaggregaten, die aus dicht verwachsenen, mikroskopisch kleinen, kurzen Nadeln bestehen.

0,1667 g Sbst., gelöst in Alkohol. Gesamtgewicht der Lösung 1,6677 g. $d_4^{20} = 0{,}824$. Drehung im 1-dm-Rohr bei 20° und Natriumlicht 9,49° (± 0,02°) nach rechts. Mithin

$$[\alpha]_D^{20} = +115{,}2° (\pm 0{,}2°) \text{ (in Alkohol)}.$$

Dies ist aber noch nicht der Endwert; denn nach 5-maligem Umkrystallisieren des Chinidinsalzes aus Äthylalkohol war die Drehung der Formylverbindung auf 116,4° gestiegen.

0,1217 g Sbst., gelöst in absolutem Alkohol. Gesamtgewicht der Lösung 1,2118 g. $d_4^{20} = 0{,}824$. Drehung im 1-dm-Rohr bei 20° und Natriumlicht 9,63° (± 0,02°) nach rechts. Mithin

$$[\alpha]_D^{20} = +116{,}4° (\pm 0{,}2°) \text{ (in Alkohol)}.$$

Formyl-*l*-β-amino-β-phenyl-propionsäure.

Aus der bei der Spaltung erhaltenen Mutterlauge des krystallisierten Chinidinsalzes wurde die rohe *l*-Verbindung in der gleichen Weise isoliert, wie es bei der *d*-Verbindung beschrieben ist. Die so gewonnenen 27 g Formylverbindung wurden mit 52 g Chinin in 400 ccm eines Gemisches von 4 Teilen Wasser und 1 Teil Äthylalkohol warm gelöst. Das in feinen Nadeln krystallisierende Salz wurde nach 15-stündigem Stehen bei 0° abgesaugt und mit kaltem Wasser gewaschen. Nach nochmaligem Umkrystallisieren des Salzes aus demselben Lösungsmittel betrug die spezifische Drehung der freien Formylverbindung — 112,4° und stieg dann beim weiteren zweimaligen Umkrystallisieren des Salzes auf —113,8 und beim nochmaligen zweimaligen Umkrystallisieren schließlich auf — 114,4°.

Zur Analyse war die Formylverbindung zweimal aus Wasser umkrystallisiert.

0,2345 g Sbst.: 0,5337 g CO_2, 0,1224 g H_2O. — 0,2449 g Sbst.: 16,1 ccm N über 33-prozentiger KOH (24°, 754 mm).

$C_{10}H_{11}O_3N$ (193,1). Ber. C 62,14, H 5,74, N 7,25.
Gef. „ 62,07, „ 5,84, „ 7,36.

Schmelzpunkt, Löslichkeitsverhältnisse und Krystallform waren dieselben wie bei dem Antipoden. Zur optischen Bestimmung diente die einmal aus Wasser umkrystallisierte Substanz.

0,1510 g Sbst., gelöst in absolutem Alkohol. Gesamtgewicht der Lösung 1,5144 g. $d_4^{20} = 0{,}824$. Drehung im 1-dm-Rohr bei 20° und Natriumlicht 9,40° (± 0,02°) nach links. Mithin

$$[\alpha]_D^{20} = -114{,}4° (\pm 0{,}2°).$$

d-β-Amino-β-phenyl-propionsäure.

Zur Hydrolyse wurde die Formylverbindung von $[\alpha]_D^{20} = +115{,}2°$ mit der 10-fachen Menge 10-prozentiger Salzsäure 1 Stunde am Rückflußkühler gekocht, dann die Lösung unter stark vermindertem Druck zur Trockne verdampft, das zurückbleibende Hydrochlorid[1]) in wenig warmem Wasser gelöst und die Flüssigkeit in einer Schale über Na-

[1]) Vergl. hierzu die Beobachtungen von Posner über die beiden Hydrochloride des Racemkörpers. Berichte d. D. Chem. Gesellsch. **38**, 2321 [1905].

tronkalk im Vakuumexsiccator völlig verdunstet. Durch Lösen in der 5-fachen Menge kaltem, trocknem Methylalkohol und Fällen mit trocknem Äther erhält man das neutrale Hydrochlorid als farblose Nadeln in einer Ausbeute von etwa 90% der Theorie. Seine Lösung in wenig Wasser wurde mit der berechneten Menge *n.*-Natronlauge versetzt und auf dem Wasserbade in der Platinschale stark eingeengt. Schon in der Wärme begann die Krystallisation der Aminosäure. Nach 15-stündigem Stehen bei 0° wurde abgesaugt und mit Eiswasser gewaschen. 1 g Formylverbindung gab 0,70 g Aminosäure oder 82% der Theorie.

Zur völligen Reinigung wurde sie in der 40-fachen Menge siedendem Wasser gelöst. Sie krystallisiert daraus langsam in gut ausgebildeten, ziemlich dicken Tafeln, die vom Racemkörper leicht zu unterscheiden sind. Hr. Dr. R. Nacken, Assistent am mineral.-petrogr. Institut der Universität Berlin, hatte die Güte, sie zu untersuchen und mit dem später beschriebenen optischen Antipoden zu vergleichen. Er machte uns darüber folgende Mitteilung:

„Die Krystalle sind optisch zweiachsig, spaltbar, pyroelektrisch, wahrscheinlich triklin-hemiedrisch, wahrscheinlich gewendete Formen. Die Krystalle ließen genaue Messungen nicht zu, da sie infolge zu schnellen Wachsens unvollständig ausgebildet waren."

Nach 15-stündigem Stehen bei 0° waren 63% auskrystallisiert. Eine zweite Krystallisation von 28% wurde nach dem Einengen unter vermindertem Druck erhalten.

Für die Analyse war im Vakuumexsiccator getrocknet.

0,1833 g Sbst.: 0,4383 g CO_2, 0,1110 g H_2O. — 0,1571 g Sbst.: 11,0 ccm N über 33-prozentiger KOH (12°, 772 mm).

$C_9H_{11}O_2N$ (165,1). Ber. C 65,41, H 6,71, N 8,49.
Gef. „ 65,21, „ 6,77, „ 8,45.

Die Substanz schmilzt beim raschen Erhitzen im Capillarrohr gegen 234—235° (korr.) unter Zersetzung, während eine gleichzeitig untersuchte Probe des Racemkörpers den Zersetzungs- und Schmelzpunkt 229° (korr.) zeigte. Sie ist in kaltem Wasser ziemlich schwer und in warmem Alkohol auch ein wenig löslich; sie wird deshalb nur aus der konzentrierten, wäßrigen Lösung durch Alkohol abgeschieden.

Das Drehungsvermögen in wäßriger oder salzsaurer Lösung ist ziemlich gering und der Sinn der Drehung verschieden.

0,0637 g Sbst., gelöst in Wasser. Gesamtgewicht der Lösung 5,8598 g. $d_4^{20} = 1,002$. Drehung im 2-dm-Rohr bei 20° und Natriumlicht 0,15° (± 0,02°) nach rechts. Mithin

$$[\alpha]_D^{20} = +6,9°\,(\pm 1°)\,.$$

Wegen der großen Verdünnung, die durch die geringe Löslichkeit bedingt war, ist der Wert recht ungenau.

Die salzsaure Lösung ist linksdrehend.

0,1159 g Sbst., gelöst in *n.*-Salzsäure. Gesamtgewicht der Lösung 1,2276 g. $d_4^{20} = 1,019$. Drehung im 1-dm-Rohr bei 20° und Natriumlicht 0,13° (± 0,02°) nach links. Mithin

$$[\alpha]_D^{20} = -1,3°\ (\pm 0,2°) \text{ (in salzsaurer Lösung).}$$

Zur optischen Prüfung eignet sich besser die nach links drehende Lösung in *n.*-Natronlauge. Für die folgenden Bestimmungen dienten 2 Präparate verschiedener Darstellung, die einmal aus der 40-fachen Menge Wasser umkrystallisiert waren.

0,1278 g Sbst., gelöst in *n.*-Natronlauge. Gesamtgewicht der Lösung 1,3719 g. $d_4^{20} = 1,056$. Drehung im 1-dm-Rohr bei 20° und Natriumlicht 0,89° (± 0,02°) nach links. Mithin

$$[\alpha]_D^{20} = -9,1°\ (\pm 0,2°) \text{ (in } n\text{-Natronlauge).}$$

0,1481 g Sbst. Gesamtgewicht der Lösung 1,4875 g. $d_4^{26} = 1,053$. Drehung im 1-dm-Rohr bei 26° und Natriumlicht 0,92° (± 0,02°) nach links. Mithin

$$[\alpha]_D^{26} = -8,8°\ (\pm 0,2°).$$

Um die optische Reinheit der Aminosäure zu prüfen, haben wir eine Probe des ersten Präparats ($[\alpha]_D^{20} = -9,1°$) durch Erhitzen mit Ameisensäure in die Formylverbindung zurückverwandelt und diese mikropolarimetrisch untersucht.

0,0210 g Sbst., gelöst in absolutem Alkohol. Gesamtgewicht der Lösung 0,2032 g. $d_4^{20} = 0,824$. Drehung im $^1/_2$-dm-Rohr bei 20° und Natriumlicht 4,83° (± 0,02°) nach rechts. Mithin

$$[\alpha]_D^{20} = +113,4°\ (\pm 0,4°).$$

Die Drehung war also fast die gleiche wie die des Ausgangsmaterials ($[\alpha]_D^{20} = +115,2°$).

l-β-Amino-β-phenyl-propionsäure.

Die Darstellung aus der Formylverbindung von $[\alpha]_D^{20} = -114,4°$ war die gleiche wie bei dem Antipoden. Zur Analyse und optischen Untersuchung diente ein einmal aus der 40-fachen Menge Wasser umkrystallisiertes Präparat.

0,1735 g Sbst.: 0,4156 g CO_2, 0,1018 g H_2O. — 0,1706 g Sbst.: 12,9 ccm N (25°, 761 mm).

$C_9H_{11}O_2N$ (165,1). Ber. C 65,41, H 6,71, N 8,49.
Gef. „ 65,33, „ 6,56, „ 8,50.

Die Substanz wurde ebenfalls in großen Krystallen erhalten. Sie zeigte in Bezug auf Schmelzpunkt und Löslichkeit keinen Unterschied von dem Antipoden. Für die optische Untersuchung dienten auch hier die Lösungen in Wasser, *n.*-Salzsäure und *n.*-Natronlauge. Die Unter-

52*

schiede von den bei der *d*-Verbindung gefundenen Werten liegen innerhalb der Beobachtungsfehler.

0,0634 g Sbst., gelöst in Wasser. Gesamtgewicht der Lösung 6,3412 g. $d_4^{25} = 1,002$. Drehung im 2-dm-Rohr bei 25° und Natriumlicht 0,15° (± 0,02°) nach links. Mithin

$$[\alpha]_D^{25} = -7,5° (\pm 1°) .$$

0,1501 g Sbst., gelöst in *n*-Salzsäure. Gesamtgewicht der Lösung 1,4869 g. $d_4^{25} = 1,019$. Drehung im 1-dm-Rohr bei 25° und Natriumlicht 0,13° (± 0,09°) nach rechts. Mithin

$$[\alpha]_D^{25} = +1,3° (\pm 0,2°) .$$

0,1274 g Sbst., gelöst in *n*.-Natronlauge. Gesamtgewicht der Lösung 1,2506 g. $d_4^{24} = 1,053$. Drehung im 1-dm-Rohr bei 24° und Natriumlicht 0,96° (± 0,02°) nach rechts. Mithin

$$[\alpha]_D^{24} = +8,9° (\pm 0,2°) .$$

Beim nochmaligen Umkrystallisieren blieb der Wert der letzten Drehung unverändert.

Die wäßrige Lösung der Aminosäure löst beim Kochen gefälltes Kupferoxyd mit blauer Farbe. Da aber der Vorgang schwer zu Ende geht, so stellt man das Kupfersalz besser in der von Posner[1]) für den Racemkörper angegebenen Weise dar durch Zusatz der berechneten Menge Kupferacetatlösung zur heißen wäßrigen Lösung der Aminosäure. Es scheidet sich wegen seiner geringen Löslichkeit bald in tafel- oder spießförmigen Krystallen ab, und die Mutterlauge gibt beim Einengen auf dem Wasserbad eine zweite erhebliche Krystallisation, so daß die Ausbeute fast quantitativ ist.

d- und *l*-*β*-Amino-*β*-phenyl-propionsäureäthylester.

Für ihre Darstellung verwendet man am bequemsten direkt die Formylverbindungen. 4,7 g, entsprechend 4,0 g Aminosäure, werden mit 50 ccm 10-prozentiger Salzsäure 1 Stunde am Rückflußkühler gekocht; dann wird die Lösung unter vermindertem Druck zur Trockne verdampft und der krystallinische Rückstand in der bekannten Weise mit der 5-fachen Menge Alkohol und gasförmiger Salzsäure verestert. Die Esterhydrochloride sind in kaltem Alkohol ziemlich schwer löslich und krystallisieren zuweilen in der Kälte in Nadeln. Es ist aber ratsam, die alkoholische Lösung unter geringem Druck zu verdampfen, den Rückstand in Wasser zu lösen, in der Kälte mit Alkali zu übersättigen, die ölig ausgeschiedenen Ester auszuäthern und nach dem Trocknen mit Natriumsulfat unter vermindertem Druck zu destillieren.

---

[1]) Berichte d. D. Chem. Gesellsch. **38**, 2322 [1905].

Die Ausbeute an destilliertem Ester betrug bei dem einen Versuch 3,4 g oder 72% der Theorie. Die Ester sieden unter 13 mm Druck bei ungefähr 155° (korr.).

Zur Analyse und optischen Untersuchung wurde nochmals fraktioniert. Analysiert ist nur der *l*-Aminosäureester.

0,1416 g Sbst.: 0,3553 g CO_2, 0,0998 g H_2O. — 0,1727 g Sbst.: 10,4 ccm N über 33-prozentiger Kalilauge (13,5°, 757 mm).

$C_{11}H_{15}O_2N$ (193,1). Ber. C 68,36, H 7,83, N 7,26.
Gef. „ 68,43, „ 7,88, „ 7,08.

Der Ester ist ein dickflüssiges Öl von nur schwachem Geruch. $d_4^{24} = 1,063$.

Der *d*-*β*-Amino-*β*-phenylpropionsäureester ist rechtsdrehend. Für die optische Untersuchung diente ein aus der Formylverbindung von $[\alpha]_D^{20} = +115,2°$ dargestelltes Präparat.

Drehung im 1-dm Rohr bei 24° und Natriumlicht 14,60° (± 0,02°) nach rechts. $d_4^{24} = 1,063$. Mithin

$$[\alpha]_D^{24} = +13,74° (\pm 0,02°).$$

Diese Zahl ist nur als ein Minimalwert anzusehen, da die Möglichkeit nicht ausgeschlossen ist, daß bei der Darstellung eine teilweise Racemisierung stattfindet.

Der *l*-Aminosäureester war aus teilweise racemischer Formylverbindung von $[\alpha]_D^{20} = -70,3°$ dargestellt und hatte infolgedessen ein entsprechend kleineres Drehungsvermögen.

Drehung im ½-dm-Rohr bei 20° und Natriumlicht 4,3° (± 0,02°) nach links. $d_4^{20} = 1,063$. Mithin

$$[\alpha]_D^{20} = -8,09° (\pm 0,04°).$$

Umwandlung von *d*-*β*-Amino-*β*-phenyl-propionsäure in *l*-*β*-Oxy-*β*-phenyl-propionsäure.

0,8 g *d*-Aminosäure von $[\alpha]_D = -8,8°$ (in *n*.-Natronlauge) wurde in 6,7 ccm *n*.-Schwefelsäure (1,3 Mol.) gelöst, auf 0° abgekühlt und mit einer Lösung von 0,45 g Natriumnitrit (1,3 Mol.) in wenig Wasser im Laufe von 2 Stunden allmählich unter dauernder Kühlung mit Eis versetzt. Bald begann eine deutliche Stickstoff-Entwicklung, und es fiel ein grünliches Öl aus. Nachdem die Flüssigkeit noch 1 Stunde bei 0° und dann 1 Stunde bei Zimmertemperatur gestanden hatte, wurde sie mit 0,5 ccm 5-*n*. Schwefelsäure versetzt und nach ½ Stunde ausgeäthert. Nach dem Verdampfen des Äthers wurde der ölige Rückstand mit *n*.-Natriumcarbonatlösung unter Schütteln solange versetzt, bis die Reaktion alkalisch blieb. Das ungelöste Öl, das im Geruch an Styrol erinnerte, wurde ausgeäthert. Beim Ansäuern der alkalischen Flüssigkeit fiel ebenfalls ein dunkelgelbes Öl (0,12 g) aus, und das durch Tierkohle geklärte Filtrat enthielt nun die Oxysäure in ziemlich reinem Zustand. Sie wurde ausgeäthert und erstarrte nach Verjagen des Äthers beim Reiben bald zu einer fast farblosen Krystallmasse. Ausbeute nach dem Trocknen über Schwefelsäure 0,37 g. Durch Umkrystallisieren aus 8 ccm heißem Benzol wurden daraus nach 15-stündigem Stehen in Eis 0,32 g wiedergewonnen. Die Ausbeute an reiner Oxysäure betrug also nur 40% der Theorie. Über die Natur der beiden Nebenprodukte können wir nichts bestimmtes sagen.

Zur Analyse wurde bei 76° und etwa 15 mm Druck über Paraffin getrocknet.

0,1592 g Sbst.: 0,3784 g CO_2, 0,0870 g H_2O.
$C_9H_{10}O_3$ (166,1). Ber. C 65,02, H 6,07.
Gef. „ 64,81, „ 6,11.

0,1292 g Sbst. Gesamtgewicht der alkoholischen Lösung 1,2756 g. d_4^{27} = 0,829. Drehung im 1-dm-Rohr bei 27° und Natriumlicht 0,27° (± 0,02°) nach links. Mithin

$$[\alpha]_D^{27} = 3,2° (\pm 0,2°) \text{ (in Alkohol).}$$

Bei der Wiederholung des gleichen Versuchs, wobei jedoch statt *n.*-Schwefelsäure *n.*-Salzsäure angewandt wurde, war das Resultat das gleiche, denn das Drehungsvermögen der ebenfalls aus Benzol krystallisierten Oxysäure betrug hier $[\alpha]_D^{27} = -3,1°$ (± 0,2°). Beim Umkrystallisieren aus Wasser stieg das Drehungsvermögen auf $[\alpha]_D^{25} = -3,3°$ (± 0,2°).

Da Mc Kenzie und Humphries (l. c.) für die reine Säure $[\alpha]_D^{20} = -18,9°$ fanden, so enthielt unser Präparat nur 18% der aktiven Substanz. Dementsprechend war auch der Schmelzpunkt ungenau. Es sinterte bei 93° und schmolz von 96—98°, während als Schmelzpunkte der reinen aktiven Säure und des Racemkörpers 115 bis 116° bezw. 93° angegeben sind.

Umwandlung von *l*-β-Amino-β-phenyl-propionsäure in *d*-β-Oxy-β-phenyl-propionsäure.

0,8 g *l*-Aminosäure von $[\alpha]_D^{25} = +8,9°$ (in *n.*-Natronlauge) wurde ebenso wie bei dem Antipoden mit Schwefelsäure und Natriumnitrit behandelt, sofort von dem abgeschiedenen Öl abfiltriert und die wäßrige Lösung nach dem Klären mit Tierkohle ausgeäthert. Nach dem Verdampfen des Äthers blieben 0,35 g Oxysäure, die aus Benzol umkrystallisiert wurde.

0,1351 g Sbst.: 0,3224 g CO_2, 0,0743 g H_2O.
$C_9H_{10}O_3$ (166,1). Ber. C 65,02, H 6,07.
Gef. „ 65,08, „ 6,15.

0,1062 g Sbst., gelöst in absolutem Alkohol. Gesamtgewicht der Lösung 1,0650 g. $d_4^{25} = 0,829$. Drehung im 1-dm-Rohr bei 25° und Natriumlicht 0,22° (± 0,02°) nach rechts. Mithin

$$[\alpha]_D^{25} = + 2,7° (\pm 0,2°).$$

Nach nochmaligem Umkrystallisieren aus Benzol fanden wir

$$[\alpha]_D^{26} = + 3,2° (\pm 0,4°).$$

Das Präparat sinterte bei 93° und schmolz von 94—95°.

Verwandlung von *d*-*β*-Amino-*β*-phenyl-propionsäure-äthylester in *l*-*β*-Oxy-*β*-phenyl-propionsäure.

2,5 g *d*-Aminosäureester von $[\alpha]_D^{24} = + 14,60°$ wurden in 15,5 ccm (1,2 Mol.) *n*.-Schwefelsäure gelöst, auf — 10° abgekühlt und im Laufe von 2 Stunden tropfenweise mit einer konzentrierten, wäßrigen Lösung von 1,1 g Natriumnitrit (1,2 Mol.) versetzt. Während der Operation wurde die Temperatur dauernd auf — 10° bis — 5° gehalten. Es setzte bald eine ziemlich lebhafte Stickstoff-Entwicklung ein. Zum Schluß wurde noch 1 Stunde bei 0° und dann 1 Stunde bei Zimmertemperatur aufbewahrt, das abgeschiedene Öl ausgeäthert, die Lösung über Natriumsulfat getrocknet und nach dem Verdampfen des Äthers bei etwa 0,3 mm Druck destilliert. Gegen 111—114° gingen 1,92 g über, während ein braun gefärbter Rückstand blieb. Das Destillat war ein Gemisch von *β*-Oxy-*β*-phenylpropionsäureester und Zimtsäureester, die sich durch Fraktionieren nicht voneinander trennen ließen. Deshalb wurde mit 20 ccm *n*.-Natronlauge (etwa 2 Mol.) durch 4-stündiges Schütteln bei Zimmertemperatur verseift, die fast klare Lösung nach dem Filtrieren mit 5 ccm 5-*n*. Schwefelsäure angesäuert und nach $^1/_2$-stündigem Stehen bei 0° die auskrystallisierte Zimtsäure (0,18 g, Schmp. 133°) abfiltriert. Das Filtrat wurde ausgeäthert und hinterließ beim Eindampfen 1,45 g farblose Oxysäure, die beim Reiben bald krystallisierte. Durch Umkrystallisieren aus der 20-fachen Menge Benzol wurde das Rohprodukt von einem noch anhaftenden, in warmem Wasser schwer löslichen Öl befreit und so 1,36 g oder 63% der Theorie reine Oxysäure erhalten.

Zur Analyse wurden 1,22 g nochmals aus der 30-fachen Menge Benzol umkrystallisiert und 1,18 g zurück erhalten.

0,1715 g Sbst.: 0,4073 g CO_2, 0,0960 g H_2O.

$C_9H_{10}O_3$ (166,1). Ber. C 65,02, H 6,07.

Gef. „ 64,77, „ 6,26.

0,1104 g Sbst., gelöst in absolutem Alkohol. Gesamtgewicht der Lösung 1,1003 g. $d_4^{22} = 0,829$. Drehung im 1-dm-Rohr bei 22° und Natriumlicht 0,30° (± 0,02°) nach links. Mithin

$$[\alpha]_D^{22} = - 3,6° (\pm 0,2°).$$

Das nochmals aus Benzol umkrystallisierte Präparat besaß das gleiche Drehungsvermögen:

$$[\alpha]_D^{22} = -3{,}5^\circ\,(\pm 0{,}2^\circ).$$

Eine Steigerung der Drehung konnte aber durch langsames Auskrystallisieren aus der 15-fachen Menge Wasser erzielt werden, wobei die Hauptmenge in der Mutterlauge blieb.

0,1214 g Sbst., gelöst in absolutem Alkohol. Gesamtgewicht 1,2107 g. $d_4^{27} = 0{,}829$. Drehung im 1-dm-Rohr bei 27° und Natriumlicht 0,53° (± 0,02°) nach links. Mithin

$$[\alpha]_D^{27} = -6{,}4^\circ\,(\pm 0{,}2^\circ).$$

Aus *l*-*β*-Amino-*β*-phenylpropionsäureäthylester, der zum Teil racemisch war und $[\alpha]_D^{20} = -8{,}09^\circ$ hatte, wurde in der gleichen Weise *d*-*β*-Oxy-*β*-phenylpropionsäure dargestellt und optisch untersucht.

0,0783 g Sbst., gelöst in absolutem Alkohol. Gesamtgewicht der Lösung 1,5515 g. $d_4^{20} = 0{,}812$. Drehung im 1-dm-Rohr bei 20° und Natriumlicht 0,11° (± 0,02°) nach rechts. Mithin

$$[\alpha]_D^{20} = +2{,}7^\circ\,(\pm 0{,}2^\circ).$$

80. Emil Fischer und Helmuth Scheibler: Zur Kenntnis der Waldenschen Umkehrung. VI[1]). Verwandlungen der β-Aminobuttersäure.

Liebigs Annalen der Chemie **383**, 337 [1911].

(Eingelaufen am 8. Juli 1911.)

Um die Frage zu entscheiden, ob eine Waldensche Umkehrung, die bisher nur bei α-substituierten Säuren festgestellt wurde, auch in der β-Reihe stattfinden kann, haben wir früher[2]) Versuche mit der linksdrehenden β-Oxybuttersäure angestellt, konnten aber bei der Überführung in Chlorbuttersäure und deren Rückverwandlung in Oxysäure keinen Wechsel der Konfiguration nachweisen. Wir haben deshalb die Untersuchung auf die β-Aminobuttersäure ausgedehnt. Sie ist bisher nur in der racemischen Form bekannt. Ihre Spaltung in die optisch aktiven Komponenten hat uns besondere Mühe bereitet. Sie gelang erst durch Krystallisation des Camphersulfonates ihres Methylesters.

Die aktive Aminosäure ließ sich nun auf zweierlei Weise in Oxysäure verwandeln, einmal durch salpetrige Säure und das andere Mal durch Behandlung mit Nitrosylchlorid und nachträgliches Kochen der dabei entstehenden Chlorbuttersäure mit Wasser. Beide Reaktionen verlaufen lange nicht so glatt wie bei den α-Aminosäuren. Außerdem findet ziemlich starke Racemisierung statt. Trotzdem glauben wir den Beweis liefern zu können, daß beide Wege von der gleichen Aminosäure zu den beiden optisch entgegengesetzten Oxysäuren führen.

d-β-Aminobuttersäure $\xrightarrow{(HNO_2)}$ l-β-Oxybuttersäure

d-β-Aminobuttersäure $\xrightarrow{(NOCl)}$ l-β-Chlorbuttersäure $\xrightarrow{(H_2O)}$ d-β-Oxybuttersäure

---

1) Vorgelegt der Akademie d. Wissenschaften Berlin, 18. Mai 1911. Vgl. Sitzungsber. 1911, S. 566. Frühere Mitteilungen, Berichte d. D. Chem. Gesellsch. **40**, 489 [1907]; **41**, 889 [1908]; **41**, 2891 [1908[; **42**, 1219 [1909]; **43**, 2020 [1910] (*S. 769, 789, 794, 805* und *814*); ferner Liebigs Ann. d. Chem. **381**, 123 [1911]. (*S. 736.*)

2) E. Fischer und H. Scheibler, Berichte d. D. Chem. Gesellsch. **42**, 1219 [1909]. (*S. 805.*)

Daraus folgt weiter, daß wenigstens bei einer der angewandten Reaktionen eine Waldensche Umkehrung stattfindet. Dieses Phänomen ist also nicht mehr auf die α-substituierten Säuren beschränkt.

Darstellung des dl-β-Aminobuttersäuremethylesters.

Da wir für die nachfolgenden Versuche erhebliche Mengen des Esters nötig hatten, so war es für uns wichtig, ein ergiebiges Verfahren für seine Darstellung auszuarbeiten. Wir haben deshalb die Methode von Engel[1]) zur Bereitung der β-Aminobuttersäure aus Crotonsäure und Ammoniak, die trotz der Verbesserung von Th. Curtius[2]) in bezug auf Ausbeute und Reinheit des Produktes zu wünschen übrigläßt, etwas abgeändert. Dabei kamen uns die Beobachtungen von G. Stadnikoff[3]) zustatten, daß bei dieser Reaktion als Nebenprodukt sym. β-Iminodibuttersäure entsteht, deren Menge aber bei langer Dauer des Erhitzens viel geringer ist. Wir können diese Erfahrungen noch durch die Beobachtung ergänzen, daß die als Methylester isolierte β-Iminodibuttersäure sich durch 24stündiges Erhitzen mit überschüssigem, wäßrigem Ammoniak auf 130—140° zum größten Teil in β-Aminobuttersäure umwandeln läßt. Letztere haben wir bei dem Versuch in ganz reinem Zustand isoliert und durch die Analyse identifiziert.

Entsprechend diesen Erfahrungen haben wir 100 g Crotonsäure mit 1 Liter wäßrigem, in der Kälte gesättigtem Ammoniak in einem eisernen, mit Porzellaneinsatz versehenen Autoklaven 24 Stunden im Ölbad auf 130—140° (Temperatur des Öls) erhitzt, dann die Lösung in einer Schale auf dem Wasserbade verdampft und den Rückstand noch mehrmals mit Wasser eingedampft, um das Ammoniak möglichst zu entfernen. Für die Reinigung der Aminosäure haben wir ebenso wie Stadnikoff ihren Ester benutzt, aber statt der Äthylverbindung den Methylester dargestellt, weil wir ihn auch für die Spaltung in die aktiven Komponenten nötig hatten. Zu dem Zweck wurde die rohe Aminosäure mit überschüssiger Salzsäure versetzt, wieder verdampft, der zurückbleibende Sirup in 500 ccm Methylalkohol gelöst und die Flüssigkeit in der üblichen Weise mit gasförmiger Salzsäure gesättigt. Nach mehrstündigem Stehen wurde der Methylalkohol unter vermindertem Druck verdampft und die Veresterung mit trocknem Methylalkohol wiederholt. Beim abermaligen Verdampfen unter vermindertem Druck blieb das Hydrochlorid des Esters als Sirup zurück. Zur Darstellung

[1]) R. Engel, Bull. soc. chim. **50**, 102 [1888].

[2]) Th. Curtius, Journ. f. prakt. Chem. [2] **70**, 204 [1904].

[3]) G. Stadnikoff, Chem. Zentralbl. **1909**, II, 1988. Berichte d. D. Chem. Gesellsch. **44**, 46 [1911].

des freien Esters haben wir es nicht mit Alkali, sondern mit Ammoniak zerlegt. Zu dem Zweck wurde der Sirup unter Kühlung durch eine Mischung von Eis und Kochsalz unter Schütteln mit 50 ccm bei 0° gesättigtem methylalkoholischem Ammoniak langsam versetzt und schließlich noch gasförmiges Ammoniak eingeleitet, bis die Flüssigkeit ziemlich stark danach roch. Die Temperatur blieb dauernd unter 0°. Dann wurde mit 500 ccm Äther versetzt, vom Chlorammonium abfiltriert, die Flüssigkeit 10 Minuten mit Kaliumcarbonat geschüttelt und unter vermindertem Druck aus einem Bade, dessen Temperatur nicht über 20° stieg, verdampft. Der Rückstand wurde in wenig Äther gelöst, mit Natriumsulfat getrocknet und nach dem Verjagen des Äthers bei ungefähr 15 mm fraktioniert. Die Fraktion von 45—80° betrug 80 g. Sie wurde nochmals mit Natriumsulfat getrocknet. Abermalige Destillation gab jetzt 75 g (55 Proz. der Theorie) reinen Methylester (Siedep.$_{24}$ = 62—63°). Der Nachlauf war gering (3,7 g). Aus dem beträchtlichen Vorlauf wurden durch Verseifung mit Wasser noch 7,5 g (6,2 Proz. d. Th.) β-Aminobuttersäure erhalten. Die Gesamtausbeute betrug also gegen 61 Proz. d. Th.

0,1408 g gaben 0,2643 CO_2 und 0,1201 H_2O. — 0,1794 g gaben 18,6 ccm Stickgas bei 18° und 760 mm Druck.

Ber. für $C_5H_{11}O_2N$ (117,1). C 51,23, H 9,47, N 11,96.
Gef. „ 51,19, „ 9,54, „ 12,02.

Der β-Aminobuttersäuremethylester kocht unter 13 mm bei 54 bis 55°, d^{20} = 0,993. Er gleicht dem schon bekannten Äthylester[1]), ist eine farblose, stark riechende Flüssigkeit, die sich in Wasser, Alkohol, Äther und Ligroin leicht löst.

dl-β-Aminobuttersäure.

Durch vierstündiges Kochen mit der zehnfachen Menge Wasser am Rückflußkühler wird der Aminobuttersäureester völlig verseift, wie das Verschwinden der alkalischen Reaktion beweist, und beim Eindampfen der wäßrigen Lösung bleibt die inaktive β-Aminobuttersäure sofort krystallinisch und fast rein zurück. Zum Umkrystallisieren löst man am besten in trocknem, kochendem Methylalkohol, wovon etwa die 20 fache Gewichtsmenge nötig ist, konzentriert diese Lösung durch Abdampfen stark und fügt dann etwa die zehnfache Menge heißen Äthylalkohol zu, worin die Aminosäure viel schwerer löslich ist. Beim Abkühlen erfolgt bald die Abscheidung von kugeligen Krystallaggregaten, die aus feinen Nadeln bestehen. Im Vakuumexsiccator getrocknet, war dieses Präparat analysenrein.

---

[1]) E. Fischer und G. Röder, Berichte d. D. Chem. Gesellsch. **34**, 3755 [1901].

0,1523 g gaben 0,2605 CO_2 und 0,1197 H_2O. — 0,1675 gaben 18,8 ccm Stickgas bei 12° und 770 mm Druck.

Ber. für $C_4H_9O_2N$ (103,1). C 46,56, H 8,80, N 13,59.
Gef. „ 46,65, „ 8,79, „ 13,52.

Die Aminosäure zersetzt sich beim Schmelzen unter Gasentwicklung, weshalb der Schmelzpunkt nicht konstant ist. Wir fanden ihn im Capillarrohr gegen 187 bis 188° (korr. 191—192°), was mit der Angabe von Weidel und Roithner[1]) (184°) oder Stadnikoff[2]) (185—187°) genügend übereinstimmt.

Mit dem reinen Material haben wir die älteren Versuche über die Benzoyl-[3]) und die Phenylisocyanatverbindung[3]) wiederholt und bestätigt gefunden.

Das Kupfersalz[4]) erhielt Engel durch Kochen der wäßrigen Lösung der Aminosäure mit Kupferoxyd. Wir haben aber gefunden, daß die Bildung des Salzes viel langsamer erfolgt als bei den α-Aminosäuren und führen zum Beweise dafür folgenden Versuch an.

0,5 g reine β-Aminobuttersäure wurde mit 10—15 ccm Wasser und überschüssigem, frisch gefälltem Kupferoxyd 1 Stunde gekocht, dann filtriert und stark eingeengt. Die Krystallisation des Kupfersalzes begann bald. Zur völligen Abscheidung wurde die Flüssigkeit noch mit Alkohol versetzt. Die Ausbeute betrug aber nur 0,27 g, also noch nicht die Hälfte der Menge, die hätte entstehen müssen, und aus dem Filtrat konnte viel unveränderte Aminosäure isoliert werden.

Wie E. Fischer und G. Zemplén[5]) betont haben, ist die Fähigkeit, in wäßriger, kochender Lösung reichliche Mengen von Kupferoxyd aufzunehmen, beschränkt auf die α- und β-Aminosäuren, denn γ-, δ- und ε-Säuren lösen unter diesen Bedingungen das Metalloxyd entweder gar nicht oder nur in sehr geringer Menge. Wie obiger Versuch zeigt, besteht nun auch noch zwischen α- und β-Aminosäuren ein Unterschied in der Leichtigkeit, die Kupferverbindung zu bilden.

Man stellt deshalb das Kupfersalz der β-Aminobuttersäure besser so dar, daß man 1 g Säure mit 0,96 g (äquimolekulare Menge) reinem, aus Wasser umkrystallisiertem Kupferacetat in heißer wäßriger Lösung zusammenbringt, dann auf dem Wasserbade verdampft und nach Zusatz von Wasser das Verdampfen mehrmals wiederholt, bis der Geruch der Essigsäure verschwunden ist. Die Ausbeute ist nahezu quantitativ, und das Kupfersalz läßt sich durch Umlösen aus Wasser leicht reinigen. Es hat die von Engel angegebene Zusammensetzung. Nur bezüglich

---

[1]) H. Weidel und E. Roithner, Monatsh. f. Chem. **17**, 186 [1896].
[2]) G. Stadnikoff, Berichte d. D. Chem. Gesellsch. **44**, 47 [1911].
[3]) E. Fischer und G. Röder, Berichte d. D. Chem. Gesellsch. **34**, 3755 [1901].
[4]) R. Engel, Bull. soc. chim. **50**, 102 [1888].
[5]) Berichte d. D. Chem. Gesellsch. **42**, 4883 [1909]. (*S. 168.*)

des Gehaltes an Krystallwasser beobachteten wir eine kleine Abweichung. Als das nur 5 Stunden an der Luft getrocknete Salz weitere vier Tage an der Luft bis zur Gewichtskonstanz gehalten wurde, entsprach der Gewichtsverlust ungefähr 1 Mol. Wasser. Das so behandelte Salz enthielt dann noch 2 Mol. Wasser.

0,4653 g verloren beim Trocknen an der Luft 0,0219 g.

Ber. für $(C_4H_8O_2N)_2Cu + 3\ H_2O$ (321,8).

1 Mol. H_2O 5,60. Gef. H_2O 4,71.

0,4333 g lufttrocken, verloren beim Trocknen über Phosphorpentoxyd bei 100° unter 15 mm Druck 0,0527 g. — 0,3177 g gaben 0,0376 g H_2O.

Ber. für $(C_4H_8O_2N)_2Cu + 2\ H_2O$ (303,8).

2 Mol. H_2O 11,86. Gef. H_2O 12,16, 11.83.

0,2706 g wasserfrei, gaben 0,0799 CuO. — 0,3791 g Sbst., wasserfrei, gaben 0,1124 CuO.

Ber. für $(C_4H_8O_2N)_2Cu$ (267,7). Cu 23,74. Gef. Cu 23,59, 23,69.

β-Naphthalinsulfo-dl-β-aminobuttersäure, $C_{10}H_7SO_2 \cdot NH \cdot CH(CH_3) \cdot CH_2 \cdot COOH$.

Sie läßt sich in derselben Weise wie das β-Naphthalinsulfoglycin[1]) darstellen. Beim Ansäuern der alkalischen Lösung fällt sie erst ölig aus, krystallisiert aber bald. Zur völligen Reinigung wurde sie aus der 250fachen Menge siedendem Wasser umkrystallisiert und für die Analyse im Vakuumexsiccator getrocknet.

0,1696 g gaben 0,3553 CO_2 und 0,0810 H_2O. — 0,2029 g gaben 8,4 ccm Stickgas bei 19° und 767 mm Druck.

Ber. für $C_{14}H_{15}O_4NS$ (293,2). C 57,30, H 5,16, N 4,78.

Gef. „ 57,14, „ 5,34, „ 4,82.

Aus Wasser krystallisiert sie in Prismen. Im Capillarrohr sintert sie von 163° (korr.) an und schmilzt bei 166—167° (korr.). In Alkohol und Essigester ist sie leicht löslich. Wegen der geringen Löslichkeit in Wasser kann sie zur Abscheidung und auch zur Erkennung der β-Aminobuttersäure benutzt werden.

β-Iminodibuttersäuremethylester.

Er entspricht in Bildungsweise und Eigenschaften der von Stadnikoff beschriebenen Äthylverbindung[2]). Wir haben ihn bei der Darstellung des β-Aminobuttersäuremethylesters als Nebenprodukt erhalten, besonders dann, wenn die Erhitzung der Crotonsäure mit Ammoniak nach der Vorschrift von Curtius ausgeführt wurde.

Der zweimal destillierte Ester hat:

Siedep.$_{12}$ = 135°, Siedep.$_{17}$ = 144—145°; d^{20} = 1,044.

---

[1]) E. Fischer und P. Bergell, Berichte d. D. Chem. Gesellsch. **35**, 3779 [1902]. (*Proteine I, S. 196.*)

[2]) Berichte d. D. Chem. Gesellsch. **44**, 47 [1911].

0,1512 g gaben 0,3050 CO_2 und 0,1186 H_2O. — 0,2013 g gaben 11,2 ccm Stickgas bei 18° und 756 mm Druck.

Ber. für $C_{10}H_{19}O_4N$ (217,2). C 55,25, H 8,82, N 6,45.
Gef. „ 55,02, „ 8,78, „ 6,44.

Spaltung des dl-β-Aminobuttersäuremethylesters in die optisch aktiven Komponenten

Zu einer Lösung von 116 g *d*-Camphersulfosäure[1]) (0,5 Mol.) in 350 g trocknem Methylalkohol fügten wir unter Kühlung zuerst 58,5 g reinen β-Aminobuttersäuremethylester (0,5 Mol.) und dann unter Umschütteln 1300 ccm trocknen Äther. Nach kurzer Zeit begann die Krystallisation des Camphersulfonats, das sehr leichte mikroskopische Nädelchen bildet. Nach 12stündigem Stehen im Eisschrank wurde die Krystallmasse, welche die Flüssigkeit ganz durchsetzte, scharf abgesaugt und mit einer auf 0° abgekühlten Mischung von 1 Tl. trocknem Methylalkohol und 3 Tln. trocknem Äther ausgewaschen. Die Ausbeute betrug ungefähr 130 g oder $^3/_4$ der Gesamtmenge des gelösten Salzes. Das Salz enthält den Ester der linksdrehenden Aminosäure im Überschuß, das Filtrat diente dementsprechend zur Darstellung der d-Verbindung. Das krystallisierte Salz wurde von neuem in der doppelten Gewichtsmenge trocknem Methylalkohol gelöst und nach Zusatz des dreifachen Volumens Äther im Eisschrank der Krystallisation überlassen, wobei wieder ungefähr $^3/_4$ der Gesamtmenge ausfielen. Die Trennung der beiden Camphersulfonate ging leider auf diesem Wege so langsam vor sich, daß selbst nach zehnmaligem Umkrystallisieren die optische Aktivität der aus dem Salz isolierten Aminosäure erst 40 Proz. des richtigen Wertes betrug. Wir haben uns deshalb in der Regel mit vier oder fünf Krystallisationen begnügt und die aus dem Salze regenerierte Aminosäure durch Krystallisation aus Methylalkohol gereinigt. Nach der fünften Krystallisation betrug die Menge des Camphersulfonates nur noch 45 g. Selbstverständlich haben wir dann alle Mutterlaugen systematisch aufgearbeitet.

Aus dem Camphersulfonat ließ sich der freie Ester auf folgende Art isolieren. 45 g Salz wurden in etwa 22 ccm warmem Methylalkohol gelöst und hierzu ein geringer Überschuß von methylalkoholischem Ammoniak von bekanntem Titer zugegeben. Das schwer lösliche Ammoniumcamphersulfonat krystallisierte bald und wurde vollständig durch Zusatz des zehnfachen Volumens Äther gefällt. Nach einstündigem Stehen im Eisschrank wurde abgesaugt, mit etwas Äther nachgewaschen und das Filtrat unter vermindertem Druck bei etwa 20° eingedampft.

---

[1]) A. Reychler, Bull. soc. chim. [3] **19**, 121 [1898].

Bei der Destillation des Rückstandes unter 12 mm Druck ging nach einem beträchtlichen Vorlauf der Ester von 53—57° über. Er wurde mit Natriumsulfat getrocknet und zeigte bei abermaliger Fraktionierung bei 13 mm den Siedep. 54—55°.

0,1710 g gaben 0,3204 CO_2 und 0,1440 g H_2O. — 0,1869 g gaben 19,4 ccm Stickgas bei 17° und 744 mm Druck.

Ber. für $C_5H_{11}O_2N$ (117,1). C 51,23, H 9,47, N 11,96.
Gef. „ 51,10, „ 9,42, „ 11,82.

Der zweimal destillierte Ester hatte $d^{19} = 0,991$, er drehte im 1 dm-Rohr bei 19° und Natriumlicht 6,91° (± 0,02°) nach links. Mithin

$$[\alpha]_D^{19} = -6,97° (\pm 0,02°).$$

Wie später auseinandergesetzt wird, ist diese Zahl viel zu klein. Sie beträgt kaum 1/4 des richtigen Wertes.

Durch Kochen mit Wasser lieferte dieser Ester eine Aminosäure von der spezifischen Drehung — 7,9°.

Aus der Mutterlauge, die bei der oben beschriebenen ersten Krystallisation des *d*-camphersulfosauren *l*-β-Aminobuttersäuremethylesters blieb und die noch 44 g Salz enthielt, wurde in der gleichen Weise ein rechtsdrehender β-Aminobuttersäuremethylester dargestellt. Er hatte nach zweimaligem Destillieren denselben Siedepunkt, drehte aber etwas stärker, und zwar bei 20° und Natriumlicht 8,81° (± 0,02°) nach rechts; $d^{20} = 0,989$. Mithin

$$[\alpha]_D^{20} = +8,91° (\pm 0,02°).$$

0,1828 g gaben 0,3415 CO_2 und 0,1554 H_2O. — 0,1755 g gaben 16,8 ccm Stickgas bei 15° und 777 mm Druck.

Ber. für $C_5H_{11}O_2N$ (117,1). 51,23, H 9,47, N 11,96.
Gef. 50,95, „ 9,50, „ 11,48.

Aus diesem Ester wurde durch Verseifung eine β-Aminobuttersäure von $[\alpha]_D^{20} = +10,1°$ gewonnen. Nimmt man an, daß die später beschriebene aktive Aminosäure von $[\alpha]_D^{20} = +35,3°$ optisch rein gewesen ist und daß bei der Verseifung des Esters keine Racemisation eintritt, so würde sich für den reinen Methylester ungefähr $[\alpha]_D^{20} = +31°$ berechnen.

l-β-Aminobuttersäure.

Zur Gewinnung der Aminosäure aus dem Camphersulfonat ihres Esters ist dessen Isolierung nicht nötig. Man kommt bequemer zum Ziel, wenn man seine ätherisch-methylalkoholische Lösung, die nach dem Auskrystallisieren des camphersulfosauren Ammoniums resultiert, wiederholt mit kleinen Mengen Wasser ausschüttelt, bis dieses nicht mehr alkalisch reagiert. Das ließ sich durch zehnmaliges Ausschütteln leicht erreichen. Die vereinigten wäßrigen Lösungen des Esters wurden dann

4 Stunden am Rückflußkühler gekocht und schließlich die Flüssigkeit unter vermindertem Druck verdampft. Die Ausbeute an Aminosäure war so gut wie quantitativ. Die weitere Verarbeitung dieses Präparates auf optisch reine Aminosäure geschah durch Krystallisation aus trocknem Methylalkohol. Wir wollen den Verlauf der Krystallisation schildern für 8 g Aminosäure von $[\alpha]_D = -6{,}6°$, die also noch über 80 Proz. inaktive Substanz enthielt. Die 8 g Rohprodukt wurden in etwa 200 ccm trocknem Methylalkohol gelöst und auf 40 ccm eingeengt. Nach 15stündigem Stehen im Eisschrank waren 4,5 g $[\alpha]_D = -12°$ auskrystallisiert. Die nach Einengen des Filtrats erhaltene zweite Krystallisation von 1,7 g erwies sich als fast inaktiv. Beim weiteren Umkrystallisieren obiger 4,5 g aus der vierfachen Gewichtsmenge Methylalkohol wurden erst 3 g von $-18{,}2°$ und dann 2,1 g von $-26{,}8°$ erhalten. Das Präparat war nun so viel schwerer löslich geworden, daß die zur Lösung erforderliche Menge Methylalkohol relativ erheblich erhöht werden mußte und daß nach dem Einengen auch schon aus der achtfachen Gewichtsmenge Methylalkohol der größere Teil wieder ausfiel. Es wurden so erhalten 1,3 g von $-33{,}6°$, dann 1 g von $-34{,}9°$ und schließlich 0,6 g von $[\alpha]_D^{20} = 35{,}2°$. Da dasselbe Resultat auch bei der rechtsdrehenden Aminosäure erhalten wurde, so scheint hiermit der richtige Wert ganz oder doch nahezu erreicht zu sein. Leider war uns eine weitere Prüfung durch Krystallisation aus anderen Lösungsmitteln nicht möglich, denn das Trennungsverfahren ist nicht allein recht mühsam, sondern auch sehr verlustreich. Aus diesem Grunde haben wir auch für die Umsetzungen der Aminosäure nicht die Präparate vom höchsten optischen Wert, sondern die leichter zugänglichen mittleren Krystallisationen verwendet. Die von uns erhaltene reinste aktive β-Aminobuttersäure unterscheidet sich von dem Racemkörper sehr deutlich durch die Krystallform, die geringere Schmelzbarkeit und die geringere Löslichkeit in Methylalkohol.

Während der Racemkörper aus Methylalkohol in mikroskopischen Nädelchen ausfällt, die meist zu kugeligen Aggregaten vereinigt sind, krystallisiert die aktive Säure aus Methylalkohol in gut ausgebildeten, dicken Prismen, die wir leicht bis zu 1 mm Länge erhielten. Beim langsamen Verdunsten der wäßrigen Lösung im Vakuumexsiccator bekamen wir dünnere, bis zu 1 cm lange Prismen. Der Geschmack ist wenig charakteristisch. Die Aminosäure hat keinen richtigen Schmelzpunkt. Beim raschen Erhitzen im offenen Capillarrohr tritt gegen 220°, also etwa 30° höher als beim Racemkörper, völlige Zersetzung unter Gasentwickelung ein. Die über Schwefelsäure getrocknete Substanz verlor bei 76° und 15 mm über P_2O_5 nicht mehr an Gewicht. Die optisch reinste Aminosäure gab folgende Zahlen:

0,1201 g gaben 0,2059 CO_2 und 0,0964 H_2O. — 0,1118 g gaben 12,8 ccm Stickgas bei 15° und 772 mm Druck.

Ber. für $C_4H_9O_2N$ (103,1). C 46,56, H 8,80, N 13,59.
Gef. „ 46,76, „ 8,98, „ 13,64.

0,1290 g Substanz, gelöst in Wasser. Gesamtgewicht 1,2947 g. $d^{20} = 1,025$. Drehung im 1 dm-Rohr bei 20° und Natriumlicht 3,59° (± 0,02°) nach links. Mithin

$$[\alpha]_D^{20} = -35,2° (\pm 0,2°).$$

Wir führen auch noch die optische Untersuchung der vorletzten Krystallisation an:

0,1290 g Substanz, gelöst in Wasser. Gesamtgewicht 1,2917 g. $d^{20} = 1,025$. Drehung im 1 dm-Rohr bei 20° und Natriumlicht 3,57° (± 0,02°) nach links. Mithin

$$[\alpha]_D^{20} = -34,9° (\pm 0,2°).$$

d-β-Aminobuttersäure.

Sie wurde aus dem in der ersten methylalkoholischen Mutterlauge verbliebenen Camphersulfonat des rechtsdrehenden Methylesters genau so dargestellt, wie zuvor für die l-Verbindung beschrieben ist. Das Rohprodukt hatte hier schon $[\alpha]_D^{20} = +10,1°$. Es gelang dementsprechend auch durch Krystallisation aus Methylalkohol rascher, die hoch drehenden Präparate zu erhalten. Die vorletzte Krystallisation zeigte $[\alpha]_D^{20} = +34,9°$ (± 0,4°). Für die letzte Krystallisation geben wir die vollen Daten.

0,1520 g gaben 0,2597 CO_2 und 0,1214 H_2O. — 0,1146 g gaben 13,2 ccm Stickgas bei 19° und 762 mm Druck.

Ber. für $C_4H_9O_2N$ (103,1). C 46,56, H 8,80, N 13,59.
Gef. „ 46,60, „ 8,94, „ 13,32.

0,1297 g Substanz. Gesamtgewicht der wäßrigen Lösung 1,3561 g. $d^{20} = 1,023$. Drehung im 1 dcm-Rohr bei 20° und Natriumlicht 3,45° (± 0,02°) nach rechts. Mithin

$$[\alpha]_D^{20} = +35,3° (\pm 0,2°).$$

Die Substanz zeigte in Krystallform, Löslichkeit, Geschmack und Verhalten in der Hitze Übereinstimmung mit dem Antipoden.

Von diesem Präparat haben wir auch noch die Drehung in salzsaurer und in alkalischer Lösung bestimmt.

0,0454 g Substanz, gelöst in n-Salzsäure. Gesamtgewicht 0,4843 g. $d^{20} = 1,04$. Drehung in 1/2 dm-Rohr bei 20° und Natriumlicht 1,45° (± 0,02°) nach rechts. Mithin

$$[\alpha]_D^{20} = +29,7° (\pm 0,4°).$$

0,0343 g Substanz, gelöst in n-Natronlauge. Gesamtgewicht 0,3805 g. $d^{20} = 1,06$. Drehung im $^1/_2$ dm-Rohr bei 20° und Natriumlicht 0,70° (± 0,02°) nach rechts. Mithin

$$[\alpha]_D^{20} = + 14,7° (0,4°) .$$

l-β-Aminobuttersäure und salpetrige Säure.

Die Verwandlung der Aminosäure in die Oxyverbindung geht hier nicht so leicht vonstatten wie bei den aliphatischen α-Aminosäuren. Dasselbe zeigt sich bei der β-Amino-β-phenylpropionsäure[1]) und dürfte also für die meisten β-Aminosäuren gelten.

1 g *l*-β-Aminobuttersäure von $[\alpha]_D^{20} = - 28,7°$ wurde in 10 ccm n-Schwefelsäure (1 Mol.) gelöst und mit einer konzentrierten Lösung von 0,7 g Natriumnitrit (1 Mol.) bei 0° langsam versetzt. Nach 4 Stunden haben wir nochmals 2 ccm 5 n-Schwefelsäure und 0,7 g Natriumnitrit in konzentrierter, wäßriger Lösung zugefügt. Nach weiteren 4 Stunden wurde das dritte Mol. Natriumnitrit und 2 ccm 5 n-Schwefelsäure angewandt. Nachdem nun die Flüssigkeit noch weitere 24 Stunden im Eisschrank aufbewahrt war, haben wir sie mit einem geringen Überschuß von Schwefelsäure versetzt, dann mit Natriumsulfat gesättigt und schließlich in einem Ätherextraktionsapparat 12 Stunden ausgezogen. Nachdem der Äther unter vermindertem Druck verdampft war, wog der ölige Rückstand 0,8 g; er enthielt etwas Salpetersäure. Eine zweite 12stündige Extraktion der wäßrigen Flüssigkeit blieb resultatlos. Der Rückstand von 0,8 g wurde mit wenig Wasser aufgenommen, wobei ein Öl übrig blieb. Um dies zu entfernen, haben wir die Flüssigkeit mit etwas Tierkohle geschüttelt, filtriert und unter geringem Druck verdampft. Zum Rückstand wurde Wasser gefügt und wieder eingedampft und diese Operation wiederholt, bis das Destillat nicht mehr sauer reagierte. Der Rückstand enthielt die β-Oxybuttersäure. Er wurde mit n-Natronlauge neutralisiert, wovon 3,84 ccm nötig waren. Daraus berechnet sich, daß im günstigsten Falle 39,5 Proz. der theoretischen Menge von β-Oxybuttersäure vorhanden waren. Die neutrale Lösung hinterließ beim Verdunsten das Natriumsalz der β-Oxybuttersäure, das nach einmaligem Umkrystallisieren aus Alkohol optisch geprüft wurde. Getrocknet wurde bis zum konstanten Gewicht unter 15 mm Druck bei 100°.

0,1557 g Substanz, gelöst in Wasser. Gesamtgewicht der Lösung 1,5656 g. $d^{20} = 1,05$. Drehung im 1 dm-Rohr bei 20° und Natriumlicht 0,57° (± 0,02°) nach rechts. Mithin

$$[\alpha]_D^{20} = + 5,5° (\pm 0,2°) .$$

---

[1]) E. Fischer, H. Scheibler und R. Groh, Berichte d. D. Chem. Gesellsch. **43**, 2028 [1910]. (*S. 822.*)

Es handelt sich also um d-β-Oxybuttersäure. Da aber das Natriumsalz im optisch reinen Zustand die spezifische Drehung — 14,5° hat[1]), so war obiges Präparat zu 62 Proz. racemisiert. Bei dem Versuch, durch nochmaliges Umkrystallisieren aus Alkohol die Aktivität zu steigern, zeigte sich die gegenteilige Wirkung.

0,0910 g Substanz. Gesamtgewicht der wäßrigen Lösung 1,2345 g. $d^{20} = 1,05$. Drehung im 1 dm-Rohr bei 20° und Natriumlicht 0,26° (± 0,02°) nach rechts. Mithin

$$[\alpha]_D^{20} = +3,4° (\pm 0,2°).$$

Von diesem Präparat wurde eine Natriumbestimmung ausgeführt:

0,0761 g gaben 0,0437 g Na_2SO_4.

Ber. für $C_4H_7O_3Na$ (126,1). Na 18,24. Gef. Na 18,59.

Ein zweiter Versuch mit 2 g *l*-β-Aminobuttersäure von nur $[\alpha]_D^{20} = -5°$ gab ein ähnliches Resultat. Das Natriumsalz der hier entstandenen β-Oxybuttersäure drehte nach dem Umkrystallisieren aus Alkohol ebenfalls nach rechts, aber viel schwächer als zuvor.

0,1444 g Substanz. Gesamtgewicht der wäßrigen Lösung 1,4688 g. $d^{20} = 1,05$. Drehung im 1 dm-Rohr bei 20° und Natriumlicht 0,16° (± 0,02°) nach rechts. Mithin

$$[\alpha]_D^{20} = +1,6° (\pm 0,2°).$$

β-Aminobuttersäuremethylester und salpetrige Säure.

Die Einwirkung der salpetrigen Säure auf inaktiven β-Aminobuttersäureäthylester ist schon von Curtius und Müller untersucht worden[2]). Sie erhielten dabei ein Öl, das nach der Destillation die Zusammensetzung des β-Oxybuttersäureesters hatte. Über den Verlauf der Reaktion und die Ausbeute machten sie keine Angaben. Um Erfahrungen über die Behandlung des teuren aktiven Esters zu sammeln, haben wir den Versuch mit dem inaktiven β-Aminobuttersäuremethylester wiederholt.

2 g Ester wurden in 20,5 ccm n-Schwefelsäure (1,2 Mol.) bei 0° eingetragen und dazu langsam eine konzentrierte Lösung von 1,4 g Natriumnitrit (1,2 Mol.) unter Umrühren zugetropft. Die Stickstoffentwickelung trat bald ein. Nach vierstündigem Stehen bei 0° wurde die Lösung mit Natriumsulfat gesättigt, ausgeäthert, die ätherische Lösung mit Natriumsulfat getrocknet und das beim Verdampfen des Äthers zurückbleibende Öl fraktioniert. Unter 12 mm ging bei 60—70°

---

[1]) A. Magnus-Levy, Arch. f. experim. Pathol. u. Pharm. **45**, 390 [1901].

[2]) Th. Curtius und Müller, Berichte d. D. Chem. Gesellsch. **37**, 1277 [1904].

ein Öl (0,73 g) über, während im Kolben ein bedeutender Rückstand zurückblieb. Um den Ester als Derivat der β-Oxybuttersäure zu kennzeichnen, haben wir daraus das charakteristische Natriumsalz der β-Oxybuttersäure hergestellt. Das Öl wurde in 9,5 ccm n-Natronlauge gelöst und zur völligen Verseifung 12 Stunden bei Zimmertemperatur aufbewahrt, dann mit Schwefelsäure neutralisiert, unter vermindertem Druck verdampft, der Rückstand mit wenig überschüssiger 5 n-Schwefelsäure aufgenommen und diese Flüssigkeit mit trocknem Natriumsulfat verrieben. Aus dieser Masse ließ sich im Extraktionsapparat die β-Oxybuttersäure leicht ausziehen. Nach dem Verdampfen des Äthers lösten wir den Rückstand in Wasser, filtrierten die mit Tierkohle geklärte Flüssigkeit, verdampften dann unter vermindertem Druck und wiederholten nach Zugabe von Wasser das Eindampfen, bis das Destillat nicht mehr sauer reagierte. Dadurch werden kleine Mengen flüchtiger, organischer Säuren entfernt. Die rückständige β-Oxybuttersäure haben wir mit n-Natronlauge neutralisiert, wozu 5,5 ccm erforderlich waren. Die Lösung des Natriumsalzes wurde unter vermindertem Druck verdampft und das Salz aus Alkohol umkrystallisiert; Ausbeute 0,45 g. Zur Analyse war nochmals aus Alkohol umgelöst und unter 12 mm Druck bei 100° über Phosphorpentoxyd getrocknet worden.

0,1806 g gaben 0,2524 CO_2 und 0,0903 H_2O. — 0,0802 g gaben 0,0455 Na_2SO_4.

Ber. für $C_4H_7O_3Na$ (126,1). C 38,06, H 5,59, Na 18,24.
Gef. „ 38,12, „ 5,59, „ 18,37.

Auf dieselbe Art haben wir 2 g des linksdrehenden β-Aminobuttersäuremethylesters durch salpetrige Säure zersetzt und dazu ein Präparat von $[\alpha]_D = -7°$ verwandt, das also nach früherer Darlegung zu ungefähr $^3/_4$ racemisiert war. Der destillierte Oxysäureester, der allerdings nicht ganz rein war, drehte im $^1/_2$ dm-Rohr 2,63° nach rechts. Das würde auch ungefähr einem zu $^3/_4$ racemisierten d-β-Oxybuttersäureester entsprechen, denn für den möglichst reinen optischen Antipoden haben wir früher im $^1/_2$ dm-Rohr eine Linksdrehung von 11,16° beobachtet[1]).

Aus dem Ester wurde, wie zuvor beschrieben, das Natriumsalz bereitet und aus Alkohol umkrystallisiert.

0,1505 g Substanz, gelöst in Wasser. Gesamtgewicht der Lösung 1,5371. $d^{20} = 1,048$. Drehung im 1 dm-Rohr bei 20° und Natriumlicht 0,17° (± 0,02°) nach rechts. Mithin

$$[\alpha]_D^{20} = +1,7° (\pm 0,2°).$$

---

[1]) E. Fischer und H. Scheibler, Berichte d. D. Chem. Gesellsch. 42, 1222 [1909]. (*S. 807.*)

Bei der Wiederholung des Versuches mit demselben Ausgangsmaterial erhielten wir ein Natriumsalz von $[\alpha]_D^{20} = + 2{,}1°$; dieses Präparat diente auch zur Analyse.

0,0268 g Substanz, gelöst in Wasser. Gesamtgewicht der Lösung 0,2731 g. $d^{20} = 1{,}048$. Drehung im $^1/_2$ dm-Rohr bei 0,11° (± 0,02°) nach rechts. Mithin

$$[\alpha]_D^{20} = + 2{,}1° (\pm 0{,}4°).$$

0,0910 g gaben 0,0530 Na_2SO_4.

Ber. für $C_4H_7O_3Na$ (126,1). Na 18,24. Gef. Na 18,86.

Endlich haben wir noch denselben Versuch mit 2 g des rechtsdrehenden β-Aminobuttersäuremethylesters von $[\alpha]_D^{20} = + 8{,}9°$ ausgeführt und linksdrehendes oxybuttersaures Natrium erhalten.

0,2043 g Substanz, gelöst in Wasser. Gesamtgewicht 2,0199 g. $d^{20} = 1{,}048$. Drehung im 1 dm-Rohr bei 20° und Natriumlicht 0,16° nach links. Mithin

$$[\alpha]_D^{20} = - 1{,}5°.$$

Da das reine Natriumsalz $[\alpha]_D^{15} = - 14{,}5°$ hat[1]), so waren die von uns erhaltenen Präparate zwar sehr stark racemisiert, wie es bei dem von uns benutzten Ausgangsmaterial erwartet werden mußte; aber nach den beobachteten Drehungen des Esters und des Natriumsalzes kann man doch nicht zweifeln, daß aus dem l-β-Aminobuttersäuremethylester der Ester der d-β-Oxybuttersäure entstanden war. Daraus folgt, daß die Wirkung der salpetrigen Säure sowohl auf die aktive β-Aminobuttersäure als auch auf ihren Methylester optisch in gleichem Sinne verläuft.

Verwandlung der β-Aminobuttersäure in β-Chlorbuttersäure durch Nitrosylchlorid.

Im Gegensatz zu den α-Aminosäuren wird die β-Aminobuttersäure in halogenwasserstoffsaurer Lösung durch Stickoxyd und Chlor oder Brom bei 0° und gewöhnlichem Druck sehr langsam angegriffen. Die Umsetzung erfolgt jedoch, wenn man das ursprüngliche Verfahren von W. A. Tilden und Forster[2]), die Aminosäuren mit fertigem Nitrosylchlorid unter Druck zu behandeln, auf die β-Säure anwendet. Man kann zu dem Zweck die gepulverte β-Aminobuttersäure mit einem großen Überschuß von Nitrosylchlorid im geschlossenen Rohr unter Zusatz von Glasperlen schütteln, wobei nach 1—2 Tagen bei gewöhnlicher Temperatur Lösung erfolgt. Noch besser verwendet man eine Lösung der β-Aminobuttersäure in starker Salzsäure, fügt unter starker Abkühlung

[1]) Mc Kenzie, Journ. chem. Soc. 81, 1402 [1902].
[2]) Journ. chem. Soc. 67, 489 [1895].

überschüssiges Nitrosylchlorid zu und läßt im geschlossenen Rohr 2—3 Tage bei Zimmertemperatur stehen. Das Nitrosylchlorid löst sich unter diesen Bedingungen in erheblicher Menge mit dunkelbrauner Farbe und bewirkt dann die Umwandlung der Aminosäure. Wir haben den Versuch zunächst mit racemischer β-Aminobuttersäure ausgeführt.

1,5 g Aminosäure wurden im Einschmelzrohr mit 3 ccm 25prozentiger wäßriger Salzsäure gelöst, dazu ungefähr 5 g Nitrosylchlorid (5 Mol.), das in bekannter Weise aus Kochsalz und Bleikammerkrystallen vorher bereitet war, zudestilliert, während das Rohr auf etwa — 40° abgekühlt war, dann das Rohr zugeschmolzen und 24 Stunden bei gewöhnlicher Temperatur aufbewahrt. Als das Rohr nun in flüssiger Luft abgekühlt und geöffnet wurde, entwich eine große Menge Gas. Das wieder geschlossene Rohr wurde nach 24stündigem Stehen bei Zimmertemperatur in gleicher Weise geöffnet. Obschon noch Druck vorhanden war, haben wir doch den Versuch unterbrochen. Beim langsamen Auftauen entwich die Hauptmenge des unveränderten Nitrosylchlorids, der Rest wurde unter vermindertem Druck bei gewöhnlicher Temperatur verjagt. Die im Rohr zurückbleibende farblose Flüssigkeit haben wir mit dem doppelten Volumen Wasser verdünnt, wobei ein Öl ausfiel, und die gesamte Mischung ausgeäthert. In der wäßrigen Lösung war noch eine geringe Menge (0,1 g) einer in Äther unlöslichen, stickstoffhaltigen Substanz, sehr wahrscheinlich das Hydrochlorid von unveränderter Aminosäure. Der mit Natriumsulfat getrocknete, ätherische Auszug hinterließ beim Verdampfen einen farblosen Sirup, etwa 1 g. Er war ein Gemisch von β-Chlorbuttersäure mit anderen Produkten, von denen eines fest ist, viel Chlor enthält und von Alkalien mit gelber Farbe unter Zersetzung gelöst wird. Zur Isolierung der β-Chlorbuttersäure haben wir daher das Rohprodukt in mehreren Portionen mit Petroläther (etwa 15 ccm) kurz aufgekocht, die vereinigten Auszüge in Eis abgekühlt und vom Ungelösten abgegossen. Nachdem nun der Petroläther unter vermindertem Druck verdampft war, wurde das zurückbleibende Öl mit n-Natriumcarbonatlösung in geringem Überschuß durchgeschüttelt. Hierbei ging die Hauptmenge ohne Farbe in Lösung, während ein stechend riechendes Öl zurückblieb, das durch Ausäthern entfernt wurde. Die alkalische Lösung gab beim Ansäuern die β-Chlorbuttersäure, die in ätherischer Lösung getrocknet und nach dem Verdampfen des Äthers fraktioniert wurde. Ausbeute 0,25 g, die unter 15 mm Druck bei ungefähr 103° bis 105° kochten. Das Produkt war in 10 Tln. Wasser klar löslich. Eine Chlorbestimmung zeigte, daß es noch nicht ganz rein war.

0,1361 g gaben 0,1534 AgCl.

Ber. für $C_4H_7O_2Cl$ (122,5). Cl 28,94. Gef. Cl 27,87.

Zum Beweise, daß es sich aber wirklich um β-Chlorbuttersäure handelt, haben wir 0,3 g eines Präparates, das auf die gleiche Art dargestellt war, durch Kochen mit Wasser auf die früher für den d-β-Chlorbuttersäuremethylester beschriebene Weise[1]) in das Natriumsalz der inaktiven β-Oxybuttersäure verwandelt. Seine Menge betrug nach dem Umkrystallisieren aus Alkohol 0,15 g.

0,0730 g gaben 0,0407 Na_2SO_4.
Ber. für $C_4H_7O_3Na$ (126,1). Na 18,24. Gef. Na 18,05.

Versuch mit d-β-Aminobuttersäure. Verwandt wurden 2 g Aminosäure von $[\alpha]_D^{20} = +24,2°$. Die Ausbeute an destillierter β-Chlorbuttersäure war 0,3 g. Sie drehte ziemlich stark nach links. Zur weiteren Reinigung diente das Silbersalz. Für seine Bereitung wurden 0,3 g Säure in 2,45 ccm eiskaltem, wäßrigem n-Ammoniak (1 Mol.) gelöst und durch eine Lösung von 0,5 g Silbernitrat (1,2 Mol.) in 2 ccm Wasser bei 0° gefällt. Nach dem Auswaschen mit Eiswasser und Trocknen im Vakuumexsiccator betrug die Menge des Salzes 0,35 g. Es bildet farblose, ziemlich lichtbeständige Nadeln. Die Analyse, die durch Erhitzen mit rauchender Salpetersäure ausgeführt wurde, zeigte, daß das Salz noch nicht ganz rein war.

0,0974 g gaben 0,0621 AgCl.
Ber. für $C_4H_6O_2ClAg$ (229,4). Ag 47,03, Cl 15,46.
Gef. „ 47,98, „ 15,77.

Wir haben es deshalb bei 0° in n-Salpetersäure gelöst und die von einer geringen Menge Chlorsilber rasch abfiltrierte Flüssigkeit sofort mit der äquivalenten Menge n-Ammoniak ebenfalls bei 0° wieder gefällt. Das rasch mit Eiswasser gewaschene und im Vakuumexsiccator getrocknete Salz diente sowohl für die Bestimmung des Silbers wie für die optische Untersuchung. Zu dem Zweck wurde das Salz mit überschüssiger n-Salzsäure bei gewöhnlicher Temperatur geschüttelt, das Gesamtgewicht der Lösung festgestellt, dann filtriert und die Lösung optisch untersucht. Das ausgewaschene Chlorsilber wurde nochmals in verdünntem Ammoniak gelöst und durch Salpetersäure wieder abgeschieden.

0,0835 g Silbersalz (entsprechend 0,0446 g β-Chlorbuttersäure), versetzt mit n-Salzsäure. Gesamtgewicht 0,9866 g. Berechnet für AgCl 0,0522 g, also Gewicht der Lösung 0,9344 g. Drehung im 1 dm-Rohr bei 20° und Natriumlicht 1,19° (± 0,02°) nach links. $d^{20} = 1,02$. Mithin

$$[\alpha]_D^{20} = -24,4° (\pm 0,4°).$$

[1]) E. Fischer und H. Scheibler, Berichte d. D. Chem. Gesellsch. **42**, 1226 [1909]. (*S. 811.*)

0,0835 g gaben 0,0519 AgCl.
Ber. für $C_4H_6O_2ClAg$ (229,4). Ag 47,03. Gef. Ag 46,78.

Wir haben auch noch aus dem Silbersalz die Chlorbuttersäure durch n-Salzsäure in Freiheit gesetzt, ausgeäthert, in der ätherischen Lösung getrocknet und den Äther möglichst sorgfältig verdampft. Der Rückstand wurde in wäßriger Lösung optisch untersucht.

0,0632 g Substanz, gelöst in Wasser. Gesamtgewicht 1,2883 g. $d^{20} = 1,02$. Drehung im 1 dm-Rohr bei 20° und Natriumlicht 1,20° (± 0,02°) nach links. Mithin

$$[\alpha]_D^{20} = -24,0° (\pm 0,4°).$$

Für die β-Chlorbuttersäure, die auf die gleiche Art aus dem Silbersalz der ganz reinen d-Säure in Freiheit gesetzt war, haben wir unter genau denselben Bedingungen wie bei der ersten oben angeführten Bestimmung den Wert $[\alpha]_D^{20} = +47,7°$ gefunden. Die mit Nitrosylchlorid bereiteten Proben waren somit etwa zur Hälfte racemisiert. Da aber schon die angewandte d-β-Aminobuttersäure von $[\alpha]_D^{20} = +24,2°$ zu $^1/_3$ racemisch war, so kann man sagen, daß bei der Umwandlung der Aminosäure in Chlorsäure keine starke Racemisation stattfindet.

Einen mehr qualitativen Versuch ähnlicher Art haben wir mit der linksdrehenden β-Aminobuttersäure, die allerdings nur $[\alpha]_D^{20} = -14°$ hatte, durchgeführt und so eine Chlorbuttersäure erhalten, deren 10 prozentige Toluollösung im $^1/_2$ dm-Rohr 0,40° nach rechts drehte.

Im Anschluß an obige Versuche wollen wir noch einige neue Erfahrungen mitteilen über Eigenschaften und Darstellung der

d-β-Chlorbuttersäure.

Im Besitze größerer Mengen konnten wir die Säure durch wiederholte Krystallisation reinigen. Für ihre Darstellung haben wir wie früher[1]) die aus diabetischem Harn gewonnene l-β-Oxybuttersäure benutzt. Die Veresterung der Säure hat auch gegen die frühere Vorschrift eine kleine Änderung erfahren.

100 g der sirupösen Säure wurden mit 300 g trocknem Methylalkohol, der 1 Proz. HCl enthielt, 4 Stunden am Rückflußkühler gekocht, dann die Salzsäure durch dreistündiges Schütteln mit Kaliumcarbonat entfernt und die filtrierte Lösung unter vermindertem Druck verdampft. Der zurückbleibende Sirup wurde mit trocknem Äther aufgenommen, die von den ausgeschiedenen Salzen abfiltrierte Lösung verdampft und

---

[1]) E. Fischer und H. Scheibler, Berichte d. D. Chem. Gesellsch. 42, 1224 [1909]. (S. 810.)

der Rückstand fraktioniert. Unter 13 mm Druck ging die Hauptmenge von 60—70° über. Zur völligen Reinigung wurde nochmals mit Natriumsulfat getrocknet und fraktioniert. Ausbeute etwa 60 g. Das Verfahren ist nicht allein bequemer, sondern auch ergiebiger als das früher beschriebene. Das Drehungsvermögen variierte bei verschiedenen Darstellungen. Es wurde niemals höher als der früher angegebene Wert $[\alpha]_D^{20} = -21,1°$ gefunden, lag aber öfters einige Grade niedriger.

Die Bereitung des d-β-Chlorbuttersäuremethylesters aus der Oxyverbindung haben wir ebenfalls vereinfacht.

In 30 g β-Oxybuttersäuremethylester von $[\alpha]_D^{20} = -18,1°$, die durch eine Mischung von Eis und Salz gekühlt waren, wurden 66 g gepulvertes Phosphorpentachlorid (1,25 Mol.) in kleinen Portionen im Lauf von 2 Stunden eingetragen. Der durch ein Chlorcalciumrohr vor Feuchtigkeit geschützte Kolben blieb noch einige Stunden bei 0° und dann 24 Stunden bei Zimmertemperatur stehen. Die fast ganz flüssige Mischung wurde nun auf 50 g zerstoßenes Eis, das sich in einem weiten Erlenmeyer-Kolben befand, gegossen und nun unter steter Kühlung und Schütteln mit festem Natriumbicarbonat neutralisiert. Wir haben nun mehrere solcher Portionen vereinigt und den β-Chlorbuttersäuremethylester, der mit Äther etwas flüchtig ist, unter starker Kühlung mit Äthylchlorid ausgeschüttelt. Nach dem Abdestillieren des Äthylchlorids, das wieder zu neuen Extraktionen benutzt werden kann, wurde der Ester noch mit Natriumsulfat getrocknet und unter 13 mm Druck fraktioniert. 60 g Oxysäureester gaben bei der ersten Destillation 37 g und bei nochmaliger Fraktionierung 34 g Chlorbuttersäuremethylester; außerdem ein höher siedendes Nebenprodukt (13,5 g). Den Siedepunkt fanden wir in Übereinstimmung mit der früheren Angabe bei 48—51°. Unter gewöhnlichem Druck lag er bei 148—152°. $[\alpha]_D^{20} = +22,6°$. Dieser Wert ist aber sehr wahrscheinlich zu niedrig, da bei der Verseifung des Esters eine ziemlich stark racemisierte Chlorbuttersäure entstand.

Die Verseifung des Esters durch starke Salzsäure haben wir neuerdings, um Racemisation möglichst zu vermeiden, bei Zimmertemperatur ausgeführt.

20 g Ester von $[\alpha]_D^{20} = +22,6°$ wurden mit 100 ccm Salzsäure (d = 1,19) bei ungefähr 20° bis zur Lösung geschüttelt, was ungefähr 2 Tage dauerte. Die Flüssigkeit blieb dann bei derselben Temperatur 8 Tage stehen, wurde nun mit dem gleichen Volumen Wasser verdünnt und bei 0° mit einer konzentrierten Lösung von Kaliumcarbonat bis zur alkalischen Reaktion versetzt. Nachdem der unverseifte Ester ausgeäthert war, wurde die wäßrige Lösung angesäuert, ausgeäthert, der ätherische Auszug mit Natriumsulfat getrocknet und nach dem Verdampfen des Äthers unter 13 mm Druck destilliert, wobei die Chlor-

buttersäure konstant bei 101° kochte. Ausbeute nur 11,5 g, da ein Teil des Esters noch nicht verseift war. Für diese Säure lag $[\alpha]_D^{20}$ zwischen + 27 und + 29° in 10prozentiger Lösung in n-Natronlauge. Aus dem Präparat ließ sich aber eine viel höher drehende Säure gewinnen. Zu dem Zweck haben wir 14 g der destillierten Säure mit 3,5 ccm Ligroin vermischt, in einer Mischung von Eis und Salz gekühlt, die bald ausgeschiedenen Krystalle abgesaugt und mit wenig kaltem Ligroin gewaschen. Ausbeute 6,2 g. Sie wurden aus 7 ccm warmem Ligroin auf die gleiche Weise umkrystallisiert und dabei 5,4 g zurückgewonnen. Bei nochmaliger Krystallisation änderte dieses Präparat weder den Schmelzpunkt noch die spezifische Drehung. Zur Analyse war im Vakuum über Paraffin und Phosphorpentoxyd getrocknet.

0,1711 g gaben 0,2451 CO_2 und 0,0888 H_2O. — 0,1824 g gaben 0,2130 AgCl.
Ber. für $C_4H_7O_2Cl$ (122,5). C 39,18, H 5,76, Cl 28,95.
Gef. „ 39,07, „ 5,80, „ 28,89.

Diese vermutlich reine d-β-Chlorbuttersäure schmolz bei 43—44,5°, während der Schmelzpunkt des Racemkörpers bei 16—16,5° angegeben ist[1]).

Sie krystallisiert aus warmem Ligroin in ziemlich großen Prismen und ist hierin schwerer löslich als der Racemkörper. Für die optische Untersuchung haben wir die Lösung in Wasser benutzt. Die nachfolgenden Zahlen beziehen sich auf zwei Präparate, von denen das erste zweimal und das andere zum drittenmal aus Ligroin krystallisiert war.

0,2222 g Substanz, gelöst in Wasser. Gesamtgewicht der Lösung 2,2485 g. $d^{20} = 1,025$. Drehung im 1 dcm-Rohr bei 20° und Natriumlicht 5,04° (± 0,02°) nach rechts. Mithin

$$[\alpha]_D^{20} = +49,8° (\pm 0,2°).$$

0,1316 g Substanz, Gesamtgewicht der wäßrigen Lösung 1,3483 g. $d^{20} = 1,025$. Drehung im 1 dm-Rohr bei 20° und Natriumlicht 4,95° (± 0,02°) nach rechts. Mithin

$$[\alpha]_D^{20} = +49,5° (\pm 0,2°).$$

Ferner wurde noch das Drehungsvermögen der Lösung in Toluol ermittelt.

0,1387 g Substanz, gelöst in Toluol. Gesamtgewicht 1,3576 g. $d^{20} = 0,890$. Drehung im 1 dm-Rohr bei 20° und Natriumlicht 4,24° (± 0,02°) nach rechts. Mithin

$$[\alpha]_D^{20} = +46,6° (\pm 0,2°).$$

Um das Drehungsvermögen des Natriumsalzes zu ermitteln, wurde die Säure bei 0° in der äquivalenten Menge n-Natronlauge gelöst. Die Lösung ist bei Zimmertemperatur hinreichend beständig.

---

[1]) A. M. Cloves, Liebigs Ann. d. Chem. **319**, 360 [1901].

0,0309 g Substanz, gelöst in n-Natronlauge. Gesamtgewicht 0,3397 g. $d^{20} = 1,06$. Drehung im $\frac{1}{2}$ dm-Rohr bei 20° und Natriumlicht 1,99° (± 0,02°) nach rechts. Mithin

$$[\alpha]_D^{20} = + 41,3° (\pm 0,4°).$$

Silbersalz der d-β-Chlorbuttersäure.

0,5 g Säure wurde mit 1 ccm Wasser übergossen, auf 0° abgekühlt, durch Zusatz von 4,08 ccm n-Ammoniak (1 Mol.), das ebenfalls auf 0° abgekühlt worden war, gelöst und sofort durch eine starke, wäßrige Lösung von 0,8 g Silbernitrat (1,2 Mol.) gefällt. Wird das alsbald in feinen, farblosen Nadeln krystallisierende Silbersalz nach kurzem Stehen abgesaugt, mit kaltem Wasser gewaschen und im Vakuumexsiccator getrocknet, so hält es sich auch am Lichte ziemlich unverändert. Ausbeute gegen 90 Proz. d. Th. Zur Bestimmung von Silber und Chlor wurde das Salz in der üblichen Weise mit rauchender Salpetersäure im Rohr zersetzt.

0,1163 g gaben 0,0725 AgCl.

Ber. für $C_4H_6O_2ClAg$ (229,4). Cl 15,46, Ag 47,03.
Gef. „ 15,43, „ 46,92.

Auf dieselbe Weise läßt sich das sehr ähnliche racemische β-chlorbuttersaure Silber darstellen, von dem ebenfalls eine Analyse ausgeführt wurde.

0,2053 g gaben 0,1280 AgCl.

Ber. für $C_4H_6O_2ClAg$ (229,4). Cl 15,46, Ag 47,03.
Gef. „ 15,42, „ 46,92.

Eine andere Probe des aktiven Silbersalzes haben wir durch Zersetzung mit Salzsäure in bezug auf Silbergehalt und Drehungsvermögen ebenso analysiert, wie es früher für das aus Aminobuttersäure erhaltene aktive chlorbuttersaure Silber beschrieben wurde.

0,1301 g Silbersalz (entsprechend 0,0695 g d-β-Chlorbuttersäure), behandelt mit *n*-Salzsäure. Gesamtgewicht 1,4950 g. Berechnet für AgCl 0,0814 g, also Gewicht der Lösung 1,4136 g. Drehung im 1 dm-Rohr bei 20° und Natriumlicht 2,39° (± 0,02°) nach rechts. $d^{20} = 1,02$. Mithin

$$[\alpha]_D^{20} = + 47,7° (\pm 0,2°).$$

0,1301 g gaben 0,0812 AgCl.

Ber. für $C_4H_6O_2ClAg$ (229,4). Ag 47,03. Gef. Ag 46,97.

Im Besitz größerer Mengen der stark drehenden d-β-Chlorbuttersäure haben wir endlich die früher nur flüchtig studierte Verwandlung in l-β-Oxybuttersäure wiederholt.

Die Oxybuttersäure wurde als Natriumsalz isoliert und analysiert.

0,0773 g gaben 0,0443 Na_2SO_4.

Ber. für $C_4H_7O_3Na$ (126,1). Na 18,24. Gef. Na 18,57.

0,1201 g Substanz, gelöst in Wasser. Gesamtgewicht 1,2788 g. $d^{20} = 1,048$. Drehung im 1 dm-Rohr bei 20° und Natriumlicht 0,43° (± 0,02°) nach links. Mithin

$$[\alpha]_D^{20} = -4,4° (\pm 0,2°).$$

Das Salz war also zu 70 Proz. racemisiert. Dabei ist aber zu berücksichtigen, daß bei der Krystallisation des Salzes, die für die völlige Reinigung unvermeidlich ist, der Racemkörper sich anreichert.

81. Helmuth Scheibler und Alvin S. Wheeler: Zur Kenntnis der Waldenschen Umkehrung. VII[1]). Optisch-aktive Leucinsäure (α-Oxy-isocapronsäure) und ihre Verwandlung in α-Brom-isocapronsäure.

Berichte der Deutschen Chemischen Gesellschaft **44**, 2684 [1911].

(Eingegangen am 15. August 1911.)

Die α-Oxyisocapronsäure entsteht leicht aus dem Leucin durch die Wirkung von salpetriger Säure und ist unter dem Namen der Leucinsäure längst bekannt. Bezüglich ihrer Eigenschaften, besonders aber ihres optischen Drehungsvermögens, bestehen in der Literatur viele und starke Widersprüche[2]). Sie sind offenbar größtenteils durch die Qualität des verwandten Leucins verursacht, denn die aus den Proteinen isolierte Aminosäure ist nicht allein in der Regel teilweise racemisiert, sondern auch noch durch Isoleucin und Valin verunreinigt. Da wir für die Studien über Waldensche Umkehrung eine auch im optischen Sinne reine Leucinsäure brauchten, so haben wir auf Veranlassung von Prof. E. Fischer die synthetische α-Brom-isocapsonsäure als Ausgangsmaterial gewählt. Die daraus entstehende Oxysäure haben wir mit Chinidin gespalten und glauben, so die linksdrehende Leucinsäure in reinem Zustande erhalten zu haben. Sie entsteht auch in ziemlich glatter Reaktion aus dem *l*-Leucin.

Wird der Ester der *l*-Leucinsäure mit Brom und Phosphor behandelt, so entsteht der rechtsdrehende α-Brom-isocapronsäureester, der schon von E. Fischer einerseits aus *l*-Leucinester mit Nitrosylbromid

---

[1]) Vergl. frühere Mitteilungen: E. Fischer, Berichte d. D. Chem. Gesellsch. **40**, 489 [1907]. (*S. 769.*) — E. Fischer und H. Scheibler, ebenda **41**, 889, 2891 [1908]; **42**, 1219 [1909]. (*S. 789, 794 und 805.*) — E. Fischer, H. Scheibler und R. Groh, ebenda **43**, 2020 [1910]. (*S. 814.*) — E. Fischer und H. Scheibler, Sitzungsberichte d. Kgl. Preuß. Akad. d. Wissensch. **26**, 566 (18. Mai 1911).

[2]) F. Röhmann, Berichte d. D. Chem. Gesellsch. **30**, 1981 [1897]. — B. Gmelin, Zeitschr. f. physiol. Chem. **18**, 30 [1894].

dargestellt wurde, während andererseits der linksdrehende α-Bromisocapronsäureester aus *l*-α-Bromisocapronsäure, dem Reaktionsprodukt von Nitrosylbromid auf *l*-Leucin, erhalten wurde[1]). Aus der nachfolgenden Zusammenstellung dieser Reaktionen ergibt sich, daß *l*-Leucin sowohl *d*- wie auch *l*-α-Bromisocapronsäureester liefern kann.

$$l\text{-Leucin} \xrightarrow{(HNO_2)} l\text{-Leucinsäure} \longrightarrow l\text{-Leucinsäureester} \xrightarrow{(Br + P)} d\text{-Bromisocapronsäureester}$$

$$l\text{-Leucin} \longrightarrow l\text{-Leucinester} \xrightarrow{(NOBr)} d\text{-Bromisocapronsäureester}$$

$$l\text{-Leucin} \xrightarrow{(NOBr)} l\text{-Bromisocapronsäure} \longrightarrow l\text{-Bromisocapronsäureester.}$$

Darstellung der *dl*-Leucinsäure.

100 g käufliches α-Bromisocapronylbromid wurden mit 1357 ccm *n*-Natronlauge (3,5 Mol.) bei Zimmertemperatur bis zur völligen Lösung geschüttelt und dann 2—3 Stunden auf dem Wasserbade erhitzt, bis alles Brom ionisiert war. Nun wurde mit 194 ccm *n*-Schwefelsäure neutralisiert, auf dem Wasserbade stark eingeengt, dann mit 120 ccm 5-*n*. Schwefelsäure übersättigt und wiederholt ausgeäthert. Beim Verdunsten des Äthers blieb ein von Krystallen durchsetzter Sirup. Zur Reinigung wurde die Säure in das bekannte, gut krystallisierende Bariumsalz umgewandelt, dies durch 5-*n*. Schwefelsäure zerlegt und die Oxysäure wieder ausgeäthert. Beim Verdunsten des Äthers blieb sie krystallisiert zurück. Die Ausbeute betrug 39,8 g oder 78% d. Th. Zur völligen Reinigung wurde in etwa der gleichen Menge wasserfreiem Äther gelöst und mit der 5-fachen Menge Petroläther versetzt. Die Oxysäure krystallisiert dann bald in rhombischen Tafeln, die bei langsamer Krystallisation ziemlich groß werden. Der Schmelzpunkt lag bei 76—77°. Die Reinheit dieses Präparates wurde durch eine Analyse festgestellt.

Spaltung der *dl*-Leucinsäure in die optisch-aktiven Komponenten.

Die Spaltung gelang mit dem Brucin-, Chinin- und Chinidinsalz. In allen 3 Fällen krystallisiert zuerst das Salz der *l*-Leucinsäure. Am bequemsten ist die Operation bei Anwendung von Chinidin.

30 g unkrystallisierter *dl*-Leucinsäure wurden in 500 ccm Wasser gelöst und mit einer Lösung von 84 g (1 Mol.) Chinidin (krystallalkoholhaltig) in 200 ccm Alkohol versetzt. Die Mischung wurde auf etwa 500 ccm eingeengt und bei Zimmertemperatur nach Zugabe einiger Impfkrystalle 15 Stunden aufbewahrt. Die Ausbeute an Chinidinsalz

---

[1]) E. Fischer, Berichte d. D. Chem. Gesellsch. **40**, 502 [1907]. (*S. 782.*)

betrug etwa 45 g, das aber noch etwa zur Hälfte racemisch war. Durch zweimaliges Umkrystallisieren aus wenig Alkohol und viel Wasser wurde daraus 30 g Chinidinsalz oder etwa die Hälfte der theoretischen Menge erhalten, die einer Leucinsäure von $[\alpha]_D^{20} = -26,9°$ (in alkalischer Lösung) entsprachen. Dieses Präparat war annähernd rein und wurde zur Weiterverarbeitung verwandt. Durch mehrmaliges verlustreiches Umkrystallisieren kommt man aber schließlich zu einer Oxysäure von $[\alpha]_D^{20} = -27,8°$. Da erneute Krystallisation des Chinidinsalzes aus 1 Tl. Alkohol und 19 Tln. Wasser, wobei die Hälfte in der Mutterlauge blieb, keine höher drehende Säure lieferte, so scheint damit das Ende der Spaltung erreicht zu sein.

l-Leucinsäure. Das zweimal umkrystallisierte, fein gepulverte Chinidinsalz wurde mit einem Überschuß von *n*-Natronlauge 15 Minuten geschüttelt, die Flüssigkeit vom abgeschiedenen Chinidin abfiltriert, mit Schwefelsäure übersättigt und mehrmals mit Äther extrahiert. Die durch Verdampfen des Äthers gewonnene Säure läßt sich ebenso wie der Racemkörper aus Äther + Petroläther umkrystallisieren. Sie scheidet sich hieraus in dünnen Prismen ab, die bei langsamer Krystallisation bedeutende Länge erreichen. Zur Analyse und optischen Bestimmung wurde im Vakuumexsiccator über Phosphorpentoxyd getrocknet.

0,1609 g Sbst.: 0,3214 g CO_2, 0,1310 g H_2O.
$C_6H_{12}O_3$ (132,10). Ber. C 54,50, H 9,16.
Gef. „ 54,48, „ 9,11.

Die *l*-Leucinsäure sintert etwa von 78° an und schmilzt bei 81—82°. Die Löslichkeitsverhältnisse sind ähnlich wie beim Racemkörper.

In wäßriger Lösung zeigt die Oxysäure eine nicht besonders starke Linksdrehung. Stärker ist das Drehungsvermögen des Natriumsalzes; daher eignet sich für die optische Bestimmung am besten die Lösung in überschüssiger *n*-Natronlauge.

0,1732 g Sbst., gelöst in *n*-Natronlauge. Gesamtgewicht der Lösung 1,7622 g. $d^{20} = 1,044$. Drehung im 1-dm-Rohr bei 20° und Natriumlicht 2,85° (± 0,02°) nach links. Mithin

$$[\alpha]_D^{20} = -27,8° (\pm 0,2°).$$

Nochmaliges Umkrystallisieren des entsprechenden Chinidinsalzes lieferte eine Oxysäure von gleichem Drehungsvermögen:

0,1321 g Sbst., gelöst in *n*-Natronlauge. Gesamtgewicht der Lösung 1,3307 g. $d^{20} = 1,044$. Drehung im 1-dm-Rohr bei 20° und Natriumlicht 2,88° (± 0,02°) nach links. Mithin

$$[\alpha]_D^{20} = -27,8° (\pm 0,2°).$$

Von demselben Präparat wurde eine optische Bestimmung in wäßriger Lösung ausgeführt.

0,1219 g Sbst., gelöst in Wasser. Gesamtgewicht der Lösung 1,2366 g. $d^{20} = 1{,}010$. Drehung im 1-dm-Rohr bei 20° und Natriumlicht 1,04° (± 0,02°) nach links. Mithin

$$[\alpha]_D^{20} = -10{,}4° (\pm 0{,}2°).$$

d-Leucinsäure. Sie wurde aus den Mutterlaugen vor der Bereitung des *l*-leucinsauren Chinidins gewonnen, aber nur mit einem Drehungsvermögen von $[\alpha]_D = +11{,}9°$ (in alkalischer Lösung). Die Säure bildet zwar mit Cinchonidin und anderen Alkaloiden krystallisierende Salze, durch welche sich aber das Drehungsvermögen nicht wesentlich steigern ließ. Wir haben deshalb auf die Reindarstellung verzichten müssen.

Bildung von *l*-Leucinsäure aus *l*-Leucin.

5 g *l*-Leucin von $[\alpha]_D^{20} = +15{,}8°$ (in 5-proz. Lösung in 20-proz. Salzsäure) wurden in 57 ccm *n*-Schwefelsäure (1,5 Mol.) gelöst und bei 0° mit einer konzentrierten Lösung von 4 g Natriumnitrit (1,5 Mol.) allmählich im Laufe von einer Stunde versetzt. Nachdem die Flüssigkeit noch 2 Stunden bei 0° und dann noch 3 Stunden bei Zimmertemperatur gestanden hatte, wurde im Extraktionsapparat ausgeäthert und die in den Äther übergehende Oxysäure in das leicht krystallisierende Bariumsalz verwandelt. Die ursprüngliche wäßrige Lösung haben wir nochmals bei 0° mit 5,7 ccm 5-*n*. Schwefelsäure und 2 g Natriumnitrit behandelt, von neuem ausgeäthert und die Oxysäure ebenfalls in das Bariumsalz übergeführt. Seine Menge betrug bei der Hauptreaktion 4,9 g und bei der zweiten Reaktion 0,6 g, die Gesamtausbeute also 5,5 g oder 72% der Theorie. Verschiedene Krystallisationen des Bariumsalzes gaben Oxysäure von fast gleichem Drehungsvermögen. Die ersten Krystallisationen (4,1 g) hatten $[\alpha]_D^{20} = -27{,}7°$, die zweite Krystallisation (0,8 g) $-25{,}9°$. Daraus folgt, daß die Wirkung der salpetrigen Säure ziemlich glatt und ohne wesentliche Racemisation vonstatten geht.

Das aus Wasser umkrystallisierte Bariumsalz wurde analysiert. Nach 24-stündigem Trocknen an der Luft ist es krystallwasserfrei.

0,1513 g Sbst.: 0,0754 g $BaCO_3$.
$(C_6H_{11}O_3)_2Ba$ (399,55). Ber. Ba 34,38. Gef. Ba 34,68.

Die aus den ersten Krystallisationen des Bariumsalzes gewonnene *l*-Leucinsäure hatte nach dem Umkrystallisieren aus Äther + Petroläther den Schmp. 81—82°. Die optische Untersuchung hatte folgendes Resultat:

0,1265 g Sbst., gelöst in *n*-Natronlauge. Gesamtgewicht der Lösung 1,2825 g. $d^{20} = 1{,}044$. Drehung im 1-dm-Rohr bei 20° und Natriumlicht 2,85° (± 0,02°) nach links. Mithin

$$[\alpha]_D^{20} = -27{,}7^\circ (\pm 0{,}2^\circ).$$

In entsprechender Weise liefert *d*-Leucin bei der Einwirkung von salpetriger Säure die rechtsdrehende Oxysäure. Da optisch-reine *d*-Leucinsäure durch Spaltung des Racemkörpers nicht zu erhalten war, so ist diese Methode zu ihrer Darstellung am besten geeignet. Die aus *d*-Leucin von $[\alpha]_D^{20} = -13{,}5^\circ$ (in 5-prozentiger Lösung in 20-prozentiger Salzsäure) erhaltene Oxysäure schmolz bei 80° und hatte folgendes Drehungsvermögen:

0,1368 g Sbst., gelöst in *n*-Natronlauge. Gesamtgewicht der Lösung 1,5040 g. $d^{20} = 1{,}044$. Drehung im 1-dm-Rohr bei 20° und Natriumlicht 2,50° (± 0,02°) nach rechts. Mithin

$$[\alpha]_D^{20} = +26{,}3^\circ (\pm 0{,}2^\circ).$$

dl-Leucinsäure-äthylester.

Seine Darstellung gelang leicht nach dem Verfahren von E. Fischer und Speier[1]) durch 4-stündiges Kochen am Rückflußkühler von 5 g *dl*-Leucinsäure mit 15 g alkoholischer Salzsäure von 1,5%. Dann wurde in etwa die 5-fache Menge Wasser eingegossen, der abgeschiedene Ester mit Äther extrahiert und die Lösung mit Natriumsulfat getrocknet. Nach einmaliger Destillation betrug die Menge 4,85 g oder 80% der Theorie. Zur Analyse wurde nochmals nach vorherigem Trocknen mit Natriumsulfat destilliert, Sdp. 80—81° unter 16 mm Druck.

0,1801 g Sbst.: 0,3956 g CO_2, 0,1630 g H_2O.
$C_8H_{16}O_3$ (160,13). Ber. C 59,95, H 10,07.
Gef. „ 59,91, „ 10,13.

Der Ester hat einen schwachen, angenehmen Geruch, ist in Wasser schwer löslich, aber in Alkohol und Äther leicht löslich.

l-Leucinsäure-äthylester.

In Bezug auf Darstellung und Eigenschaften ist er dem inaktiven Produkt äußerst ähnlich. Die verwandte *l*-Leucinsäure hatte $[\alpha]_D^{20} = -26{,}9^\circ$. Unter 12 mm Druck war der Siedepunkt bei 79—80°.

0,1606 g Sbst.: 0,3532 g CO_2, 0,1459 g H_2O.
$C_8H_{16}O_3$ (160,13). Ber. C 59,95, H 10,07.
Gef. „ 59,98, „ 10,17.

---

[1]) Berichte d. D. Chem. Gesellsch. **28**, 3252 [1895].

Der Ester drehte im 1-dm-Rohr bei 20° und Natriumlicht 10,68° (± 0,02°) nach links. Mithin

$$[\alpha]_D^{20} = -11{,}07° (\pm 0{,}02°).$$

Dieses Präparat wurde durch 12-stündiges Schütteln mit 2 Mol. *n*-Natronlauge verseift, dann angesäuert und die Oxysäure mit Äther extrahiert. Sie hatte $[\alpha]_D^{20} = -26{,}9°$. Unter der Annahme, daß die spez. Drehung der reinen *l*-Leucinsäure — 27,8° beträgt, berechnet sich für den Äthylester $[\alpha]_D^{20} = -11{,}44°$.

Verwandlung von Leucinsäureester in α-Brom-isocapronsäureester.

Bei dem Versuch, das Hydroxyl des Esters mit Hilfe von Phosphorpentachlorid oder Thionylchlorid durch Chlor zu ersetzen, sind wir auf Schwierigkeiten gestoßen, ohne den Grund dafür auffinden zu können; dagegen gelang der Ersatz durch Brom auf folgende Art:

2,5 g *dl*-Leucinsäureäthylester wurden mit 0,5 g rotem Phosphor (1 Atom) innig gemengt und unter Kühlung mit einer Kältemischung und Schütteln 3,7 g Brom (3 Atome) langsam zugetropft. Bald begann eine lebhafte Bromwasserstoff-Entwicklung. Nach 3-stündigem Stehen bei 0° wurde zur Vervollständigung der Reaktion noch 15 Stunden bei Zimmertemperatur (15—20°) aufbewahrt, dann das Produkt mit Wasser und Natriumbicarbonat unter Kühlung mit Eis behandelt, ausgeäthert und die ätherische Lösung mit Natriumsulfat getrocknet. Nach dem Verdampfen des Äthers wurde durch zweimaliges Fraktionieren reiner *dl*-α-Bromisocapronsäureäthylester gewonnen. Der Siedepunkt lag bei 86—87° unter 11 mm Druck. Die Ausbeute betrug nur 1,25 g oder 36% der Theorie.

0,1537 g Sbst.: 0,2436 g CO_2, 0,0964 g H_2O. — 0,2036 g Sbst.: 0,1703 g AgBr.
$C_8H_{15}O_2Br$ (223,04). Ber. C 43,04, H 6,78, Br 35,83.
Gef. „ 43,23, „ 7,02, „ 35,60.

Derselbe Versuch, mit *l*-Leucinsäureester ausgeführt, gab den rechtsdrehenden α-Brom-isocapronsäureester. Der Siedepunkt lag bei 91—92° unter 18 mm Druck. Aus 2 g *l*-Leucinsäureester von $[\alpha]_D^{20} = -11{,}07°$ wurden 1,0 g oder 36% der Theorie *d*-Bromisocapronsäureäthylester erhalten. Nach zweimaligem Fraktionieren wurde analysiert.

0,1916 g Sbst.: 0,1598 g AgBr.
$C_8H_{15}O_2Br$ (223,04). Ber. Br 35,83. Gef. Br 35,49.

Der Ester drehte im $^1/_2$-dm-Rohr bei 20° und Natriumlicht 24,37° (± 0,02°) nach rechts. $d^{20} = 1{,}22$. Mithin

$$[\alpha]_D^{20} = +40{,}0°.$$

Für den *l*-α-Bromisocapronsäureäthylester wurde $[\alpha]_D^{20} = -43{,}1^\circ$ angegeben. Doch ist der Wert zu gering, da schon die angewandte *l*-α-Bromisocapronsäure zu 16% racemisch war[1]). — Es findet also bei dem Ersatz der Hydroxylgruppe des aktiven α-Oxyisocapronsäureesters durch Brom teilweise Racemisation statt. Bei der Wiederholung des Versuches, der zunächst in der Kälte, dann aber bei einer Zimmertemperatur von 25—28° ausgeführt wurde, war der Betrag der Racemisation noch bedeutender. Der Ester drehte im $^1/_2$-dm-Rohr 13,23° nach rechts; mithin

$$[\alpha]_D = -21{,}7^\circ.$$

---

[1]) E. Fischer, Berichte d. D. Chem. Gesellsch. **40**, 502 [1907]. *(S. 783.)*

82. Emil Fischer und Annibale Moreschi: Zur Kenntnis der Waldenschen Umkehrung. VIII[1]). Verwandlungen der *d*-Glutaminsäure.

Berichte der Deutschen Chemischen Gesellschaft **45**, 2447 [1912].

(Eingegangen am 23. Juli 1912.)

Im Gegensatz zur Aaparaginsäure, welche bei den Studien über Waldensche Umkehrung eine Rolle gespielt hat, ist die Glutaminsäure für diesen Zweck bisher nicht benutzt worden. Wir glaubten, diese Lücke ausfüllen zu müssen, und haben deshalb die Verwandlung der Glutaminsäure einerseits in α-Oxy-glutarsäure und andererseits in die α-Chlor-glutarsäure von neuem untersucht.

Die erste Reaktion ist von dem Entdecker der Glutaminsäure H. Ritthausen[2]) studiert worden. Er bezeichnete die resultierende Oxysäure als Glutansäure und stellte fest, daß sie optisch aktiv ist.

Die Umwandlung der Glutaminsäure in α-Chlor-glutarsäure ist von E. Jochem[3]) ausgeführt worden. Er hat auch die Rückverwandlung in die Oxysäure durch Wirkung von warmem Wasser beobachtet, aber das optische Verhalten aller dieser Produkte nicht geprüft.

Wir haben nun gefunden, daß die natürliche *d*-Glutaminsäure einerseits durch salpetrige Säure in linksdrehende Oxy-glutarsäure und andererseits durch Nitrosylchlorid bezw. Salzsäure und salpetrige Säure in linksdrehende Chlor-glutarsäure verwandelt wird, daß letztere aber eine rechtsdrehende Oxy-glutarsäure liefert. Das entspricht folgendem Schema:

---

[1]) Vergl. frühere Mitteilungen Berichte d. D. Chem. Gesellsch. **44**, 2684 [1911]. (*S. 845.*)

[2]) Journ. f. prakt. Chem. [1] **103**, 239 [1868] und [2] **5**, 354 [1872].

[3]) Zeitschr. f. physiol. Chem. **31**, 124 [1900].

d-Glutaminsäure → (HNO_2) → *l*-α-Oxy-glutarsäure
d-Glutaminsäure → (NOCl) → *l*-α-Chlor-glutarsäure → *d*-α-Oxy-glutarsäure.

In diesen Reaktionen ist also mindestens eine Waldensche Umkehrung anzunehmen.

Die Verwandlung der Chlor-glutarsäure haben wir durch Kochen mit Wasser oder durch kalte verdünnte Natronlauge oder durch Silberoxyd und Wasser bei gewöhnlicher Temperatur ausgeführt. In allen 3 Fällen zeigte die Oxysäure dasselbe Drehungsvermögen. Diese Beobachtung scheint uns recht beachtenswert zu sein, denn bei der optisch aktiven Chlor-bernsteinsäure wirken, wie Walden in seiner grundlegenden Arbeit gezeigt hat, einerseits die Alkalien und verwandte Basen, andererseits das Silberoxyd und viele Oxyde der Schwermetalle optisch im entgegengesetzten Sinne. Später sind gerade für diesen Fall zahlreiche Analogien gefunden worden. Allerdings gibt es auch schon eine Ausnahme, denn bei der α-Brom-isovaleriansäure wirken Silberoxyd und Alkalien optisch im gleichen Sinne. Man war nun früher geneigt, diese Ausnahme in der Reihe der einfachen Halogenfettsäuren einer spezifischen Wirkung der am asymmetrischen Kohlenstoffatom haftenden Isopropylgruppe zuzuschreiben.

Der jetzt gefundene Gegensatz von Chlor-bernsteinsäure und α-Chlor-glutarsäure, die in der Struktur so ähnlich sind, zeigt aber, daß auch ganz andere Faktoren im Molekül dieselbe Wirkung in Bezug auf Konfigurationsänderungen bei Substitutionsvorgängen haben können

Verwandlung der *d*-Glutaminsäure in *l*-α-Oxy-glutarsäure.

Die Reaktion ist bereits von Ritthausen (a. a. O.), Dittmar[1]), Markownikoff[2]) und Wolff[3]) untersucht worden. Ritthausen hat gezeigt, daß das Produkt schwach nach links dreht: $[\alpha] = -1{,}98°$. Dieser Wert ist aber noch zu hoch, wie wir später zeigen werden, denn die Oxysäure geht in wäßriger Lösung leicht partiell in die Lactonsäure über. Wolff hat letztere in reinem Zustande isoliert. Allerdings scheinen seine Versuche mit inaktivem Material ausgeführt zu sein, aber für den Nachweis der Lactonbildung ist das ja gleichgültig.

Für die optischen Untersuchungen ist die partielle Lactonbildung und das geringe Drehungsvermögen sowohl der Oxy-glutarsäure als auch ihres Lactons recht unbequem. Wir haben es deshalb vorgezogen, stets das neutrale Natriumsalz zu benutzen. Es besitzt nämlich

[1]) Journ. f. prakt. Chem. [2] **5**, 339.
[2]) Liebigs Ann. d. Chem. **182**, 347 [1876].
[3]) Liebigs Ann. d. Chem. **260**, 126 [1890].

in wäßriger Lösung ein verhältnismäßig großes Drehungsvermögen: $[\alpha]_D^{20} = - 8,6^\circ$, und außerdem ist diese Drehung für alle Darstellungen nahezu gleich.

Die Verwandlung der Glutaminsäure in Oxy-glutarsäure hat den früheren Beobachtern schlechte Ausbeuten gegeben. Wir haben diesen Übelstand durch folgende Modifikation des Verfahrens teilweise vermieden:

Zu einer Lösung von 100 g *d*-Glutaminsäure in 200 ccm Schwefelsäure von 37,5%, die in einer Kältemischung auf $- 7^\circ$ abgekühlt ist, läßt man unter starkem Rühren oder Turbinieren eine Lösung von 150 g Kaliumnitrit in 200 ccm Wasser im Laufe einer Stunde zutropfen. Der große Überschuß von Nitrit beschleunigt die Reaktion. Zum Schluß fügt man noch ein Gemisch von 11 g konzentrierter Schwefelsäure und 40 ccm Wasser zu, um alles Nitrit zu zerstören, schüttelt kräftig um und verdampft dann die Flüssigkeit unter stark vermindertem Druck aus einem Bade, dessen Temperatur auf 30—45° gehalten wird, bis die rückständige Flüssigkeit etwa 250 ccm beträgt. Sie wird vom abgeschiedenen Kaliumsulfat abfiltriert und im Extraktionsapparat 12—15 Stunden mit Äther ausgezogen. Die auf etwa 1 l verdünnte ätherische Lösung wird mit Natriumsulfat getrocknet und bei gewöhnlicher Temperatur unter geringem Druck eingedampft. Da der ölige Rückstand noch Salpetersäure enthält, so ist stärkeres Erhitzen zu vermeiden. Zur Isolierung der Oxysäure dient, wie bekannt, am besten das Zinksalz.

Für seine Bereitung wurden 25 g des Rückstandes in 200 ccm Wasser gelöst und mit Zinkcarbonat gekocht, bis keine Kohlensäureentwicklung mehr stattfindet. Aus der heiß filtrierten Flüssigkeit scheidet sich beim Abkühlen auf 0° das Zinksalz der α-Oxy-glutarsäure aus und wird nach mehrstündigem Stehen abfiltriert. Wir haben es nochmals analysiert und können die bisher angenommene Formel $C_5H_6O_5Zn + 3 H_2O$ bestätigen.

Die Ausbeute an reinem Salz betrug 55% vom Gewicht der angewandten Glutaminsäure oder 30% der Theorie.

Außer den schon bekannten Salzen haben wir noch die Barium- und Natriumverbindung dargestellt und zwar mittels der freien Oxy-glutarsäure, die man leicht erhält, indem man das fein zerriebene Zinksalz in warmem Wasser suspendiert und Schwefelwasserstoff einleitet.

Das Bariumsalz, durch Neutralisation der warmen wäßrigen Lösung der Säure mit Bariumcarbonat bereitet, ist in Wasser leicht löslich, läßt sich aber durch Alkohol als weißes körniges Pulver fällen. Es ist übrigens nicht charakteristisch.

Zur Gewinnung des viel wichtigeren Natriumsalzes wird die wäßrige Lösung der Säure mit reiner, aus Metall hergestellter Natronlauge so lange versetzt, bis die Flüssigkeit auch beim Erwärmen auf Phenolphthaleïn eben alkalisch reagiert. Wird dann bis zum Sirup eingedampft und der Rückstand mit warmem Alkohol behandelt, so scheidet sich das Natriumsalz als farbloses, körniges Pulver ohne deutliche Krystallstruktur ab. Im Exsiccator über Schwefelsäure oder Phosphorpentoxyd getrocknet, hat es die Zusammensetzung $C_5H_6O_5Na_2$.

0,1962 g Sbst.: 0,2213 g CO_2, 0,0585 g H_2O. — 0,1428 g Sbst.: 0,1052 g Na_2SO_4.
$C_5H_6O_5Na_2$ (192,05). Ber. C 31,24, H 3,15, Na 23,95.
Gef. „ 30,76, „ 3,34, „ 23,85.

Zu den optischen Bestimmungen diente die wäßrige Lösung von zwei verschiedenen Präparaten.

I. 0,3050 g Sbst. Gesamtgewicht der Lösung 2,0650 g. $d^{19} = 1,089$. Drehung bei 19° und Natriumlicht im 1-dm-Rohr 1,39° nach links (± 0,02°). Mithin

$$[\alpha]_D^{19} = -8,65° (\pm 0,2°).$$

II. 0,1091 g Sbst. Gesamtgewicht der Lösung 1,3010 g. $d^{25} = 1,049$. Drehung bei 19° und Natriumlicht im $^1/_2$-dm-Rohr 0,36° nach links. Mithin

$$[\alpha]_D^{25} = -8,19°.$$

Drehungsvermögen der freien Oxy-glutarsäure.

Der oben erwähnte, von Ritthausen angegebene Wert ist zweifelhaft, weil die später von Wolff nachgewiesene Lactonbildung unberücksichtigt blieb. Wir haben deshalb eine Lösung der Oxysäure aus dem Silbersalz durch Zersetzung mit kalter *n.*-Salzsäure frisch bereitet und die rasch filtrierte Flüssigkeit optisch geprüft.

0,5 g Silbersalz mit 6 ccm *n.*-Salzsäure geschüttelt. Gesamtgewicht 6,718 g oder nach Abzug des Chlorsilbers 6,322 g. Drehung bei 18° und Natriumlicht im 2-dm-Rohr 0,01° nach links.

Das Drehungsvermögen ist also erheblich geringer, als Ritthausen angab. Auch eine 10-proz. Lösung der Oxysäure, die aus dem Zinksalz frisch und mit Vorsicht bereitet war, zeigte eine nur sehr schwache Linksdrehung. Andererseits haben wir uns überzeugt, daß das Silbersalz, in wäßriger Lösung durch Kochsalz zerlegt, eine Flüssigkeit liefert, deren Drehungsvermögen dem Gehalt an aktivem Natriumsalz recht gut entspricht.

l-α-Chlor-glutarsäure.

Die Säure wurde bereits von Jochem durch Einwirkung von Natriumnitrit auf Glutaminsäure-hydrochlorid bei Gegenwart von starker

Salzsäure dargestellt. In der Hoffnung, eine bessere Ausbeute zu erhalten, haben wir die Reaktion mit Nitrosylchlorid auf folgende Art ausgeführt. 50 g zerriebene, salzsaure Glutaminsäure wurden mit 100 ccm Salzsäure vom spez. Gew. 1,19 übergossen und bei 10° unter Umschütteln ein mäßiger Strom von Nitrosylchlorid etwa 1½—2 Stunden eingeleitet. Dabei ging der größte Teil der Glutaminsäure in Lösung. Der Rest wurde abfiltriert, die Flüssigkeit ins Vakuum gebracht, um das überschüssige Nitrosylchlorid nach Möglichkeit zu entfernen, dann mit Wasser auf 150 ccm verdünnt und wiederholt ausgeäthert. Das Verjagen des Äthers muß, wie schon Jochem betonte, unter vermidertem Druck, d. h. bei niedriger Temperatur geschehen. Da die Krystallisation der freien Säure aus dem rohen Sirup manchmal Schwierigkeiten macht, so haben wir noch folgende Reinigungsmethode öfters angewandt. Die ätherische Lösung der Chlorsäure wird vor dem Eindampfen abgekühlt und mit einer eiskalten Lösung von Natriumbicarbonat durchgeschüttelt. Die abgehobene wäßrige Lösung wird wieder mit Schwefelsäure angesäuert, ausgeäthert, der Äther nach dem Trocknen verdampft und der Rückstand in warmem Benzol gelöst. Beim Erkalten findet dann in der Regel Krystallisation statt. Zur völligen Reinigung eignet sich am besten Umkrystallisieren aus heißem Chloroform.

Die Ausbeute betrug auch bei unseren Versuchen nur 18—20% vom Gewicht der angewandten salzsauren Glutaminsäure. Unsere Analyse bestätigt die von Jochem aufgestellte Formel.

0,2000 g Sbst.: 0,2658 g CO_2, 0,0744 g H_2O. — 0,1000 g Sbst.: 0,0853 g AgCl.
$C_5H_7O_4Cl$ (166,52). Ber. C 36,03, H 4,24, Cl 21,29.
Gef. „ 36,24, „ 4,16, „ 21,10.

Zu den optischen Bestimmungen diente die wäßrige Lösung:

I. 0,1678 g Sbst. Gesamtgewicht der Lösung 0,4636 g. $d^{18} = 1,15$. Drehung im ½-dm-Rohr bei 18° und Natriumlicht 2,62° nach links. Mithin

$$[\alpha]_D^{18} = -12,59°.$$

II. 0,1330 g Sbst. Gesamtgewicht der Lösung 1,5518 g. $d^{25} = 1,030$. Drehung im ½-dm-Rohr bei 25° und Natriumlicht 0,55° nach links. Mithin

$$[\alpha]_D^{25} = -12,46°.$$

Ein weiteres Präparat gab den Wert 12,15°. Wir halten die beiden ersten Werte für zuverlässiger.

Der Schmelzpunkt unseres reinsten Präparates lag bei 99° (korr.) was mit der Angabe von Jochem (97° sintern, bis 100° ganz geschmolzen) übereinstimmt.

Verwandlung der *l*-α-Chlor-glutarsäure in *d*-α-Oxy-glutarsäure.

a) Durch Wasser. Eine Lösung der Chlorverbindung in der 10-fachen Menge Wasser wurde 2 Stunden auf 100° erhitzt dann unter geringem Druck stark eingeengt und die Oxysäure mehrmals mit viel Äther ausgeschüttelt. Die beim Verdampfen des Äthers ölig zurückbleibende Oxysäure wurde auf die oben beschriebene Weise in das Natriumsalz verwandelt. Die Ausbeute war sehr gut, und das Drehungsvermögen war fast so stark, wie bei dem reinsten, aus der Zinkverbindung hergestellten Präparat.

0,1004 g Sbst.: 0,0735 g Na_2SO_4.

$C_5H_6O_5Na_2$ (192,05). Ber. Na 23,95. Gef. Na 23,71.

0,1135 g Sbst. in Wasser gelöst. Gesamtgewicht 1,3477 g. $d^{25}=1{,}048$. Drehung im 1-dm-Rohr bei 25° und Natriumlicht 0,72° nach rechts. Mithin

$$[\alpha]_D^{25} = +8{,}16^\circ.$$

Die Bildung der Oxysäure aus der Chlorglutarsäure geht also auch in optischer Beziehung recht einfach, d. h. ohne wesentliche Racemisierung, vonstatten.

Dasselbe günstige Resultat bezüglich der optischen Qualität ergab sich, als die Oxysäure zuerst in das Silbersalz und dieses in das Natriumsalz übergeführt wurde.

b) Durch Alkalien. Die Reaktion verläuft in der Kälte und läßt sich polarimetrisch verfolgen, weil das Drehungsvermögen des oxyglutarsauren Natriums ganz anders ist als dasjenige des chlor-glutarsauren Salzes.

0,4044 g Sbst. reine Chlorsäure wurden in 5,3447 g 2-*n*. Natronlauge gelöst. Gesamtgewicht 5,7491 g. $d^{25} = 1{,}094$.

Die Lösung drehte im 1-dm-Rohr bei 25° und Natriumlicht

15 Minuten nach der Auflösung	0,02°	nach rechts
2 Stunden ,, ,, ,,	0,46°	,, ,,
3 ,, ,, ,, ,,	0,52°	,, ,,
4 ,, ,, ,, ,,	0,58°	,, ,,
5 ,, ,, ,, ,,	0,65°	,, ,,
18 u. 24 ,, ,, ,, ,,	0,66°	,, ,,

Für das entstandene oxyglutarsaure Natrium würde sich aus der letzten Zahl die spezifische Drehung $[\alpha]_D^{25} = +8{,}58^\circ$ ergeben.

Man sieht, daß auch hier der Prozeß sehr glatt und ohne wesentliche Racemisierung vonstatten geht. Zur Kontrolle haben wir übrigens auch noch die Oxysäure durch Ätherextraktion in der zuvor beschriebenen Weise isoliert und in das Natriumsalz verwandelt. Für dieses Präparat wurde $[\alpha]_D^{25} = +8{,}36^\circ$ gefunden.

c) Durch Silberoxyd. 0,5 g Chlor-glutarsäure wurden in 50 ccm Wasser gelöst und nach Zusatz von 1,5 g frisch gefälltem Silberoxyd 24 Stunden bei gewöhnlicher Temperatur geschüttelt. Hierbei entsteht vorübergehend das Silbersalz der Chlor-glutarsäure, und zum Schluß ist auch die entstandene Oxy-glutarsäure an Silber gebunden. Um sie in Freiheit zu setzen, haben wir schließlich Salzsäure in geringem Überschuß zugegeben, einige Zeit geschüttelt, um alles Silbersalz zu zerlegen, dann die filtrierte Flüssigkeit unter geringem Druck stark eingeengt und die durch Ausäthern isolierte Oxyglutarsäure in das Natriumsalz verwandelt.

0,0476 g Sbst.: 0,0349 g Na_2SO_4.

$C_5H_6O_5Na_2$ (192,05). Ber. Na 23,95. Gef. Na 23,74.

0,0678 g Sbst. in Wasser gelöst. Gesamtgewicht 0,8025 g. $d^{22} = 1,049$. Drehung im $^1/_2$-dm-Rohr bei 22° und Natriumlicht 0,38° nach rechts. Mithin

$$[\alpha]_D^{22} = + 8,58^\circ.$$

83. Emil Fischer und Karl Raske: Gegenseitige Umwandlung der optisch-aktiven Brombernsteinsäure und Asparaginsäure.

Berichte der Deutschen Chemischen Gesellschaft **40**, 1051 [1907].

(Eingegangen am 6. März 1907.)

Bei der Asparaginsäure bezw. dem Asparagin ist nicht allein der Ersatz der Aminogruppe durch Hydroxyl bei dem Übergang in Äpfelsäure von Piria entdeckt worden, sondern auch zum erstenmal die Umwandlung einer aktiven Aminosäure in die entsprechende Halogenverbindung durch Halogennitrosyl beobachtet worden, denn Tilden und Marshall[1]) haben so die aktive Chlorbernsteinsäure und Walden[2]) fast gleichzeitig die entsprechende linksdrehende Brombernsteinsäure dargestellt.

Die umgekehrte Verwandlung der Halogenbernsteinsäure in Asparaginsäure fehlt aber noch. Walden und Lutz[3]) haben zwar die Einwirkung von methylalkoholischem Ammoniak auf *l*-Brombernsteinsäure studiert und hierbei ein krystallisiertes Produkt erhalten, welches nach der Zusammensetzung wohl Aminobernsteinsäure sein könnte, aber durch Erhitzen mit Barytwasser in Ammoniak und Äpfelsäure gespalten wird. Da die Asparaginsäure bekanntlich gegen heißes Barytwasser ganz beständig ist, so muß der Körper von Walden und Lutz eine andere Struktur haben, und es würde sich unseres Erachtens empfehlen, die schon von jenen Herren diskutierte, aber nicht für wahrscheinlich gehaltene Formel eines Äpfelsäuremonoamids wieder in Betracht zu ziehen. Ebensowenig wie bei der Bromverbindung ist Walden[4]) bei der Chlorbernsteinsäure die Rückverwandlung in Asparaginsäure gelungen.

---

[1]) Journ. Chem. Soc. **67**, 494 [1895].
[2]) Berichte d. D. Chem. Gesellsch. **28**, 2766 [1895].
[3]) Berichte d. D. Chem. Gesellsch. **30**, 2795 [1897].
[4]) Berichte d. D. Chem. Gesellsch. **32**, 1862 [1899].

Da die gleiche Reaktion nun bei den gewöhnlichen aktiven Halogenfettsäuren sehr leicht stattfindet, so haben wir die Versuche von Walden wieder aufgenommen, und durch Abänderung der Bedingungen ist es uns gelungen, Asparaginsäure, wenn auch in ziemlich schlechter Ausbeute, zu gewinnen. Aus *l*-Brombernsteinsäure, die aus der gewöhnlichen *l*-Asparaginsäure dargestellt war, entstand auf diesem Wege *d*-Asparaginsäure. Das entspricht dem Verlauf der beiden Reaktionen bei dem aktiven Alanin und Leucin.

Daß die Asparaginsäure in bezug auf die Waldensche Umkehrung[1]) den einfachen Aminosäuren in der Tat ganz gleich ist, beweist das Verhalten ihres Esters. Durch Behandlung mit Brom und Stickoxyd wird er nämlich in *d*-Brombernsteinsäureester verwandelt. Man hat also hier ebenfalls folgende Übergänge:

l-Asparaginsäure → (NOBr) → *l*-Brombernsteinsäure,
l-Asparaginsäureester → (NOBr) → *d*-Brombernsteinsäureester,

und aus den früher entwickelten Gründen muß man annehmen, daß die Waldensche Umkehrung im ersten Falle, d. h. bei der freien Asparaginsäure eintritt.

Bei diesen Versuchen haben wir eine Beobachtung gemacht, die geeignet erscheint, einiges Licht auf die Verwandlung von Aminosäuren in Halogensäuren durch Brom und Stickoxyd zu werfen. Der Ablösung der Aminogruppe durch das Stickoxyd geht nämlich die Bildung von Perbromiden voraus und diese Produkte sind bei der Asparaginsäure und ihrem Äthylester besonders schön. Beide sind Dibromide der bromwasserstoffsauren Salze, wie einerseits durch die Elementaranalyse und andererseits durch jodometrische Bestimmung des addierten Broms bewiesen werden konnte.

Überführung der *l*-Brombernsteinsäure in *d*-Asparaginsäure.

100 ccm wäßriges 25-prozentiges Ammoniak wurden durch ein Gemisch von Alkohol und flüssiger Luft auf — 40° bis — 50° abgekühlt, bis es teilweise gefroren war, und dann in kleinen Portionen 20 g feingepulverte *l*-Brombernsteinsäure, die nach dem Verfahren von Walden[2]) aus der natürlichen *l*-Asparaginsäure dargestellt war, unter sorgfältigem Umrühren eingetragen. Das Gemisch blieb noch 1 Stunde bei der niederen Temperatur, dann 1 Tag bei + 3° bis + 5° und schließlich noch 1 Tag bei gewöhnlicher Temperatur stehen. Da die Abspaltung des Broms jetzt vollständig war, so wurde die Lösung unter geringem Druck

[1]) Vergl. E. Fischer, Berichte d. D. Chem. Gesellsch. **40**, 489 [1907]. (*S. 769.*)
[2]) Berichte d. D. Chem. Gesellsch. **29**, 133 [1896].

verdampft, wobei eine amorphe, zähe, in Alkohol fast unlösliche Masse zurückblieb. Um daraus die in verhältnismäßig kleiner Menge vorhandene Asparaginsäure zu isolieren, war ein ziemlich umständliches Verfahren notwendig. Zunächst wurde die Masse in Wasser gelöst und nochmals unter geringem Druck verdampft, um das freie Ammoniak möglichst zu entfernen, dann wieder in 20 ccm Wasser gelöst und mit 50 ccm verdünnter Schwefelsäure (25-proz.) versetzt. Nach kurzer Zeit fiel ein krystallinisches Produkt aus, das nach 24-stündigem Stehen bei 0° abgesaugt wurde. Es enthielt Stickstoff, war in Wasser schwer löslich, bräunte sich gegen 250° und sublimierte dabei teilweise, ferner löste es sich in Natriumcarbonat und reduzierte dann Permanganat sofort. Seine Zusammensetzung haben wir nicht festgestellt. Aus der schwefelsauren Mutterlauge wurde das Brom durch Schütteln mit einem kleinen Überschuß von Silbersulfat entfernt, dann das Silber quantitativ mit Salzsäure gefällt und das Filtrat mit einer konzentrierten heißen Lösung von 150 g krystallisiertem Barythydrat versetzt. Die vom Bariumsulfat abfiltrierte Flüssigkeit kochten wir 1—1½ Stunden, bis der Geruch nach Ammoniak verschwunden war, wobei natürlich auch die in dem Reaktionsprodukt enthaltenen Amide zerstört wurden. Nachdem schließlich der Baryt genau durch Schwefelsäure gefällt und das Filtrat auf etwa 20 ccm eingeengt war, schied sich beim längeren Stehen in der Kälte die Asparaginsäure krystallinisch ab. Ihre Menge betrug 1,4 g. Aus der Mutterlauge konnte durch weiteres Einengen und Zusatz von Alkohol eine zweite Krystallisation (0,8 g) gewonnen werden. Die Gesamtausbeute an roher Asparaginsäure betrug also 2,2 g oder 16% der Theorie. Die letzte wäßrig-alkoholische Mutterlauge hinterließ beim völligen Verdampfen 7 g eines dicken Sirups, der in der Kälte teilweise erstarrte. Er bestand zum Teil jedenfalls aus Äpfelsäure, denn er gab deren charakteristisches Bleisalz. Das steht im Einklang mit den Beobachtungen Waldens, der durch Behandlung der *l*-Brombernsteinsäure mit methylalkoholischem Ammoniak ebenfalls Äpfelsäure erhielt. Um die rohe Asparaginsäure zu reinigen, haben wir sie zuerst in einer abgemessenen Menge von Normalsalzsäure (etwas mehr als 1 Mol.) kalt gelöst, von einem geringen Rückstand abfiltriert, durch die äquivalente Menge Normalnatronlauge wieder in Freiheit gesetzt und durch Einengen der Flüssigkeit und Abkühlung zur Krystallisation gebracht. Trotz des schönen Aussehens gab dieses Präparat bei der Analyse noch 0,6% zu wenig Stickstoff und 0,4% zu wenig Kohlenstoff. Da auch das Drehungsvermögen in salzsaurer Lösung etwas zu klein war, so haben wir die Säure zum Schluß in das schön krystallisierte Kupfersalz verwandelt und daraus wieder in Freiheit gesetzt. Nach dem Trocknen bei 100° gab dann die Säure folgende befriedigende Zahlen:

0,1728 g Sbst.: 0,2289 g CO_2 und 0,0823 g H_2O. — 0,1603 g Sbst.: 14,5 ccm N (16°, 767 mm).

$C_4H_7NO_4$ (Mol.-Gew. 133). Ber. C 36,09, H 5,26, N 10,53.
Gef. „ 36,13, „ 5,33, „ 10,67.

Für die optische Bestimmung wurden 0,1837 g in der für 3 Mol. berechneten Menge Normalsalzsäure gelöst. Gesamtgewicht der Lösung 4,9789 g. Spez. Gewicht 1,032. Drehung bei 20° und Natriumlicht im 1-dm-Rohr 0,97° nach links. Mithin $[\alpha]_D^{20} = -25,47°$ (± 0,4°). Dieser Wert stimmt recht gut überein mit der Drehung (— 25,5°), die früher für *d*-Asparaginsäure[1]) unter den gleichen Bedingungen gefunden wurde.

Verwandlung des *l*-Asparaginsäure-äthylesters in *d*-Brombernsteinsäure-äthylester.

25 g *l*-Asparaginsäureäthylester[2]) werden in 125 ccm Bromwasserstoffsäure von 20%, die in einer Kältemischung gekühlt ist, gelöst und 35 g Brom hinzugefügt. Dabei entsteht zuerst das unten näher beschriebene Perbromid, das anfänglich ein dunkelrotes Öl bildet, aber beim sorgfältigen Kühlen krystallinisch erstarrt. Leitet man nun in die Flüssigkeit unter häufigem Umschütteln und dauernder Kühlung einen ziemlich lebhaften Strom von Stickoxyd, so beginnt bald die Entwicklung von Stickstoff, die Krystalle des Perbromids verschwinden allmählich und verwandeln sich in ein dunkles Öl. Nach etwa zwei Stunden ist bei häufigem Schütteln die Reaktion beendet, was sich durch Aufhören der Stickstoffentwicklung zu erkennen gibt. Man verjagt jetzt die Hauptmenge des überschüssigen Broms durch einen starken Luftstrom, reduziert den Rest durch vorsichtigen Zusatz von schwefliger Säure und extrahiert das Öl durch Äther. Die ätherische Lösung wird zunächst mit einer verdünnten Lösung von Natriumcarbonat unter guter Kühlung kurze Zeit durchgeschüttelt, dann mit Wasser gewaschen und mit Natriumsulfat getrocknet. Destilliert man das beim Verdampfen des Äthers bleibende Öl bei 0,2—0,5 mm Druck, so geht nach einem geringen Vorlauf der größte Teil bei 105—106° als fast farbloses Öl über. Die Ausbeute an diesem Präparat betrug 27,8 g oder 82% der Theorie. Es drehte im 1-dm-Rohr bei 20° Natriumlicht 23,4° nach rechts, und da das spez. Gewicht 1,349 betrug, so berechnet sich $[\alpha]_D^{20} = +17,3°$.

Da Walden[3]) für *d*-Brombernsteinsäureäthylester + 40,96° gefunden hat, so war das Präparat mehr als zur Hälfte racemisiert.

Die Brombestimmung hat leider keine ganz scharfen Zahlen ergeben.

---

1) Berichte d. D. Chem. Gesellsch. **32**, 2451 [1899]. (*Proteine I, S. 87.*)
2) Berichte d. D. Chem. Gesellsch. **37**, 4585 [1904]. (*Proteine I, S. 402.*)
3) Walden, Zeitschr. f. physikal. Chem. **17**, 257.

0,2504 g Sbst.: 0,1743 g AgBr.
$C_8H_{13}O_4Br$. (Mol.-Gew. 253). Ber. Br 31,62. Gef. Br 29,62.

Wir vermuten, daß das Öl in geringer Menge eine bromfreie Verbindung, vielleicht Fumarsäureester enthielt, der durch die Destillation nicht ganz entfernt werden konnte. Aber das Resultat des Versuches wird dadurch kaum in Zweifel gestellt. Trotzdem haben wir einen Teil des Esters noch mit Bromwasserstoffsäure verseift.

10 g Ester wurden in 30 ccm bei 0° gesättigter, wäßriger Bromwasserstoffsäure gelöst und im geschlossenen Rohr $1^1/_2$ Stunden auf 50—60° erwärmt. Die unter geringem Druck eingeengte Flüssigkeit wurde wiederholt ausgeäthert und aus der durch Abdampfen konzentrierten ätherischen Lösung die Brombernsteinsäure durch Petroläther gefällt. Ausbeute 80% der Theorie. Zur völligen Reinigung wurde die ätherische Lösung mit Benzol versetzt und bis zur beginnenden Krystallisation verdampft. Zur Analyse war im Vakuum über Chlorcalcium und Paraffin getrocknet.

0,2515 g Sbst.: 0,2348 g AgBr.
$C_4H_5O_4Br$ (Mol.-Gew. 197). Ber. Br 40,61. Gef. Br 39,73.

Leider wird bei der Verseifung der größte Teil des Präparates racemisiert. Als spezifische Drehung in alkoholischer Lösung fanden wir nämlich $[\alpha]_D^{20} = +6{,}8°$ und in einem anderen Falle $+ 4{,}9°$. Aber die Zahlen genügen zum Beweise, daß es sich um *d*-Brombernsteinsäure und deren Ester handelt.

Dibromid des bromwasserstoffsauren *l*-Asparaginsäureäthylesters.

Löst man 4 g *l*-Asparaginsäureäthylester in 20 ccm Bromwasserstoffsäure von 20%, die durch ein Gemisch von Eis und Salz gekühlt ist, und fügt unter Umschütteln Brom hinzu, so scheidet sich das Perbromid sofort als Öl ab. Um es von konstanter Zusammensetzung zu erhalten, haben wir das Brom in erheblichem Überschuß (etwa 7 g) angewandt. Bei guter Kühlung erstarrt das Öl bald zu einer rotgelben Krystallmasse, die durch überschüssiges Brom dunkler gefärbt ist. Wir haben es in der Kälte rasch filtriert, auf eine Tonplatte gebracht, unter 0° im Vakuum über Chlorcalcium und Natronkalk getrocknet und vom überschüssigen Brom befreit. In trocknem Zustande läßt es sich auch bei gewöhnlicher Temperatur einige Zeit aufbewahren und ohne Schwierigkeit analysieren.

0,2243 g Sbst.: 0,1822 g CO_2, 0,0751 g H_2O. — 0,2055 g Sbst.: 5,9 ccm N (20°, 770 mm). — 0,1816 g Sbst.: 0,2388 g AgBr (Carius).
$C_8H_{16}NO_4Br_3$ (Mol.-Gew. 430). Ber. C 22,33, H 3,72, N 3,26, Br 55,81.
Gef. „ 22,15, „ 3,75, „ 3,34, „ 55,96.

Zur Bestimmung des addierten Broms wurden 0,3222 g mit ungefähr 10 ccm einer 10-prozentigen Jodkaliumlösung gelöst und das in Freiheit gesetzte Jod titriert. Hierzu waren nötig 14,8 ccm $^1/_{10}$-*n*. Thiosulfatlösung.

Ber. für 2 Atome Br 37,21. Gef. Br 36,73.

Die Verbindung schmilzt beim Erwärmen unter gleichzeitiger Zersetzung und Entwicklung von Brom, bei höherer Temperatur entsteht auch Bromwasserstoff.

In Alkohol und Äther ist sie leicht löslich. Mit Wasser übergossen, verwandelt sie sich in ein gelbrotes Öl.

Dibromid des *l*-Asparaginsäure-bromhydrats.

Es ist nicht allein leichter löslich, sondern auch viel unbeständiger als die vorhergehende Verbindung. Für seine Gewinnung muß man deshalb konzentriertere Flüssigkeiten anwenden. Zu dem Zweck wurden 4 g Asparaginsäure in 8 g Bromwasserstoffsäure von 48% durch gelindes Erwärmen gelöst, dann in einer Kältemischung gekühlt und 6 g Brom zugefügt. Sofort begann die Abscheidung von glänzenden, braunen, nadel- oder prismenförmigen Krystallen, so daß die Flüssigkeit bald breiartig davon erfüllt war. Sie wurden ebenfalls bei Winterkälte rasch abgesaugt, auf porösen Ton gebracht und unter 0° nur 1 Stunde im Vakuum über Natronkalk und Chlorcalcium getrocknet. Die Analyse ergab dann Zahlen, die leidlich auf die Formel $C_4H_8NO_4Br_3$ passen.

0,2485 g Sbst.: 0,3724 g AgBr (Carius).

$C_4H_8NO_4Br_3$. (Mol.-Gew. 374). Ber. Br 64,17. Gef. Br 63,77.

Die Titration mit Jodkalium und Thiosulfat stimmt etwas weniger gut mit der Formel überein.

0,4252 g Sbst. gaben so viel Jod, als 23,8 ccm $^1/_{10}$-*n*. Thiosulfatlösung entspricht.

Ber. für 2 Atome Br 42,78. Gef. Br 44,76.

Die Krystalle verlieren schon unter 0° langsam Brom. Eine Menge von 10 g wurde beim 24-stündigen Stehen im Vakuum über Chlorcalcium und Natronkalk wenige Grade über 0° fast farblos, und der feste Rückstand war ziemlich bromwasserstoffsaure Asparaginsäure.

Nach dem Resultat der Analyse kann man aber kaum im Zweifel sein, daß das Perbromid eine ähnliche Zusammensetzung wie das Derivat des Esters besitzt. Jedenfalls entsteht es zuerst, wenn die Asparaginsäure in bromwasserstoffsaurer Lösung nach dem Verfahren von Walden mit Brom und Stickoxyd in Brombernsteinsäure verwandelt wird, und aller Wahrscheinlichkeit nach gilt das allgemein auch für die einfachen Aminosäuren, obschon hier die Perbromide noch nicht isoliert wurden.

84. Emil Fischer: Über optisch-aktives Trimethyl-α-propiobetain (α-Homobetain).

Berichte der Deutschen Chemischen Gesellschaft **40**, 5000 [1907].

(Eingegangen am 9. Dezember 1907.)

Um neues Material zur Beurteilung der „Waldenschen Umkehrung" zu gewinnen[1]), habe ich außer anderen Verwandlungen der aktiven α-Halogenfettsäuren bezw. der Ester ihre Vereinigung mit Trimethylamin untersucht. Nach den grundlegenden Beobachtungen von A. W. Hofmann[2]) über die Wechselwirkung von Triäthylamin und Chloressigsäureäthylester findet zuerst eine Vereinigung beider Stoffe zu einem quaternären Ammoniumkörper statt. Aber dieser verwandelt sich, sobald das Halogen durch Silberoxyd entfernt wird, unter Verlust von Alkohol in den ersten Repräsentanten der Betaine. Direkter entstehen solche Körper durch Vereinigung von tertiären Aminen mit Halogenfettsäuren, wie O. Liebreich[3]) durch die Bildung von gewöhnlichem Betain aus Chloressigsäure und Trimethylamin zeigte. Die Hofmannsche Methode wurde von J. W. Brühl[4]) auf den inaktiven α-Chlorpropionsäureester übertragen und so ein Betain

$$\begin{matrix} CH_3\,.\,CH & \text{———} & CO \\ \dot{N}(CH_3)_3 & . & \dot{O} \end{matrix}$$

gewonnen, dem er in Anlehnung an die von P. Griess[5]) vorgeschlagene Nomenklatur der aromatischen Betaine den Namen Trimethyl-α-propiobetain gab.

Die optisch aktive und zwar linksdrehende Form dieses Körpers habe ich in befriedigender Ausbeute und anscheinend reinem Zustande auf zwei Wegen erhalten; erstens durch direkte Vereinigung von Trimethylamin mit *d*-α-Brompropionsäure in alkoholischer Lösung bei gewöhnlicher Temoeratur und zweitens durch Einwirkung von Jod-

---

[1]) Vergl. Berichte d. D. Chem. Gesellsch. **40**, 489 [1907]. (*S. 769.*)

[2]) Jahresber. f. Chem. **1862**, 333.

[3]) Berichte d. D. Chem. Gesellsch. **2**, 13 und 167 [1869]; ferner **3**, 161 [1870]. Vergl. Scheibler, ebenda **3**, 155 [1870].

[4]) Berichte d. D. Chem. Gesellsch. **8**, 479 [1875]; und **9**, 34 [1876].

[5]) Berichte d. D. Chem. Gesellsch. **6**, 585 [1873].

methyl auf die alkalische Lösung des *d*-Alanins nach dem Verfahren, welches P. Griess[1]) für die Verwandlung von Glykokoll in gewöhnliches Betain anwandte. Da dieselbe *d*-α-Brompropionsäure mit Ammoniak *d*-Alanin liefert, da ferner bei der Methylierung des *d*-Alanins eine Umlagerung am asymmetrischen Kohlenstoffatom sehr unwahrscheinlich ist, so darf man aus obigem Resultat den Schluß ziehen, daß die Wirkung des Ammoniaks und des Trimethylamins auf die *d*-α-Brompropionsäure im selben sterischen Sinne verläuft. Daß hierbei keine Waldensche Umkehrung stattfindet, habe ich früher für das Ammoniak sehr wahrscheinlich gemacht[2]).

Etwas komplizierter gestaltet sich die Wechselwirkung zwischen Trimethylamin und *d*-α-Brompropionsäureester. Die Addition erfolgt zwar in alkoholischer Lösung bei gewöhnlicher Temperatur sehr glatt unter Bildung des Körpers $CH_3 . CH[N(CH_3)Br] . COOC_2H_5$; aber wenn man das Ende der Reaktion, die einige Tage in Anspruch nimmt, abwartet, so ist das Produkt optisch gänzlich inaktiv und identisch mit dem Präparat, das man bei Anwendung von inaktivem α-Brompropionsäureester erhält. In Wirklichkeit entsteht indessen zuerst ein aktives Additionsprodukt, wovon man sich durch die optische Kontrolle des Vorgangs leicht überzeugen kann. Durch rechtzeitige Unterbrechung der Operation gelingt es auch, ein optisch aktives Salz zu isolieren und daraus ein Betain zu bereiten, welches im selben Sinne dreht wie das aus der freien *d*-Brompropionsäure gewonnene Präparat; nur ist es durch sehr erhebliche Mengen des Racemkörpers verunreinigt. Diese Racemisierung wird, wie besondere Versuche gezeigt haben, bei dem ursprünglichen Additionsprodukt durch die Anwesenheit des überschüssigen Trimethylamins bewirkt. Beachtenswert ist die niedere Temperatur, bei der diese Racemisierung im Laufe mehrerer Stunden stattfindet. Bei den optisch aktiven quaternären Ammoniumsalzen, deren Asymmetrie durch die Bindungsform des 5-wertigen Stickstoffs bedingt ist, hat man öfters Autoracemisation bei niedriger Temperatur beobachtet[3]). Aber im vorliegenden Falle ist die Aktivität durch das asymmetrische Kohlenstoffatom verursacht, und man hätte deshalb erwarten sollen, daß die quaternäre Ammoniumverbindung in bezug auf Aktivität ungefähr die gleiche Stabilität besitzen würde wie die Salze des aktiven Alaninesters. Das ist aber nicht der Fall, denn letztere werden in alkoholischer Lösung von Trimethylamin bei gewöhnlicher Temperatur im Laufe von 24 Stunden kaum verändert. Man muß daraus

[1]) Berichte d. D. Chem. Gesellsch. **8**, 1406 [1875].

[2]) Berichte d. D. Chem. Gesellsch. **40**, 489 [1907]. (*S. 769*).

[3]) Vergl. Wedekind und Fröhlich, Berichte d. D. Chem. Gesellsch. **38**, 3933 [1905]. — Wedekind, Zeitschr. f. Elektrochemie **12**, 330 [1906].

den Schluß ziehen, daß durch die bloße Anwesenheit einer quaternären Ammoniumgruppe die Neigung zur Racemisation unter den oben angegebenen Bedingungen erheblich vergrößert wird.

Linksdrehendes Trimethyl-α-propiobetain.

5 g *d*-Brompropionsäure von $\alpha = +42°$ (bereitet aus *l*-Alanin) wurden mit 18,0 g (3 Mol.) einer 33-prozentigen Lösung von Trimethylamin (Kahlbaum) in absolutem Alkohol unter Eiskühlung vermischt. Schon nach 1—2-stündigem Stehen bei 20° begann die Abscheidung von bromwasserstoffsaurem Trimethylamin in großen Krystallen. An einer Probe der Lösung wurde festgestellt, daß die anfängliche ganz geringe Rechtsdrehung schon nach kurzer Zeit in links umschlug, und daß die Linksdrehung dann stetig zunahm, bis nach etwa 4 Tagen der Höhepunkt erreicht war, der sich nach weiterem mehrtägigem Stehen nicht mehr änderte. Demgemäß wurde nach 4 Tagen der Hauptversuch unterbrochen, die alkoholische Lösung mit Wasser verdünnt und unter Zufügung von überschüssigem Baryt bei 15 mm Druck zur Trockne verdampft, um alles Trimethylamin zu entfernen. Der Rückstand wurde mit Wasser aufgenommen, mit Schwefelsäure bis zur schwach sauren Reaktion versetzt und, ohne zu filtrieren, mit etwas mehr als der berechneten Menge fein gepulvertem Silbersulfat geschüttelt, um das Brom zu entfernen. Nach dem Abfiltrieren des Gemisches von Bromsilber und Bariumsulfat wurde der Rest des Silbers und der Schwefelsäure quantitativ mit Salzsäure und Baryt gefällt und das klare Filtrat im Vakuum völlig verdampft. Gewöhnlich mußte der zurückbleibende Sirup, um ein reines Produkt zu erhalten, noch einmal mit Wasser aufgenommen und in gelinder Wärme mit Tierkohle geschüttelt werden. Die abermals filtrierte Lösung wurde wieder unter vermindertem Druck völlig verdampft, der Rückstand mit absolutem Alkohol aufgenommen und mit trocknem Äther bis zur Trübung versetzt. Die Abscheidung des Betains erfolgte dann beim starken Kühlen und Reiben in farblosen Blättchen und wurde durch weiteren Zusatz von Äther vervollständigt. Die Ausbeute betrug 3,3 g oder ungefähr 80% der Theorie. Das nur im Vakuumexsiccator über Phosphorpentoxyd getrocknete Produkt verlor beim Erhitzen im Vakuum auf 105° noch 6—7% Wasser und lieferte dann bei der Analyse folgende Zahlen, die in Anbetracht der großen Hygroskopizität der Substanz befriedigend erscheinen.

0,1462 g Sbst.: 0,2923 g CO_2, 0,1306 g H_2O.

$C_6H_{13}O_2N$ (Mol.-Gew. 131,1). Ber. C 54,92, H 9,99.

Gef. „ 54,53, „ 10,00.

Zur Bestimmung des optischen Drehungsvermögens diente eine etwa 10-prozentige wäßrige Lösung.

0,3530 g Sbst. (bei 105° getrocknet). Gesamtgewicht der Lösung 3,6096 g. $d^{20} = 1{,}013$. Drehung im 1-dm-Rohr bei 20° und Natriumlicht 1,95° nach links. Demnach:

$$[\alpha]_D^{20} = -\ 19{,}7^\circ\ (\pm\ 0{,}2)\,.$$

Beim raschen Erhitzen im Capillarrohr zersetzt sich die Substanz gegen 242° (korr.) unter Aufschäumen, ohne vorher zu schmelzen. Mit Ausnahme der optischen Aktivität hat das Produkt ähnliche Eigenschaften wie das früher auf dem Umweg über den Chlorpropionsäureester dargestellte[1]) racemische Homobetain.

Das Aurochlorat, bereitet aus der mit überschüssiger Salzsäure versetzten wäßrigen Lösung durch Fällen mit überschüssigem Goldchlorid bei gewöhnlicher Temperatur und Umkrystallisieren aus wenig warmer, sehr verdünnter Salzsäure, bildet goldglänzende, dünne Krystalle, die unter dem Mikroskop wie stark gestreifte Säulen oder auch wie stark gefaserte und langgezogene Plättchen erscheinen. Sie haben, bei 110° getrocknet, die Zusammensetzung: $C_6H_{13}O_2N \cdot HAuCl_4$ und schmelzen beim raschen Erhitzen im Capillarrohr nach vorheriger Sinterung ungefähr gegen 259° (korr.) unter lebhafter Zersetzung.

0,2761 g Sbst.: 0,1160 g Au.
$C_6H_{13}O_2N \cdot HAuCl_4$ (Mol.-Gew. 471,1). Ber. Au 41,86. Gef. Au 42,0.

Eine zweite Form des Aurochlorats erhält man durch Krystallisation aus warmem Wasser. Diese bildet ein hellgelbes Pulver, das aus mikroskopisch kleinen, kurzen Nädelchen, die manchmal zu Kreuzen oder sechsarmigen Sternen verwachsen sind, besteht. Beim raschen Erhitzen schmilzt es gegen 226° (korr.) ebenfalls unter lebhafter Zersetzung. Nach dem Trocknen bei 110° hat es die gleiche Zusammensetzung wie das erste Salz.

0,2030 g Sbst.: 0,0842 g Au.
$C_6H_{13}O_2N \cdot HAuCl_4$. Ber. Au 41,86. Gef. Au 41,48.

Durch Umkrystallisieren aus warmer, sehr verdünnter Salzsäure (1—2-prozentig) läßt sich dieses Salz in das erste ebenso leicht zurückverwandeln, wie es aus jenem durch Krystallisation aus Wasser entsteht.

Beide Salze verlieren, nachdem sie 12 Stunden an der Luft getrocknet sind, beim Erhitzen auf 110° nur 1—2% an Gewicht. Der Unterschied zwischen ihnen scheint also nicht durch Krystallwasser bedingt zu sein, sondern mehr auf Dimorphie resp. Isomerie zu beruhen, und die Verhältnisse erinnern an die Existenz von 2 Aurochloraten des gewöhnlichen Betains, die ebenfalls die gleiche Zusammensetzung, aber verschiedenen Schmelzpunkt und verschiedene Krystallform besitzen;

---

[1]) Brühl, Berichte d. D. Chem. Gesellsch. **9**, 37 [1876].

nur kommt im letzten Falle noch ein drittes Präparat hinzu, ein aus Wasser krystallisierendes Salz, das sich durch den niedrigeren Goldgehalt von den beiden anderen unterscheidet[1]).

Rückverwandlung des Aurochlorats in das aktive Trimethyl-α-propiobetain.

Um zu prüfen, ob das Goldsalz wirklich ein Derivat des aktiven Betains sei, wurden 2,5 g des bei 110° getrockneten Präparats in lauwarmem Wasser gelöst, mit Schwefelwasserstoff zerlegt und das Filtrat nach dem Einengen auf ca. 50 ccm zur Entfernung des Chlors mit überschüssigem Silberoxyd geschüttelt. Aus dem Filtrat wurde das gelöste Silber quantitativ mit Salzsäure, dann eine kleine Menge Schwefelsäure quantitativ mit Baryt gefällt und das Filtrat nach dem völligen Klären mit Tierkohle in gelinder Wärme unter vermindertem Druck verdampft. Aus dem Rückstand konnten durch Lösen in Alkohol und Fällen mit trocknem Äther 0,5 g reines Homobetain (72% der Theorie) gewonnen werden.

Die optische Untersuchung ergab, daß das Drehungsvermögen dieser Substanz noch ein wenig höher war, als bei dem ursprünglichen, zur Bereitung des Goldsalzes verwendeten Präparat.

0,3953 g Sbst. (bei 105° getrocknet) gelöst in Wasser. Gesamtgewicht der Lösung 3,9938 g. $d^{20} = 1,015$. Drehung im 1 dcm-Rohr bei 19° und Natriumlicht 2,02° (± 0,02°) nach links. Demnach:

$$[\alpha]_D^{19} = -20,1^\circ (\pm 0,2).$$

Bildung des linksdrehenden Trimethyl-α-propiobetains aus *d*-Alanin.

2 g *d*-Alanin wurden in 24,5 ccm ($1^1/_{10}$ Mol.) reiner Normalnatronlauge gelöst und mit 3,5 g ($1^1/_{10}$ Mol.) Jodmethyl geschüttelt. Um die Löslichkeit des Jodmethyls zu erhöhen, wurden 5 ccm Methylalkohol hinzugefügt. Nach etwa 4 Stunden war klare Lösung eingetreten; es wurden daher wieder 3,5 g Jodmethyl und 8,2 ccm 3-fach-*n*. Natronlauge zugefügt und nach weiteren 5 Stunden nochmals die gleiche Menge von beiden Agenzien zugegeben. Nach 20 Stunden war die Methylierung beendet. Die Lösung wurde mit farbloser Jodwasserstoffsäure schwach angesäuert, unter vermindertem Druck das überschüssige Jodmethyl und der Methylalkohol verjagt, mit Wasser verdünnt und durch Schütteln mit fein gepulvertem Silbersulfat die Jodwasserstoffsäure quan-

[1]) Vergl. E. Fischer, Berichte d. D. Chem. Gesellsch. **35**, 1593 [1902], und R. Willstätter, ebenda **35**, 2700 [1902].

titativ entfernt. Nachdem die kleine Menge freier Schwefelsäure durch Barythydrat genau neutralisiert war, wurde die gegen Lackmus neutrale Lösung filtriert, im Vakuum stark eingeengt und schließlich mit der 4—5-fachen Menge Alkohol versetzt. Das abgeschiedene Natriumsulfat wurde abgesaugt und aus dem Filtrat das Betain wie im vorher beschriebenen Falle durch Abdampfen, Aufnehmen mit Alkohol und Fällen mit Äther isoliert. Die Ausbeute betrug etwa 2 g.

Das Produkt mußte zur völligen Reinigung in lauwarmer, wäßriger Lösung mit Tierkohle behandelt werden und gab dann nach dem Trocknen im Vakuum bei 105° bei der Analyse folgende Zahlen:

0,1809 g Sbst.: 0,3621 g CO_2, 0,1604 g H_2O.

$C_6H_{13}O_2N$. Ber. C 54,92, H 9,99.

Gef. „ 54,59, „ 9,92.

Zur Bestimmung des optischen Drehungsvermögens diente eine etwa 9-prozentige, wäßrige Lösung.

0,3186 g Sbst. bei 105° getrocknet. Gesamtgewicht der Lösung 3,6517 g. $d^{20} = 1,01$. Drehung im 1-dcm-Rohr bei 19° und Natriumlicht 1,69° (± 0,02) nach links. Demnach:

$$[\alpha]_D^{19} = -19,2° (\pm 0,2),$$

mithin nur wenig niedriger als der zuvor angegebene Wert.

Auch das Goldsalz zeigte dieselben Eigenschaften und Zusammensetzung wie das zuvor beschriebene.

0,2745 g Sbst.: 0,1151 g Au.

$C_6H_{13}O_2N \cdot HAuCl_4$. Ber. Au 41,86. Gef. Au 41,93.

Einwirkung von Trimethylamin auf *d*-α-Brompropionsäureäthylester.

2 g *d*-Brompropionsäureäthylester (α = + 43°) wurden mit 3 g (1,5 Mol.) einer 33-proz. Lösung von Trimethylamin in absolutem Alkohol gemischt und bei ca. 20° aufbewahrt. Im 1-dcm-Rohr zeigte diese Mischung unmittelbar nach der Bereitung eine Drehung von + 11,2°. Schon nach 1/2 Stunde war die Drehung auf + 10,5° und nach 6 1/4 Stunden auf 0° gefallen, stieg dann aber, allerdings viel langsamer nach links an. Nach 9—10 Stunden war der Höhepunkt der Linksdrehung mit — 0,68° erreicht. Von da an fiel die Drehung in 12 Stunden auf — 0,18° und dann langsam auf 0°. Gleichzeitig war auch die Abspaltung des organisch gebundenen Broms beendet. Auf Zusatz von 100 ccm Äther fiel das entstandene Bromid des Trimethylaminopropionsäureäthylesters sofort krystallinisch in fast quantitativer Ausbeute aus. Durch Lösen in etwa der vierfachen Menge absolutem Alkohol und allmählichen Zusatz von trocknem Äther ließ sich das Produkt leicht in rein weißen,

großen, an der Luft sehr zerfließlichen Nadeln erhalten, die bei 150 bis 151° (korr.) ohne Zersetzung schmelzen und in Wasser spielend löslich sind. Die optische Untersuchung sowohl in wäßriger wie in alkoholischer Lösung ergab, daß das Salz völlig inaktiv war.

Zum Vergleich wurde das racemische Salz aus inaktivem α-Brompropionester und Trimethylamin hergestellt und kein Unterschied beider Präparate beobachtet. Das Bromid krystallisiert aus alkoholischer Lösung bei Zusatz von Äther in großen, farblosen, ganz dünnen Prismen, die bei 150—151° (korr.) schmelzen und nach dem Trocknen im Vakuumexsiccator über Phosphorpentoxyd den der Formel $CH_3 \cdot CH \cdot [N(CH_3)_3Br] \cdot COOC_2H_5$ entsprechenden Bromgehalt zeigten.

0,3132 g Sbst.: 12,95 ccm $^1/_{10}$-*n*. $AgNO_3$.
$C_8H_{18}O_2NBr$ (240,1). Ber. Br 33,30. Gef. Br 33,06.

Das Salz ist in Wasser sehr leicht löslich. Zur Bereitung des Goldsalzes wurde die wäßrige Lösung mit Silberchlorid geschüttelt und das Filtrat mit etwas Salzsäure und dann mit Goldchlorid versetzt. Das Aurochlorat fiel als gelber krystallinischer Niederschlag aus und wurde aus ziemlich viel warmem Wasser oder sehr verdünnter Salzsäure umkrystallisiert. Selbstverständlich ist hierbei längeres Erhitzen wegen der Gefahr der Verseifung zu vermeiden. In beiden Fällen entstand dasselbe Salz, das in gelben, sehr dünnen, eigenartig gezackten Blättchen vom Schmp. 96—97° (korr.) krystallisiert. Für die Analyse wurde es im Vakuumexsiccator über Schwefelsäure getrocknet.

0,1994 g Sbst.: 0,0790 g Au.
$C_8H_{18}O_2N \cdot AuCl_4$ (499,1). Ber. Au 39,51. Gef. Au 39,62.

Aus dem Bromid wurde noch durch Behandeln mit Silberoxyd in wäßriger Lösung das inaktive Trimethyl-α-propiobetain bereitet, welches schon von Brühl aus dem α-Chlorpropionester dargestellt worden ist. In Ergänzung seiner Angaben kann ich anführen, daß auch hier das Aurochlorat in zwei verschiedenen Formen auftritt, je nachdem man aus Wasser oder ganz verdünnter Salzsäure umkrystallisiert. Sie sind den beiden Modifikationen des aktiven Goldsalzes sowohl im Schmelzpunkt wie in der Art der Krystallisation sehr ähnlich.

Um die Racemisation des bromwasserstoffsauren Trimethylaminopropionsäureesters wenigstens teilweise zu verhindern, wurde bei einem zweiten Versuch das alkoholische Gemisch von Trimethylamin und *d*-Brompropionester schon nach $5^1/_2$-stündigem Stehen bei 20° mit Äther gefällt und das abgeschiedene Salz durch Lösen in Alkohol und abermalige Fällung mit Äther gereinigt. Nach dem Trocknen im Vakuumexsiccator über Phosphorpentoxyd zeigte das Salz ebenfalls den der Formel $CH_3 \cdot CH[N(CH_3)_3Br] \cdot COOC_2H_5$ entsprechenden Bromgehalt.

0,2162 g Sbst.: 8,9 ccm $^1/_{10}$-n. $AgNO_3$.

$C_8H_{18}O_2NBr$ (240,1). Ber. Br 33,30. Gef. Br 32,92.

Für die optische Untersuchung diente die Lösung in absolutem Alkohol.

0,3170 g Sbst. Gesamtgewicht der Lösung 3,474 g. d^{20} = 0,823. Drehung im 1-dcm-Rohr bei 20° und Natriumlicht 0,48° nach links. Demnach:

$$[\alpha]_D^{20} = -6{,}4°.$$

Ein anderes, ähnlich dargestelltes Präparat hatte die spez. Drehung $[\alpha]_D = -8{,}1°$.

Das aus diesem Salz durch Silberoxyd bereitete Betain zeigte ebenfalls noch eine allerdings recht schwache Linksdrehung.

0,2881 g Sbst. gelöst in Wasser. Gesamtgewicht der Lösung 3,6757 g. d^{20} = 1,01. Drehung im 1 dcm-Rohr bei 20° und Natriumlicht 0,25° nach links. Mithin:

$$[\alpha]_D^{20} = -3{,}2°.$$

Aber die Drehung ist im selben Sinne, wie bei dem oben beschriebenen, anscheinend reinen, optisch-aktiven Trimethyl-α-propiobetain. Da die Drehung quantitativ nur $^1/_6$ des richtigen Wertes beträgt, so muß man annehmen, daß das so erhaltene Betain zu etwa $^5/_6$ racemisiert war, und sehr wahrscheinlich gilt das schon für das Bromid des Esters, aus dem es bereitet wurde.

Um die Verbindung übrigens noch näher als Homobetain zu charakterisieren, wurde das Goldsalz bereitet; nach dem Umkrystallisieren aus warmer sehr verdünnter Salzsäure und Trocknen bei 110° schmolz es beim raschen Erhitzen unter Zersetzung gegen 259° (korr.).

0,2761 g Sbst.: 0,1158 g Au.

$C_6H_{13}O_2N \cdot HAuCl_4$ (471,1). Ber. Au 41,86. Gef. Au 41,94.

Wie schon erwähnt, wird die Racemisation des bromwasserstoffsauren Trimethylaminopropionesters durch freies Trimethylamin leicht bewirkt.

Für den Versuch diente ein Präparat, das in alkoholischer Lösung die spez. Drehung − 8,1° zeigte.

0,68 g des Salzes wurden in Alkohol gelöst und mit der äquimolekularen Menge Trimethylamin, ebenfalls in alkoholischer Lösung, versetzt. Das Gesamtgewicht der Lösung betrug 3,64 g. Sie drehte gleich nach der Bereitung 1,19° nach links. Nach 1-stündigem Stehen bei 20° war die Drehung schon auf − 0,36° zurückgegangen, und nach 5 Stunden betrug sie nur noch − 0,03°. Die Racemisation war also nach dieser Zeit schon nahezu vollständig.

Im Gegensatz dazu sind die Salze des *d*-Alaninesters in alkoholischer Lösung gegen Trimethylamin recht beständig.

1,5 g salzsaurer krystallisierter *d*-Alaninester wurden mit 4,3 g einer 33-proz. alkoholischen Lösung von Trimethylamin (entsprechend 2,5 Mol. der Base) übergossen und ungefähr noch das gleiche Volumen Alkohol hinzugegeben, bis klare Lösung eintrat. Nachdem die Flüssigkeit 24 Stunden bei Zimmertemperatur gestanden hatte, verdampfte man sie unter vermindertem Druck, um Trimethylamin und Alkohol zu entfernen, und verdampfte den Rückstand mehrmals in einer Platinschale mit Salzsäure auf dem Wasserbade, um den Alaninester zu verseifen. Der krystallinische Rückstand, der 1,2 g salzsaures Alanin enthalten mußte, wurde in 10,8 g Wasser gelöst, so daß die Lösung 10-prozentig war. Sie drehte im 1-dcm-Rohr 1° nach rechts. Mithin war keine nennenswerte Racemisation des Alaninesters unter den obigen Bedingungen eingetreten.

Schließlich sage ich Hrn. Dr. Walter Axhausen für die wertvolle Hilfe bei diesen Versuchen besten Dank.

85. Emil Fischer und Lukas v. Mechel: Bildung aktiver, sekundärer Aminosäuren aus Halogensäuren und primären Aminen.

Berichte der Deutschen Chemischen Gesellschaft **49**, 1355 [1916].

(Eingegangen am 6. Mai 1916.)

Die gewöhnlichen aktiven Aminosäuren lassen sich mit Hilfe der Toluolsulfoverbindungen leicht in ihre Methylderivate verwandeln, und diese besitzen zweifellos die gleiche Konfiguration, da bei ihrer Bildung keine Substitution am asymmetrischen Kohlenstoffatome stattfindet[1]). Es schien uns nun mit Rücksicht auf die Studien über Waldensche Umkehrung von Interesse, dieselben aktiven Methylaminosäuren aus den aktiven Halogensäuren durch Methylamin herzustellen, um die Frage zu entscheiden, ob die Wirkung von Ammoniak und Methylamin bei dieser Reaktion im selben sterischen Sinne stattfindet. Wir haben die Versuche angestellt mit aktiver α-Brom-propionsäure, α-Brom-isocapronsäure und α-Brom-hydrozimtsäure und die Produkte verglichen mit dem aktiven Methyl-alanin, Methyl-leucin und Methyl-phenylalanin. In allen Fällen war das Resultat das gleiche und, wie folgende Zusammenstellung zeigt, erfolgt die Umsetzung der drei Halogensäuren mit Ammoniak und Methylamin sterisch in gleicher Art.

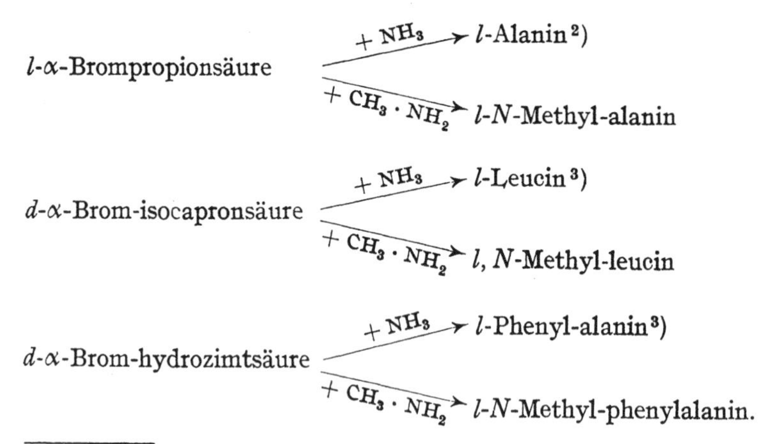

[1]) E. Fischer und W. Lipschitz: Optisch-aktive *N*-Monomethyl-Derivate von Alanin, Leucin, Phenyl-alanin und Tyrosin, Berichte d. D. Chem. Gesellsch. **48**, 360 [1915]. (*S. 204.*)

[2]) Liebigs Ann. d. Chem. **340**, 170 [1905]. *Proteine I, S. 499.*)

[3]) Berichte d. D. Chem. Gesellsch. **39**, 3996 [1906]. (*S. 105.*)

Früher wurde nachgewiesen, daß Ammoniak auf die Ester der Halogensäuren sterisch ebenso wirkt wie auf die Säuren selbst, und endlich ergab sich auch bei der Umsetzung von *l*-Brompropionsäureäthylester mit Phthalimidkalium ein Phthalyl-*l*-alanin-äthylester von der gleichen Konfiguration. Hält man das zusammen mit obigem Resultat, so ergibt sich eine beachtenswerte Übereinstimmung in der Konfiguration aller der Produkte, die beim Austausche von Halogen mit Methylamin und Ammoniak unter verschiedensten Bedingungen aus den aktiven Halogensäuren entstehen. Damit ist aber noch keineswegs bewiesen, daß es sich um eine ganz allgemeine Erscheinung handelt, daß also die Umwandlung einer Halogensäure in eine beliebige Aminosäure stets im gleichen sterischen Sinn erfolgt. Wir haben es deshalb für wünschenswert gehalten, auch die Benzylaminderivate zu prüfen, da ja durch den Einfluß des großen Radikals „Benzyl" eine Verschiebung im sterischen Verlaufe der Substitution wohl herbeigeführt werden könnte. Die Wechselwirkung der aktiven Halogensäuren mit Benzylamin geht nun ziemlich glatt vonstatten, und es ließen sich auf diese Weise aktives *N*-Benzyl-alanin und *N*-Benzyl-phenylalanin leicht gewinnen. Die Synthese gibt aber für die Konfiguration der Produkte keinen Aufschluß. Wir haben deshalb versucht, die gleichen Körper aus aktivem Alanin und Phenylalanin über die Toluolsulfoverbindungen herzustellen, sind dabei aber auf unerwartete Schwierigkeiten gestoßen. Während die Methylierung der Toluolsulfoaminosäuren so leicht erfolgt, ist uns die Benzylierung in Gegenwart von Alkali in wäßriger oder alkoholischer Lösung nicht gelungen. Bessere Resultate gab beim Alaninderivat der Äthylester. Er läßt sich mit befriedigender Ausbeute benzylieren, und der ölige Ester gibt durch Verseifung ein krystallisiertes Toluolsulfobenzyl-alanin. Beim Phenyl-alanin führte auch diese Modifikation nicht zum Ziele, während die Reaktion beim *p*-Toluolsulfoglykokoll wieder recht gut vonstatten geht. Das im letzten Fall entstehende *p*-Toluolsulfo-benzyl-glykokoll läßt sich auch weiter durch Spaltung mit konzentrierter Salzsäure in essigsaurer Lösung verhältnismäßig leicht in Benzyl-glykokoll umwandeln. Bei dem Alaninderivate geht aber leider diese Spaltung auch nicht gut vonstatten, denn die Ausbeute an Benzyl-alanin war schlecht und das Produkt erwies sich als optisch inaktiv. Daher haben wir hier die gestellte stereochemische Frage nicht lösen können.

l-*N*-Methyl-alanin aus *l*-α-Brom-propionsäure.

Zur Darstellung dieser und der später beschriebenen Benzylverbindung diente *l*-α-Brom-propionsäure, die nach Fischer und Warburg[1])

[1]) Liebigs Ann. d. Chem. **340**, 171 [1905]. (*Proteine I, S. 500.*)

aus *d*-Alanin gewonnen war. Im $^1/_2$-dm-Rohr zeigte die Säure eine Drehung von — 18,87°. Sie war also nicht optisch rein.

5 g *l*-α-Brompropionsäure wurden mit 15 ccm 33-prozentiger Methylaminlösung unter Eiskühlung versetzt und dann bei Zimmertemperatur stehen gelassen, bis kein organisch gebundenes Brom mehr nachzuweisen war. In der Regel war das nach 2 Tagen der Fall.

Die Flüssigkeit wurde nun unter 15—20 mm verdampft, der Sirup in Wasser aufgenommen, durch Schütteln mit Silbersulfat (6 g) von Brom befreit, das Filtrat mit Schwefelwasserstoff entsilbert und unter vermindertem Druck etwas eingeengt. Um das schwefelsaure Methylamin zu entfernen, wurde jetzt mit einem Überschusse von Bariumhydroxyd unter geringem Druck bis zur Verjagung des Methylamins verdampft und schließlich das Barium genau mit Schwefelsäure gefällt. Beim Verdampfen des Filtrats blieb das Methyl-alanin als farblose Masse, die aus absolutem Alkohol umkrystallisiert wurde. Ausbeute 2,4 g oder 71% der Theorie.

0,1089 g Sbst. (im Vakuum bei 100° getrocknet): 0,1856 g CO_2, 0,0866 g H_2O. — 0,1793 g Sbst.: 21,2 ccm N (17°, 749 mm).

$C_4H_9O_2N$ (103,08). Ber. C 46,57, H 8,80, N 13,59.
Gef. „ 46,48, „ 8,90, „ 13,55.

Für die optische Bestimmung diente die wäßrige Lösung.

$$[\alpha]_D^{20} = \frac{-0{,}50^\circ \times 1{,}8883}{1 \times 0{,}1564 \times 1{,}020} = -5{,}92^\circ .$$

Eine zweite Bestimmung in verdünnterer Lösung gab — 5,03°.

Die Zahlen stimmen ziemlich gut überein mit dem Werte + 5,59°[1]), der früher für *d*-*N*-Methyl-alanin gefunden wurde.

In sonstigen Eigenschaften, wie Löslichkeit, Schmelzpunkt usw. zeigte unser Präparat ebenfalls die größte Ähnlichkeit mit der *d*-Verbindung.

l, *N*-Methyl-leucin aus *d*-α-Brom-isocapronsäure.

Die α-Bromisocapronsäure war aus Formyl-*d*-leucin dargestellt[2]) und hatte $[\alpha]_D^{26} = +39^\circ$, enthielt also ungefähr 10% des optischen Antipoden.

2,6 g wurden bei 0° mit 12 ccm wäßrigem, 33-prozentigem Methylamin übergossen und das Gemisch 2 Tage bei Zimmertemperatur aufbewahrt, wonach alles Brom ionisiert war. Beim Verdampfen unter

[1]) E. Fischer und W. Lipschitz, Berichte d. D. Chem. Gesellsch. **48**, 365 [1915]. (*S. 209.*)

[2]) E. Fischer, Berichte d. D. Chem. Gesellsch. **39**, 2929 [1906]. (*S. 360.*)

vermindertem Druck blieb ein farbloser, krystallinischer Rückstand. Wenn man auf gute Ausbeute verzichtet, läßt sich das ziemlich schwer lösliche Methylleucin daraus sehr rasch isolieren. Man verreibt mit wenig kaltem Alkohol und krystallisiert das Ungelöste (0,6 g) aus heißem Wasser um. Aus der Mutterlange läßt sich eine weitere Menge durch Aceton fällen.

0,1264 g Sbst. (bei 100° unter 0,3 mm getrocknet): 0,2668 g CO_2, 0,1188 g H_2O. — 0,1562 g Sbst.: 13,5 ccm N (18°, 744 mm).

$C_7H_{15}O_2N$ (145,13). Ber. C 57,88, H 10,42, N 9,65.
Gef. „ 57,57, „ 10,52, „ 9,80.

Zur Bestimmung der Drehung diente die wäßrige Lösung.

$$[\alpha]_D^{26} = \frac{+0,42^\circ \times 4,3209}{1 \times 0,0916 \times 1,002} = +19,77^\circ .$$

$$[\alpha]_D^{18} = \frac{+0,39^\circ \times 4,3584}{1 \times 0,0858 \times 1,002} = +19,77^\circ .$$

Das stimmt gut überein mit dem Werte + 20,4°, der früher[1]) für *l*-*N*-Methyl-leucin (aus *l*-Leucin über die Toluolsulfoverbindung) erhalten wurde.

l-*N*-Methyl-phenylalanin aus *d*-α-Brom-hydrozimtsäure.

Die Bromhydrozimtsäure war aus Formyl-*d*-phenylalanin genau so dargestellt, wie man die aktive Bromisocapronsäure aus Formylleucin bereitet. Sie drehte im 1-dm-Rohr + 9°, in Übereinstimmung mit der Angabe von E. Fischer und Schoeller[2]). Wie dort ausgeführt ist, enthält dieses Präparat mindestens 13% des optischen Antipoden.

2 g *d*-α-Bromhydrozimtsäure wurden bei 0° mit 10 ccm wäßrigem Methylamin von 33% gemischt und 2½ Tage bei Zimmertemperatur aufbewahrt, dann die Flüssigkeit unter 12—15 mm verdampft und der farblose Rückstand zur Entfernung des Methylamin-hydrobromids mit Alkohol gewaschen. Ausbeute an Rohprodukt: 1 g oder 64% der Theorie. Zur Reinigung wurde aus der 40-fachen Menge heißem Wasser umkrystallisiert.

Die feinen, verfilzten Nadeln glichen durchaus den beiden früher beschriebenen *N*-Methyl-phenylalaninen.

Das Präparat drehte in alkalischer Lösung stark nach rechts.

---

[1]) E. Fischer und W. Lipschitz, Berichte d. D. Chem. Gesellsch. **48**, 368 [1915]. (*S. 212.*)

[2]) Liebigs Ann. d. Chem. **357**, 12 [1907]. (*S. 481.*)

$$[\alpha]_D^{18} = \frac{+1{,}15^\circ \times 5{,}4323}{2 \times 0{,}0636 \times 1{,}005} = +48{,}87^\circ.$$

$$[\alpha]_D^{20} = \frac{+1{,}08^\circ \times 5{,}4334}{2 \times 0{,}0607 \times 1{,}007} = +48{,}01^\circ.$$

Der Wert entspricht ziemlich genau dem früher für *l*, *N*-Methylphenylalanin beobachteten.

0,1070 g Sbst.: 0,2622 g CO_2, 0,0718 g H_2O. — 0,1355 g Sbst.: 9,0 ccm N (15°, 758 mm).

$C_{10}H_{13}O_2N$ (179,11). Ber. C 67,00, H 7,31, N 7,82.
Gef. „ 66,83, „ 7,51, „ 7,77.

Aktives *N*-Benzyl-alanin, $C_7H_7 . NH . CH(CH_3) . CO_2H$.

Versetzt man eine Lösung von 2 g *l*-α-Brompropionsäure in 8 ccm trocknem Äther unter Eiskühlung langsam mit einem Gemisch von 5 g Benzylamin und 10 ccm Äther, so entsteht nach einiger Zeit ein farbloser, krystallinischer Niederschlag. Er wird nach 3 Tagen abfiltriert, zweimal mit eiskaltem Alkohol ausgelaugt, um das salzsaure Benzylamin zu entfernen und der Rückstand aus wenig heißem Wasser umkrystallisiert. Aus der Mutterlauge wird durch Fällung mit Aceton eine weitere beträchtliche Menge gewonnen. Das Benzylalanin bildet sehr feine, verfilzte Nädelchen. Ausbeute 1,3 g oder 55% der Theorie.

0,1733 g Sbst. (bei 100°, 0,3 mm getr.): 0,4249 g CO_2, 0,1125 g H_2O. — 0,1289 g Sbst.: 8,75 ccm N (22°, 762 mm).

$C_{10}H_{13}O_2N$ (179,11). Ber. C 67,00, H 7,31, N 7,82.
Gef. „ 66,87, „ 7,26, „ 7,75.

Für die optische Bestimmung diente die Lösung in 5-*n*. Salzsäure.

$$[\alpha]_D^{20} = \frac{-0{,}08^\circ \times 4{,}3466}{1 \times 0{,}0952 \times 1{,}085} = -3{,}4^\circ.$$

Wie weit dieser Wert der reinen Substanz entspricht, läßt sich nicht sagen, da nach der Bildungsweise das Präparat sehr wohl ein Gemisch von aktiver und racemischer Aminosäure sein kann.

Das Benzyl-alanin hat keinen scharfen Schmelzpunkt. Es sintert im Capillarrohr von 250° an und schmilzt bei raschem Erhitzen gegen 270° unter Aufschäumen. Es ist in Wasser leicht, in den üblichen organischen Lösungsmitteln aber schwer oder gar nicht löslich.

Die Salze mit Mineralsäuren sind in Wasser leicht löslich, recht schwer löslich ist dagegen das Phosphorwolframat. Charakteristisch ist das Kupfersalz. Es fällt aus der schwach ammoniakalischen Lösung der Aminosäure auf Zusatz von Kupfersulfat als hellblauer, krystallinischer Niederschlag, der unterm Mikroskop als halbkugelige Aggregate von ziemlich derben Nädelchen erscheint.

0,1365 g lufttr. Salz verloren bei 100° und 0,3 mm Druck 0,0110 g H_2O.
$C_{20}H_{24}O_4N_2Cu + 2 H_2O$ (455,81). Ber. H_2O 7,90. Gef. H_2O 8,06.
0,1254 g wasserfreie Sbst.: 0,0235 g CuO.
$C_{20}H_{24}O_4N_2Cu$ (419,78). Ber. Cu 15,14. Gef. Cu 14,97.

N-Benzyl-phenylalanin, $C_7H_7 \cdot NH \cdot CH(CH_2 \cdot C_6H_5)CO_2H$.

Eine Lösung von 6 g *d*-α-Bromhydrozimtsäure (aus *d*-Phenylalanin) in 50 ccm trocknem Äther wird unter Eiskühlung mit einem Gemisch von 11 g Benzylamin und 50 ccm Äther versetzt, 4 Tage bei Zimmertemperatur aufbewahrt, dann der farblose Niederschlag abgesaugt und mit Äther gewaschen (7,5 g). Löst man dieses Produkt in wäßrigem Ammoniak und verdampft unter vermindertem Druck, so scheidet sich die Aminosäure in feinen, sehr dünnen Nadeln ab. Ausbeute 4 g oder 64% der Theorie. Da das Präparat noch Spuren von Brom enthielt, so wurde es in der 15-fachen Menge warmer 2-*n*. Salpetersäure gelöst. Beim Erkalten fiel das Nitrat in hübschen, farblosen Nädelchen aus, die zur Analyse noch einmal aus schwach salpetersaurem Wasser umgelöst wurden.

0,0746 g Sbst. (bei 56°, 0,2 mm getr.): 5,4 ccm N (16°, 774 mm).
$C_{16}H_{17}O_2N \cdot HNO_3$ (318,16). Ber. N 8,81. Gef. N 8,62.

Die aus dem Nitrat mit Ammoniak wieder in Freiheit gesetzte Aminosäure wurde für die Analyse bei 100° unter 0,3 mm getrocknet, wobei aber das exsiccatortrockne Präparat kaum an Gewicht verlor.

0,1526 g Sbst.: 0,4200 g CO_2, 0,0914 g H_2O. — 0,1605 g Sbst.: 7,3 ccm N (15°, 773 mm).
$C_{16}H_{17}O_2N$ (255,15). Ber. C 75,25, H 6,72, N 5,49.
Gef. „ 75,06, „ 6,70, „ 5,43.

Die Bestimmung der Drehung geschah in $^4/_{10}$-*n*. Natronlauge.

$$[\alpha]_D^{18} = \frac{+1{,}11° \times 3{,}2713}{1 \times 0{,}1991 \times 1{,}025} = +17{,}79°;$$

$$[\alpha]_D^{18} = \frac{+2{,}14° \times 3{,}2683}{2 \times 0{,}1941 \times 1{,}025} = +17{,}58°.$$

Die Aminosäure sintert im Capillarrohr gegen 215°, färbt sich gelb und schmilzt gegen 225° (korr.) unter Zersetzung. Sie ist selbst in heißem Wasser schwer löslich. Dasselbe gilt für die gebräuchlichen organischen Solvenzien. Das Hydrochlorid ist ebenfalls in Wasser recht schwer löslich. Das Kupfersalz fällt aus der mit Kupfersulfat versetzten ammoniakalischen Lösung beim Abtreiben des Ammoniaks als hellblaues, in Wasser sehr schwer lösliches Krystallpulver.

0,1806 g Sbst. (bei 100° und 0,2 mm getr.): 0,0252 g CuO.
$(C_{16}H_{16}O_2N)_2Cu$ (571,85). Ber. Cu 11,12. Gef. Cu 11,15.

p-Toluolsulfo-glykokoll-äthylester,
$CH_3 \cdot C_6H_4 \cdot SO_2 \cdot NH \cdot CH_2 \cdot CO_2C_2H_5$.

20 g Glykokollester-hydrochlorid werden in 40 ccm Wasser gelöst, mit einer Lösung von 24 g *p*-Toluolsulfochlorid in 140 ccm Äther versetzt und unter allmählicher Zugabe von 15 g trocknem Natriumcarbonat etwa 3 Stunden geschüttelt. Die ätherische Schicht wird dann abgehoben, mit Wasser gewaschen und verdampft. Das zurückbleibende Öl krystallisiert leicht. Ausbeute 28,8 g oder 78% der Theorie.

Für die Analyse war nochmals aus Ligroin (Sdp. 70—75°) umkrystallisiert und im Hochvakuum bei 56° getrocknet.

0,1616 g Sbst.: 0,3042 g CO_2, 0,0834 g H_2O. — 0,1631 g Sbst.: 7,8 ccm N (15°, 745 mm).

$C_{11}H_{15}O_4NS$ (257,20). Ber. C 51,32, H 5,88, N 5,45.
Gef. „ 51,34, „ 5,78, „ 5,50.

Der Ester schmolz bei 64—66° nach vorherigem Sintern. Außer in Alkohol löst er sich leicht in Aceton und Äther, schwerer in Ligroin, sehr schwer in Wasser.

Er ist isomer mit dem von Johnson und Mc Collum beschriebenen Äthylester des Benzolsulfo-sarkosins[1]).

p-Toluolsulfo-*N*-benzyl-glykokoll,
$CH_3 \cdot C_6H_4 \cdot SO_2 \cdot N(CH_2 \cdot C_6H_5) \cdot CH_2 \cdot COOH$.

10 g *p*-Toluolsulfoglykokollester, 7,3 g Benzylbromid (1,1 Mol.) und soviel einer alkoholischen, etwa 10-prozentigen Kalilauge, als 2,2 g KOH (1 Mol.) entspricht, wurden 12 Stunden auf 50° erwärmt, dann mit Wasser versetzt und das gefällte Öl ausgeäthert. Beim Verdampfen des Äthers blieb ein Öl, das wenig Neigung zum Krystallisieren hatte und das wir darum direkt verseift haben. Zu dem Zweck wurde es mit überschüssiger konzentrierter Natronlauge und soviel Alkohol, daß in der Wärme eine klare Lösung entstand, 10—15 Minuten auf dem Wasserbade erhitzt, dann die Flüssigkeit mit Wasser stark verdünnt und mit Schwefelsäure übersättigt, ausgeäthert und der Äther verdampft. Der Rückstand wurde bald krystallinisch. Ausbeute 12 g. Zur Reinigung wurde aus warmem Äther umkrystallisiert.

0,1611 g Sbst. (bei 56°, 0,3 mm getr.): 0,3556 g CO_2, 0,0792 g H_2O. — 0,1624 g Sbst.: 6,4 ccm N (16°, 755 mm).

$C_{16}H_{17}O_4NS$ (319,22). Ber. C 60,15, H 5,37, N 4,39.
Gef. „ 60,20, „ 5,50, „ 4,58.

Die Säure schmilzt bei 141° (korr.) nach vorherigem Sintern. Sie löst sich leicht in Alkohol, Aceton, Chloroform, Essigäther und warmem

[1]) Journ. Americ. Chem. Soc. **35**, 60.

Benzol, etwas schwerer in Äther, viel schwerer in Ligroin und Wasser. Das nahe verwandte Benzolsulfo-benzylglykokoll ist bereits von T. B. Johnson und E. V. Mc Collum auf anderem Wege, d. h. über sein Nitril, dargestellt worden[1]).

Verwandlung des Toluolsulfoderivats in *N*-Benzyl-glykokoll.

10 g *p*-Toluolsulfo-*N*-benzyl-glykokoll wurden in 120 ccm Eisessig und 60 ccm konzentrierter Salzsäure (D 1,19) im geschlossenen Rohr 12 Stunden auf 100° erhitzt und die gelbliche Lösung unter vermindertem Druck stark eingedampft. Der krystallinische Rückstand wurde mit wenig Wasser aufgenommen und vom Ungelösten abfiltriert. Auf Zusatz von rauchender Salzsäure entstand ein starker Niederschlag von farblosen Blättchen. Nach dem Abkühlen auf 0° wurde abfiltriert und zur Entfernung von etwa beigemengter Toluolsulfosäure mit wenig eiskaltem Wasser gewaschen. Ausbeute 3 g. Die Bestimmung des Chlors zeigte, daß das Präparat Benzyl-glykokoll-hydrochlorid war.

0,1960 g Sbst.: 0,1380 g AgCl.

$C_9H_{12}O_2NCl$ (201,57). Ber. Cl 17,59. Gef. Cl 17,42.

Die Eigenschaften des Salzes entsprachen im wesentlichen den Angaben von Mason und Winder[2]). Beim raschen Erhitzen begann es bei 208° zu sintern und schmolz bei 227° (korr.)*) unter starkem Aufschäumen. Aus der mit Ammoniak neutralisierten Lösung fiel durch Kupfersulfat oder Acetat das Kupfersalz des Benzylglykokolls als hellblauer Niederschlag. Beim Umkrystallisieren aus ziemlich viel heißem Wasser erhielten wir entweder die von Mason und Winder erwähnten schönen, dunkelblauen Nadeln oder kleinere, heller gefärbte, meist zentrisch gruppierte Prismen. Aus der salzsauren Mutterlauge wurde der Rest des Benzylglykokolls durch Neutralisieren mit Ammoniak und Fällen mit Kupferacetat als Kupfersalz gewonnen. Gesamtausbeute 67% d. Th.

0,1564 g Sbst. (lufttrocken) verloren bei 120° unter 0,2 mm Druck 0,0134 g H_2O.

$C_{18}H_{20}N_2O_4Cu + 2\,H_2O$ (427,78). Ber. H_2O 8,42. Gef. H_2O 8,57.

0,1338 g wasserfreies Salz gaben 0,0271 g CuO.

$C_{18}H_{20}O_4N_2Cu$ (391,75). Ber. Cu 16,23. Gef. Cu 16,18.

Das aus dem Kupfersalz isolierte Benzyl-glykokoll hatte die Zusammensetzung $C_9H_{11}O_2N$ und die Eigenschaften, die von Mason und Winder angegeben sind.

---

1) Chem. Centralbl. **1906**, I, 756; Journ. Americ. chem. Soc. **35**, 62 [1906].

2) Journ. of the chem. Soc. of London **65**, 189 [1894].

*) *Herr Prof. Dr. H. Scheibler hat freundlichst darauf aufmerksam gemacht, daß es hier im Original wahrscheinlich 217° statt 227° heißen sollte.*

p-Toluolsulfo-*d*-alanin-äthylester,
$CH_3 \cdot C_6H_4 \cdot SO_2 \cdot NH \cdot CH(CH_3) \cdot CO_2C_2H_5$.

Als Ausgangsmaterial diente *p*-Toluolsulfo-*d*-alanin, das nach E. Fischer und W. Lipschitz dargestellt, über das Brucinsalz gereinigt war und $[\alpha]_D^{20} = -7{,}2°$ zeigte. 10 g wurden mit 300 ccm 3-prozentiger alkoholischer Salzsäure 2 Stunden am Rückflußkühler gekocht, dann der größte Teil des Alkohols unter vermindertem Druck verdampft, der Rückstand mit Wasser versetzt, mit Kaliumbicarbonatlösung neutralisiert und das Öl ausgeäthert. Nach dem Verdampfen des Äthers erstarrte der Ester bald krystallinisch. Ausbeute 10,7 g oder 96% d. Th. Zur Reinigung wurde aus heißem Ligroin umkrystallisiert.

0,1718 g Sbst. (bei 56° und 0,3 mm getr.): 0.3336 g CO_2, 0,0958 g H_2O. — 0,1640 g Sbst.: 7,35 ccm N (16°, 758 mm).

$C_{12}H_{17}O_4NS$ (271,22). Ber. C 53,09, H 6,32, N 5,17.
Gef. „ 52,96, „ 6,24, „ 5,22.

Die Drehung wurde in absolutem Alkohol bestimmt.

$$[\alpha]_D^{20} = \frac{-1{,}58° \times 3{,}2247}{2 \times 0{,}1019 \times 0{,}731} = -34{,}2°.$$

Schmp. 65—66°. Leicht löslich in Alkohol, Äther, Aceton, Benzol, Tetrachlorkohlenstoff, schwer in Petroläther.

p-Toluolsulfo-*N*-benzyl-*d*-alanin,
$CH_3 \cdot C_6H_4 \cdot SO_2 \cdot N(CH_2 \cdot C_6H_5) \cdot CH(CH_3) \cdot COOH$.

Die Benzylierung des vorhergehenden Esters wurde genau so wie beim Glykokollderivat ausgeführt. Das Produkt war ein schwach gelbes Öl, das keine Neigung zum Krystallisieren zeigte. Es wurde deshalb direkt mit alkoholischem Kali verseift. Das Toluolsulfo-benzylalanin krystallisiert schwerer als das Glykokollderivat. Die ersten Krystalle erhielten wir aus Xylollösung durch Zusatz von Petroläther und längeres Stehenlassen. Später haben wir das Öl mit Ligroin angerieben und in der Kälte aufbewahrt, bis die ganze Masse fest geworden war. Die aus Xylol erhaltenen Krystalle enthielten diesen Kohlenwasserstoff und ihre Zusammensetzung entsprach der Formel $C_{17}H_{19}O_4NS + {}^1/_2 C_8H_{10}$.

0,1528 g Sbst.: 0,3646 g CO_2, 0,0837 g H_2O. — 0,1081 g Sbst. verloren bei 100° und 0,5 mm 0,0144 g Xylol.

$C_{17}H_{19}O_4NS + {}^1/_2 C_8H_{10}$ (386,27). Ber. C 65,24, H 6,26, Xylol 13,73.
Gef. „ 65,06, „ 6,13, „ 13,32.

Das Xylol ließ sich auch durch Auflösen der Krystalle in Alkali leicht nachweisen.

Die direkt mit Ligroin erhaltenen Krystalle waren frei von Kohlenwasserstoff.

0,0939 g Sbst.: 0,2101 g CO_2, 0,0469 g H_2O. — 0,1641 g Sbst.: 5,80 ccm N (17°, 757 mm).

$C_{17}H_{19}O_4NS$ (333,23). Ber. C 61,22, H 5,75, N 4,20.
Gef. „ 61,02, „ 5,59, „ 4,09.

Zur Bestimmung der Drehung diente die Lösung in absolutem Alkohol.

$$[\alpha]_D^{20} = \frac{-0{,}15^\circ \times 2{,}0713}{1 \times 0{,}1012 \times 0{,}807} = -3{,}80^\circ.$$

Die Säure schmilzt bei 79—80° zu einer trüben Flüssigkeit, die bei 82° klar wird. Sie ist leicht löslich in Alkohol, Äther, Aceton, Essigäther, schwerer in Benzol, Xylol, Chloroform, recht schwer in Ligroin und Petroläther. In heißem Wasser etwas löslich

Die Lösung des Ammoniaksalzes gibt mit Chlorcalcium, Chlorbarium und Silbernitrat farblose, amorphe Niederschläge, die beim Erhitzen der Lösung schmelzen.

Wie schon in der Einleitung bemerkt, verläuft die Spaltung des Toluolsulfo-benzylalanins mit Salzsäure nicht glatt. Sie gibt nur eine geringe Ausbeute an Benzylalanin und dieses erwies sich als optisch inaktiv.

5 g Toluolsulfoverbindung wurden mit 40 ccm Eisessig und 40 ccm wäßriger Salzsäure (D 1,19) 12 Stunden im geschlossenen Rohr auf 100° erhitzt und die klare, gebliche Lösung unter vermindertem Druck verdampft. Die Lösung des Rückstandes in wenig Wasser wurde mit Ammoniak genau neutralisiert und mit Kupfersulfat gefällt. Das Kupfersalz war unrein. Es mußte wiederholt aus heißem, wäßrigem Ammoniak umkrystallisiert werden, bis es den richtigen Kupfergehalt zeigte. Ausbeute 1,1 g oder 17% der Theorie.

0,0712 g Sbst. (bei 100°, 0,5 mm getr.): 0,0134 g CuO.

$C_{20}H_{24}O_4N_2Cu$ (419,78). Ber. Cu 15,14. Gef. Cu 15,04.

Die aus dem Kupfersalz isolierte Aminosäure war optisch inaktiv.

0,1555 g Sbst. (bei 100°, 0,3 mm getr.): 0,3824 g CO_2, 0,1010 g H_2O. — 0,1508 g Sbst.: 10,3 ccm N (16°, 751 mm).

$C_{10}H_{13}O_2N$ (179,11). Ber. C 67,00, H 7,31, N 7,82.
Gef. „ 67,07, „ 7,27, „ 7,89.

Die schlechte Ausbeute erklärt sich durch die Beobachtung, daß das Benzylalanin selbst durch die Erhitzung mit Salzsäure und Eisessig unter obigen Bedingungen zum Teile zerstört wird.

Das steht im Einklange mit älteren Beobachtungen über die leichte Ablösung des Benzyls vom Stickstoff[1]).

Perbromid des Leucin-hydrobromids.

Es ist früher wiederholt beobachtet worden, daß auf Zusatz von Brom zu einer Lösung von Aminosäuren oder ihren Estern in Brom-

[1]) Vergl. J. v. Braun und R. Schwarz, Berichte d. D. Chem. Gesellsch. **35**, 1279 [1902].

wasserstoff schwer lösliche Perbromide ausfallen[1]). Analysiert wurden nur die Derivate der Asparaginsäure und des Asparaginsäure-äthylesters[2]), welche 3 Bromatome enthalten und als Dibromide der bromwasserstoffsauren Salze zu betrachten sind.

Gelegentlich der Darstellung von *d*-α-Bromisocapronsäure aus *d*-Leucin haben wir ein ähnliches, hübsch krystallisiertes Produkt beobachtet, das sich aber durch seine Zusammensetzung von den Derivaten der Asparaginsäure unterscheidet. Es enthält auf 1 Mol. Leucin nur 2 Bromatome, von denen eines als Bromwasserstoff gebunden ist.

Zu seiner Bereitung löst man 1 g *d*-Leucin in 20 ccm Bromwasserstoff von 48%, kühlt in einer Eis-Kochsalz-Mischung, fügt 1 ccm Brom zu und schüttelt um. Aus der anfangs klaren Lösung scheiden sich sofort gelb-rote Nadeln als dicker Brei ab. Sie werden in der Kälte abfiltriert, auf eine Tonplatte gebracht und rasch im Exsiccator über Natronkalk getrocknet.

0,2043 g Sbst. gaben nach Carius 0,2463 g AgBr. — 0,4532 g Sbst., mit Jodkalium versetzt, verbrauchten 13,80 ccm $^{n}/_{10}$-Thiosulfat.

$C_6H_{14}O_2NBr_2$ (291,96). Ber. Gesamtbrom 54,75, Aktives Brom 27,37.
Gef. „ 52,50, „ „ 24,34.

Das Präparat riecht nach Brom, das langsam entweicht. Beim längeren Aufheben im Vakuumexsiccator bei Zimmertemperatur entwickelt es viel Bromwasserstoff.

Ganz ähnlich verhält sich das *d, l*-Leucin. Das Hydrobromid ist hier etwas löslicher. Deshalb kann man bei der Darstellung die Menge des Bromwasserstoffs etwas verringern.

0,2424 g Sbst.: 0,3042 g AgBr (Kalkmethode). — 0,3338 g Sbst. verbrauchten 11,28 ccm Thiosulfat.

Ber. Gesamtbrom 54,75, Aktives Brom 27,37.
Gef. „ 53,41, „ „ 27,01.

Man sieht, daß die analytischen Zahlen nicht genau mit der Theorie übereinstimmen; das ist aber bei der leichten Zersetzlichkeit der Salze nicht verwunderlich. Wir haben uns vergeblich bemüht, durch Einhaltung niederer Temperatur und rasches Arbeiten bromreichere Präparate zu gewinnen. Es ist möglich, daß diese bei niederer Temperatur zunächst entstehen, aber sehr schnell durch Verlust von Brom oder Bromwasserstoff in die beschriebenen Körper übergehen.

Die oben gebrauchte Formel soll nur die empirische Zusammensetzung ausdrücken. Wollte man sie strukturell verwerten, so läge Verdopplung am nächsten.

---

[1]) E. Fischer, Berichte d. D. Chem. Gesellsch. **40**, 500 und 502 [1907]. (*S. 780* und *782.*)

[2]) E. Fischer und K. Raske, Berichte d. D. Chem. Gesellsch. **40**, 1056 [1907] (*S. 864.*)

86. Emil Fischer und Richard von Grävenitz: Über Verwandlungen der d-α-Aminomethyläthylessigsäure.

Justus Liebigs Annalen der Chemie **406**, 1 [1914].

(Eingelaufen am 10. Juni 1914.)

Durch partielle Vergärung mit Hefe hat bereits Felix Ehrlich[1]) die l-α-Aminomethyläthylessigsäure aus der Racemverbindung dargestellt. Um auch die d-Verbindung zu erhalten, haben wir die chemische Methode, Überführung in die Formylverbindung, Zerlegung derselben mit Brucin und schließliche Abspaltung der Formylgruppe benutzt. Die d-Verbindung glauben wir ziemlich rein erhalten zu haben. Ihr Drehungsvermögen in wäßriger Lösung ($[\alpha]_D = +11{,}0°$) wurde etwa 20 Proz. höher gefunden als beim reinsten Präparat der l-Verbindung von Ehrlich ($[\alpha]_D = -9{,}1°$). Auf die völlige Reinigung der l-Verbindung haben wir verzichtet. Unser Verfahren ist etwas umständlicher als die Gärungsmethode, die wir nachgeprüft haben, die übrigens auch in bezug auf Ausbeute zu wünschen übrig läßt. Aber es hat den Vorzug, daß man beide Komponenten, und die d-Verbindung, wie erwähnt, in reinerer Form gewinnt.

Die aktive α-Aminomethyläthylessigsäure schien uns ein geeignetes Material für Studien über Waldensche Umkehrung, weil man hoffen durfte, von hier aus durch verschiedene Substitutionen zur Methyläthylessigsäure (aktive Valeriansäure) zu gelangen. Leider hat sich aber gezeigt, daß die Aminosäure sowohl bei der Einwirkung von salpetriger Säure wie bei der Behandlung mit Nitrosylbromid in optisch inaktive Produkte verwandelt wird. Sie gleicht darin der aktiven Phenylaminoessigsäure[2]) oder der Phenylmethylaminoessigsäure[3]), bei denen aber die Erscheinung durch die Nachbarschaft des Phenyls bedingt zu sein schien.

---

[1]) Biochem. Zeitschr. **8**, 455 [1908].

[2]) E. Fischer und O. Weichhold, Berichte d. D. Chem. Gesellsch. **41**, 1293 [1908]. (*S. 93.*)

[3]) McKenzie und Clough, Journ. chem. soc. **101**, 390 [1912].

Eine ähnliche Erfahrung hat W. Marckwald[1]) bei der Bromierung der aktiven Valeriansäure nach dem Volhardschen Verfahren gemacht, denn auch hier war die isolierte Methyläthylbromessigsäure völlig inaktiv. Aber diese Operation wird bei höherer Temperatur ausgeführt, und zudem scheint die intermediäre Bildung der Gruppe COBr die Racemisation noch zu befördern. Das Beispiel der Aminosäure ist deshalb wichtiger und scheint uns für theoretische Betrachtungen Beachtung zu verdienen; denn wir hatten eher das Gegenteil erwartet, weil die Beladung des asymmetrischen Kohlenstoffatoms mit den etwas schwerfälligen zwei Alkylen eine größere Stabilität der sterischen Anordnung zu gewähren schien.

In der Tat ist die aktive Aminosäure selbst gegen die gewöhnlichen Racemisierungsmittel recht beständig. Ehrlich[2]) gibt zwar an, daß die freie Aminosäure leicht racemisierbar sei, weil sie schon beim Kochen ihrer wäßrigen oder alkoholischen Lösung zum Teil in Racemkörper verwandelt werde, während das salzsaure Salz beständig sei. Im Gegensatz dazu haben wir aber gefunden, daß unsere reine d-Verbindung weder beim 10stündigen Erhitzen der wäßrigen Lösung, noch beim 16stündigen Erhitzen einer stark alkalischen Lösung auf 100° eine merkbare Racemisierung erfährt. Durch die Beständigkeit der alkalischen Lösung unterscheidet sich die aktive α-Aminomethyläthylessigsäure also von den meisten gewöhnlichen α-Aminosäuren, die in alkalischer Lösung bei 100° eine langsame Racemisation erleiden. Diese Beobachtung steht in Einklang mit den Erfahrungen, die H. D. Dakin[3]) beim Hydantoin der α-Aminomethyläthylessigsäure im Gegensatz zu anderen racemisierbaren Hydantoinen, oder die O. Rothe[4]) über die verschiedene Beständigkeit der aktiven Mandelsäure bzw. Atrolactinsäure gegen warmes Alkali gemacht hat, und welche beide Herren durch die Möglichkeit einer Enolisierung bei den racemisierbaren Stoffen erklären[5]). Jedenfalls steht die größere Neigung zur Racemisierung bei dem sekundär gebundenen Kohlenstoff in Zusammenhang mit der größeren Beweglichkeit des hier vorhandenen Wasserstoffatoms. Aber derselbe Einfluß äußert sich nicht allein in der Racemisierbarkeit, sondern überhaupt in einer größeren Reaktionsfähigkeit der α-substituierten Säuren, die in der α-Stellung noch Wasserstoff enthalten. Eine Bestätigung dafür liefert ebenfalls die α-Aminomethyläthylessigsäure, denn sie reagiert sowohl in der racemischen wie in der aktiven Form mit

[1]) Berichte d. D. Chem. Gesellsch. **29**, 58 [1896].

[2]) a. a. O.

[3]) Chem. Zentralbl. **1910**, II, 553.

[4]) Berichte d. D. Chem. Gesellsch. **47**, 843 [1914].

[5]) Vgl. auch H. Leuchs und J. Wutke, Berichte d. D. Chem. Gesellsch. **46**, 2425 [1913].

Ameisensäure, salpetriger Säure oder Nitrosylbromid langsamer als Alanin oder Leucin.

Um so bemerkenswerter ist die oben erwähnte völlige Racemisierung bei der Substitution der Aminogruppe.

Es wäre nun von Interesse, die der Aminosäure entsprechende aktive α-Oxymethyläthylessigsäure zu bereiten, um ihre Verwandlung in α-Chlormethyläthylessigsäure auszuführen, denn Mc. Kenzie und Clough[1]) haben gezeigt, daß durch diese Reaktion die Aktivität der α-Oxymethylphenylessigsäure (Atrolactinsäure) nicht zerstört wird.

dl-α-Aminomethyläthylessigsäure.

Für die Darstellung wurde die Vorschrift von M. Slimmer[2]) benutzt. Dabei hat es sich als vorteilhaft erwiesen, die schon von Böcking studierte Addition von Blausäure an Methyläthylketon durch Zusatz von 2—3 Tropfen einer sehr konzentrierten Lösung von Kaliumcarbonat zu beschleunigen. Die Reaktion erfolgt dann so schnell, daß es nötig ist, sie durch Kühlung zu mäßigen. Die Ausbeute an Aminosäure war etwas besser als bei Slimmer, denn sie betrug 72 Proz. der Theorie, berechnet auf das angewandte Keton. Beim mehrwöchigen Stehen einer Lösung in verdünntem Alkohol entstanden ziemlich große Krystalle, die ein Mol. Wasser enthielten, das bei 100° und 15—20 mm entwich.

0,2410 g Sbst. verloren 0,0321 g H_2O. — 0,3421 g Sbst. verloren 0,0457 g H_2O.
Ber. für $C_5H_{11}O_2N + H_2O$ (135,11). H_2O 13,33. Gef. H_2O I. 13,32, II. 13,36.

Herr Dr. H. Schneiderhöhn im hiesigen mineralogischen Institut der Universität hatte die Güte, sie zu untersuchen und teilt uns darüber folgendes mit:

„Rhombisch, anscheinend holoedrisch. Achsenverhältnis a : b = 0,81 : 1. Da in der Zone {100} {001} keine weiteren Flächen entwickelt waren, konnte das Verhältnis b : c nicht festgestellt werden.

Beobachtete Formen = {100} {010} {001} {110} ∢ 110 : $\bar{1}10$ = etwa 78° (mit dem Anlegegoniometer). Die Flächen waren stark gestreift, Messung mit Reflexionsgoniometer nicht möglich.

Optische Verhältnisse: Mittlerer Brechungsindex 1,51 (Cedernholzöl nach der Methode von Schroeder van der Kolk beobachtet). Doppelbrechung stark, ungefähr 0,04. Achsenebene in {001}. Auf {010} tritt die spitze Bisektrix mit einem sehr kleinen Achsenwinkel aus. Dispersion nicht merklich."

---

[1]) Journ. chem. Soc. **97**, 1017 [1910].
[2]) Berichte d. D. Chem. Gesellsch. **35**, 400 [1902].

dl-Formyl-α-aminomethyläthylessigsäure.

100 g trockene Aminosäure werden mit 200 ccm möglichst wasserfreier Ameisensäure (99 Proz.) 3 Stunden am Rückflußkühler gekocht und dann die Säure unter 15—20 mm Druck möglichst vollständig abdestilliert. Diese Operation wird noch dreimal wiederholt, und der schließlich zurückbleibende Krystallbrei mit 300 ccm eiskaltem Wasser sorgfältig verrührt. Die scharf abgesaugte Masse (44 g) läßt sich dann aus etwa der neunfachen Menge heißem Wasser umkrystallisieren. Ausbeute an reinem Präparat 36,5 g = etwa 30 Proz. der Theorie.

Sämtliche Mutterlaugen können im Vakuum eingedampft und von neuem formyliert werden, wodurch die Ausbeute erheblich steigt.

Zur Analyse war nochmals aus warmem Wasser umkrystallisiert und bei 100° im Vakuum über Phosphorpentoxyd getrocknet.

0,1525 g gaben 0,2785 CO_2 und 0,1051 H_2O. — 0,3951 g gaben 33,7 ccm Stickgas bei 20° und 757 mm Druck über 33prozenitger KOH.

Ber. für $C_6H_{11}O_3N$ (145,1). C 49,62, H 7,64, N 9,66.
Gef. „ 49,81, „ 7,71, „ 9,76.

Die Substanz schmilzt bei raschem Ehritzen gegen 175,5—176° (korr.) unter Gasentwicklung. Sie löst sich ziemlich leicht in kaltem Alkohol, schwerer in Aceton und Essigester, sehr schwer in Äther und Benzol. Dagegen wird sie von Alkalien und Ammoniak leicht aufgenommen. Aus warmem Wasser krystallisiert sie in flachen, meist sechsseitigen Formen.

Zerlegung der Formylverbindung in die optisch-aktiven Komponenten.

70 g Formylverbindung und 190 g Brucin (wasserfrei) werden in 2060 ccm Alkohol von 85 Proz. unter Erwärmen gelöst. Bleibt diese Flüssigkeit über Nacht im Eisschrank, so findet reichliche Krystallisation statt. Zum Schluß wird noch eine Stunde auf 0° abgekühlt und der Krystallbrei abgesaugt. Ausbeute ungefähr 110 g. Da das Salz noch große Mengen des Antipoden enthält, so muß es 3—4 mal in der gleichen Weise aus 85prozentigem Alkohol (auf 1 g ungefähr 80 ccm) umkrystallisiert werden, bis die in Freiheit gesetzte Säure, zu ungefähr 10 Proz. in $^3/_4$ n-Kalilauge gelöst, eine spezifische Drehung von ungefähr + 6,5° zeigt. Dabei bleibt ungefähr die Hälfte des Salzes in den Mutterlaugen, die natürlich durch rationelle Krystallisation wieder verwertet werden können.

Für die Gewinnung der freien Säure werden 12 g Brucinsalz in 60 ccm Wasser suspendiert, in Eis gekühlt, nach Zusatz von 24 ccm n-Kalilauge 10 Minuten stark geschüttelt, das gefällte Brucin abgesaugt und mit wenig kaltem Wasser gewaschen. Um den Rest des Brucins aus der Lösung zu entfernen, schüttelt man sie erst mit Chloroform, dann mit Äther. Schließlich wird sie mit 4 ccm 5 n-Salzsäure versetzt und bei 10—15 mm Druck eingeengt, bis der größte Teil der Formylverbindung auskrystallisiert ist. Zum Filtrat fügt man noch 1,5 ccm 5 n-Salzsäure zu, um das Kali ganz zu neutralisieren, und läßt durch Verdunsten den Rest der Formylverbindung auskrystallisieren. Ausbeute sehr gut.

Für die Analyse war nochmals aus warmem Wasser umkrystallisiert und unter 15—20 mm bei 100° getrocknet.

0,1475 g gaben 0,2686 CO_2 und 0,1000 H_2O. — 0,1728 g gaben 14,55 ccm Stickgas bei 18° und 755 mm Druck über 33prozentiger KOH.

Ber. für $C_6H_{11}O_3N$ (145,1). C 49,62, H 7,64, N 9,66.
Gef. „ 49,66, „ 7,59, „ 9,68.

Für die optische Untersuchung diente die alkalische Lösung.

0,1346 g Substanz; gelöst in $^3/_4$ n-KOH (1,45 Mol.); Gesamtgewicht der alkalischen Lösung 2,0058 g; d_4^{22} = 1,044. Drehung im 1 dm-Rohr 0,50° nach rechts bei 22° und Natriumlicht; mithin

$$[\alpha]_D^{22} = + 7,14^\circ .$$

Die Säure gleicht der inaktiven Verbindung in der Form der Krystalle und in der Löslichkeit. Der Zersetzungspunkt lag einige Grade höher.

Der optische Antipode der d-Säure findet sich als Brucinsalz in den Mutterlaugen. Wir haben darauf verzichtet, sie in optisch reinem Zustand darzustellen, aber ein Präparat von $[\alpha]_D = -2,2^\circ$ für die Umwandlung in die Aminosäure und deren Zersetzung mit Nitrosylbromid benutzt.

d-α-Aminomethyläthylessigsäure.

2 g Formylverbindung vom höchsten Drehungsvermögen wurden mit 20 ccm 10prozentigem Bromwasserstoff $1^1/_4$ Stunden im Wasserbad erhitzt, dann unter 15—20 mm Druck zur Trockne verdampft. Um den Bromwasserstoff zu entfernen, lösten wir in 25 ccm Wasser, kochten mit 6 g Bleioxyd 15—20 Minuten, fällten aus dem Filtrat das gelöste Blei mit Schwefelwasserstoff und verdampften die abermals filtrierte Flüssigkeit unter geringem Druck. Als die Lösung des Rückstandes in sehr wenig Wasser mit viel heißem Alkohol versetzt wurde, schied sich die Aminosäure in farblosen, glänzenden, sehr kleinen Nadeln aus. Im lufttrocknen Zustand enthielt sie ebenso wie der Racemkörper 1 Mol. Wasser, das beim einstündigen Erhitzen auf 100° unter 15—20 mm Druck über Phosphorpentoxyd völlig entwich.

0,1242 g verloren 0,0168 g H_2O. — 0,1621 g verloren 0,0217 H_2O.

Ber. für $C_5H_{11}O_2N + H_2O$ (135,12). H_2O 13,33. Gef. H_2O 13,53, 13,39.

0,1217 g (wasserhaltig) gaben 11,2 ccm Stickgas bei 20° und 757 mm Druck über 33prozentiger KOH.

Ber. für $C_5H_{11}O_2N + H_2O$. N 10,37. Gef. N 10,53.

0,1404 g trockne Säure gaben 0,2650 CO_2 und 0,1162 H_2O.

Ber. für $C_5H_{11}O_2N$ (117,1). C 51,24, H 9,47.
Gef. „ 51,48, „ 9,26.

0,1257 g Substanz; Gesamtgewicht der wäßrigen Lösung 1,3039 g; $d_4^{16} = 1,025$. Drehung im 1 dm-Rohr bei 16° und Natriumlicht 0,95° nach rechts; mithin

$$[\alpha]_D^{16} = +9,61 .$$

Das Präparat war aber noch nicht optisch rein, denn durch weiteres Umkrystallisieren der freien Aminosäure aus Wasser und Alkohol konnte das Drehungsvermögen bis auf 11,0° gesteigert werden.

0,1189 g Substanz; Gesamtgewicht der wäßrigen Lösung 1,3265 g; $d_4^{19} = 1,018$. Drehung im 1 dm-Rohr bei 19° und Natriumlicht 0,99° nach rechts; mithin

$$[\alpha]_D^{19} = +10,9^\circ (\pm 0,3) .$$

0,1189 g Substanz; Gesamtgewicht der wäßrigen Lösung 1,3928 g; $d_4^{19} = 1,019$. Drehung im 1 dm-Rohr bei 19° und Natriumlicht 0,96° nach rechts; mithin

$$[\alpha]_D^{19} = +11,0^\circ (\pm 0,2) .$$

Ob damit der Endwert wirklich erreicht ist, läßt sich allerdings nicht sagen.

Entsprechend der Beobachtung von Ehrlich mit der l-Säure dreht die d-Verbindung in Salzsäure ebenfalls nach rechts.

0,01724 g Substanz, gelöst in 20prozentiger Salzsäure. Gesamtgewicht der Lösung 0,17280 g; $d_4^{21} = 1,105$. Drehung im $^1/_2$ dm-Rohr bei 21° und Natriumlicht 0,40° nach rechts; mithin

$$[\alpha]_D^{21} = +7,26^\circ (\pm 0,4^\circ) .$$

Die aktive Aminosäure ist dem Racemkörper sehr ähnlich, insbesondere sublimiert sie leicht, ohne zu schmelzen und bildet dann eine sehr lockere Masse.

Wie schon erwähnt, behält die Aminosäure sowohl in wäßriger wie in alkalischer Lösung auch bei längerem Erhitzen auf 100° ihre Aktivität, wie folgende Versuche zeigen.

a) 0,1373 g Substanz, gelöst in Wasser. Gesamtgewicht der Lösung 1,0235 g. Drehung im 1 dm-Rohr sofort + 1,57°, nach 10stündigem Erhitzen auf 100° + 1,53°.

b) 0,1318 g Substanz, gelöst in 2 n-Natronlauge. Gesamtgewicht der alkalischen Lösung 1,5555 g. Drehung im 1 dm-Rohr sofort + 0,69°;

nach 4stündigem Erhitzen auf 100° war die Drehung + 0,68°, nach weiteren 12 Stunden + 0,69°.

c) 0,0477 g Substanz, gelöst in 2 n-Natronlauge. Gesamtgewicht der alkalischen Lösung 0,6975 g. Drehung im 1 dm-Rohr sofort + 0,57°, nach 16stündigem Erhitzen im Wasserbade + 0,59°.

Verhalten der d-α-Aminomethyläthylessigsäure gegen Brom und Stickoxyd.

Aus ökonomischen Gründen haben wir für den Versuch nicht die Aminosäure selbst, sondern ihre Formylverbindung und auch diese nicht in der optisch reinsten Form, sondern mit $[\alpha]_D = + 5{,}2°$ (in alkalischer Lösung) benutzt.

7 g Formylverbindung wurden genau so, wie es früher beim Formyl-d-leucin[1]) geschah, durch einstündiges Kochen mit 20prozentigem Bromwasserstoff in Aminosäure verwandelt, die Lösung im Vakuum verdampft, der Rückstand wieder in 20 ccm 20prozentigem Bromwasserstoff gelöst, nach Zusatz von 10 g Brom auf — 10° abgekühlt und ein Stickoxydstrom durchgeleitet. Nach 3 Stunden wurden abermals 3 g Brom zugefügt und noch 2 Stunden Stickoxyd eingeleitet. Aus der Flüssigkeit schieden sich allmählich Öltropfen ab. Zum Schluß wurde das noch vorhandene freie Brom durch einen starken Luftstrom zum allergrößten Teil entfernt, dann Äther zugefügt, der Rest des Broms mit schwefliger Säure weggenommen, die ätherische Lösung mit Wasser gewaschen, getrocknet, und der beim Verdampfen des Äthers bleibende Rückstand bei 0,6 mm destilliert. Die erste Fraktion, die bei der Temperatur des Ölbads von 90—110° rasch überging, war ein ziemlich dickflüssiges, farbloses Öl (2,2 g), das ungefähr den Bromgehalt der Monobrommethyläthylessigsäure hatte, und erwies sich als optisch völlig inaktiv. Bei der Temperatur des Bades von 110—130° gingen 2 g einer schwach bräunlichen Flüssigkeit über, die 54 Proz. Brom enthielt und ebenfalls ganz inaktiv war.

Wir haben dann denselben Versuch mit 10prozentigem Bromwasserstoff wiederholt und uns überzeugt, daß die Flüssigkeit vor dem Zusatz des Broms und Stickoxyds optisch stark aktiv war. Das Endresultat blieb aber dasselbe, denn das abgeschiedene bromhaltige Öl war sowohl vor wie nach der Destillation im hohen Vakuum optisch inaktiv.

Die Wirkung des Broms und Stickoxyds geht also hier lange nicht so glatt vonstatten wie beim Alanin, Leucin oder Phenylalanin, und wir halten es deshalb für wohl möglich, daß die völlige Racemisierung damit in Zusammenhang steht.

---

[1]) E. Fischer, Ber. d. d. chem. Ges. **39**, 2929 (1906). *(S. 359.)*

Verwandlung der d-α-Aminomethyläthylessigsäure in inaktive α-Oxymethyläthylessigsäure.

Die Einwirkung der salpetrigen Säure geht bei der α-Aminomethyläthylessigsäure ebenfalls erheblich langsamer vonstatten als bei den gewöhnlichen α-Aminosäuren. Um die Gefahr der sekundären Racemisierung der gebildeten Oxysäure durch die langdauernde Wirkung der verwandten Agenzien möglichst zu vermeiden, haben wir die Operation auf Kosten der Ausbeute unterbrochen, lange bevor die Aminosäure völlig zersetzt war.

1 g d-α-Aminomethyläthylessigsäure ($[\alpha]_D = +10{,}5°$) wurde in 10 ccm n-Schwefelsäure gelöst und bei Zimmertemperatur 0,8 g Kaliumnitrit (1,1 Mol.) in kleinen Portionen unter jedesmaligem Schütteln im Laufe von 6 Stunden eingetragen. Die Stickstoffentwicklung war recht langsam. Zum Schluß wurde zur Entfernung der salpetrigen Säure überschüssiger Harnstoff zugegeben und nach Beendigung der Stickstoffentwicklung die Flüssigkeit zehnmal mit je 20 ccm Äther ausgezogen. Beim Verdampfen des Äthers blieb ein krystallinischer Rückstand (0,26 g). Er wurde ohne weitere Reinigung optisch geprüft. Sowohl eine 10prozentige wäßrige Lösung, wie eine 10prozentige Lösung in Natronlauge mit oder ohne Zusatz von Borax zeigten im 1 Dezimeterrohr gar keine Drehung unter Bedingungen, wo eine Drehung von 0,02° der Beobachtung nicht hätte entgehen können. Im übrigen besaß das Präparat nach dem Umkrystallisieren aus Äther-Petroläther den Schmelzpunkt (72—73°) und die sonstigen Eigenschaften der inaktiven α-Oxymethyläthylessigsäure.

Derselbe Versuch wurde mehrmals mit anderen Präparaten sowohl der d-, wie der l-Aminosäure, die etwas niedrigere Drehungen besaßen, wiederholt, aber stets dasselbe Resultat erhalten.

Sachregister.

Bei Fachausdrücken mit wechselnder Schreibweise im Text ist für die Registrierung die zuletzt gebrauchte Schreibweise gewählt. Demgemäß ist zu suchen: Ami**d**o-säure unter Ami**n**osäure, Gly**c**o**c**oll unter Gly**k**o**k**oll, Zi**mm**tsäure unter Zi**m**tsäure.

Printed by Publishers' Graphics LLC